Reduktion – Spiel – Kreation

AF150765

Organismus und System
Schriftenreihe des Wiener Arbeitskreises
für Systemische Theorie des Organismus
Herausgegeben von Karl Edlinger

Band 2

PETER LANG
Frankfurt am Main · Berlin · Bern · Bruxelles · New York · Oxford · Wien

Karl Edlinger/Walter Feigl/Günther Fleck (Hrsg.)

Reduktion – Spiel – Kreation

Probleme des molekularbiologischen Reduktionismus
und des Künstlichen Lebens

PETER LANG

Europäischer Verlag der Wissenschaften

Die Deutsche Bibliothek - CIP-Einheitsaufnahme

Reduktion – Spiel – Kreation : Probleme des
molekularbiologischen Reduktionismus und des Künstlichen
Lebens / Karl Edlinger / Walter Feigl / Günther Fleck (Hrsg.). -
Frankfurt am Main ; Berlin ; Bern ; Bruxelles ; New York ;
Oxford ; Wien : Lang, 2001
(Organismus und System ; Bd. 2)
ISBN 3-631-35434-7

Umschlaggestaltung mit Genehmigung
des Naturhistorischen Museums Wien.

Umschlagzeichnung des Herausgebers unter
Verwendung von Vorlagen
des Senckenberg Instituts.

ISSN 1438-6909
ISBN 3-631-35434-7

© Peter Lang GmbH
Europäischer Verlag der Wissenschaften
Frankfurt am Main 2001
Alle Rechte vorbehalten.

Das Werk einschließlich aller seiner Teile ist urheberrechtlich
geschützt. Jede Verwertung außerhalb der engen Grenzen des
Urheberrechtsgesetzes ist ohne Zustimmung des Verlages
unzulässig und strafbar. Das gilt insbesondere für
Vervielfältigungen, Übersetzungen, Mikroverfilmungen und die
Einspeicherung und Verarbeitung in elektronischen Systemen.

Autoren

Bonet Elfriede, Mag. rer. nat., Konrad Lorenz Institut für Evolutions- und Kognitionsforchung in Altenberg bei Wien.

Born Rainer, Prof. Dr.,) Institut für Philosophie und Wissenschaftstheorie der Johan-nes Kepler Universität Linz. Rainer.

Edlinger Karl, Dr. Mag., Naturhistorisches Museum Wien, Institut für Wissenschaftstheorie u. Wissenchaftsforschung der Universität Wien.

Endl Michael, Institut für Systemwissenschaften der Johannes Kepler Universität Linz

Jencius Simon, Mag., Institut für Psychologie der Universität Wien.

Kampis George, Prof. Dr. Department of History and Philosophy of Science ELTE University, Budapest.

Locker Alfred, Prof. Dr., technische Universität Wien.

Menschl Elisabeth, Institut für Philosophie und Wissenschaftstheorie der Johannes Kepler Universität Linz.

Peschl Markus F., Prof. Dr. Dipl. Ing., Institut für Wissenschaftstheorie u. Wissenchaftsforschung der Universität Wien.

Riegler Alexander, Dr. Mag., Interdiszplinäres "Centrum Leo Apostel" an der Freien Universität Brüssel.

Inhalt

VORWORT DER HERAUSGEBER

In Fortsetzung des ersten Bandes dieser Serie, der vor allem Anwendungen und Probleme von Systemtheorien behandelte, widmet sich der vorliegende zweite den zahlreichen Versuchen, Lebensprozesse durch Rückführung auf elementare Abläufe und unter Zuhilfenahme anderer, mehr oder weniger biologiefremder wissenschaftlicher Ansätze zu verstehen und zu begründen sowie, als Hauptthema, dem künstlichen Leben, bekannt unter dem englischen Schlagwort „Artificial Life".

Wenn vor einiger im Anschluß an ein theoretisches Symposion in Niedersachsen ein Sammelband mit dem provokanten Titel „Was wissen Biologen schon vom Leben?"[1] Zeit erschien, liegt die Provokation abgesehen von der Fragwürdigkeit des vergegenständlichenden Begriffs „Leben" vor allem darin, dass die Kompetenz und Fähigkeit der Biologen, mit ihren Forschungsobjekten begrifflich sauber und auf einer ausreichenden theoretischen Grundlage umzugehen, in Zweifel gezogen wird.

Die Provokation erscheint doppelt angesichts der Tatsache, dass die Biologie als wohl am stürmischsten expandierender Bereich der modernen Naturwissenschaften, der in den letzten Jahren größte Triumphe zu feiern schien, schon von ihrem Gegenstand her, dem lebenden Organismus, quasi schon per Definitionen den Anspruch erheben muss, Leben zu definieren oder zumindest ein Wissen davon zu vermitteln, was Biologen erforschen und auf welchen theoretischen Grundlagen sie dies tun.

Der kritische Blick belehrt uns allerdings schnell eines Besseren. Im biologischen Normalbetrieb der Universitäten, mehr noch privater Forschungseinrichtungen, scheint die Frage weitgehend ausgeblendet.

Ebenso wie die anderen naturwissenschaftlichen Disziplinen hat die Biologie eine lange Theoriengeschichte, in deren Verlauf sich immer wieder teilweise sehr abrupte Entwicklungsschübe, sog. Paradigmenwechsel, vollzogen.

Dies war vor allem der Fall, als sich im vorigen Jahrhundert die darwinistische Evolutionstheorie und, basierend auf malthusianischem Gedankengut und den Züchteranalogien der Darwinisten, eine spezielle Sicht des Lebewesen, vor allem aber ihres Wandels durchsetzte.

Im Darwinismus und in dem seine theoretischen Grundannahme übernehmenden Neodarwinismus reduzierten sich die Lebewesen allmählich weitgehend auf Merkmalsarrangements, schließlich auf Genkombinationen.

Wenn vor diesem theoretischen Hintergrund die Frage nach dem Leben, wissenschaftstheoretisch gesehen also die Frage, auf welcher theoretischen Basis Organismen überhaupt zu Untersuchungsgegenständen werden können und sollten, gestellt wird, verlagert sich der Diskurs heutzutage zumeist in Randbereiche der Biologie oder überhaupt zu anderen Disziplinen hin.

---

[1] Dally, A. (Hrgb). (1998): Was wissen Biologen schon vom Leben? Die biologische Wissenschaft nach der molekulargenetischen Revolution. - Lokkumer Protokolle 14/97.

Es fällt auf, dass die Molekularbiologie die klassischen Disziplinen der Biologie (etwa die Morphologie) zu verdrängen beginnt und dass sich andererseits biologiefremde Fachwissenschaften wie etwa einige Sparten der Physik, schon seit längerer Zeit auch die Computerwissenschaften u.v.a.m des Gegenstands anzunehmen beginnen und zunehmend auch Erklärungsansprüche erheben.

Diese Entwicklung ist mit drei Begriffen zu umreißen, die einander in der Praxis oft ergänzen und auch teilweise überschneiden: Reduktionismus, Metapher und Künstliches Leben.

Reduktionismus meint, dass man lebende Organismen (bzw. „das Leben") auf basale biochemische und andere Prozesse zurückführen, reduzieren könne, ohne letztlich allzuviel Erklärungskompetenz zu verlieren. Organismen werden in der Theorie atomisiert, in Teile zerlegt, von denen dann schwer gesagt werden kann, wieweit sie außerhalb der aus der Reflexion ausgeblendeten komplexen innerorganismischen Interdependenzen noch als Gegenstände der Biologie identifiziert werden können. Eine kritische Betrachtung des molekularbiologischen Reduktionismus bestätigt diese Skepsis durchaus.

Auch die meisten gängigen Metaphern für Lebendiges oder Organismen bedienen sich der Begrifflichkeit und der Ergebnisse biologiefremder Disziplinen. Metaphern für das Leben stammen zumeist aus der Ungleichgewichtsthermodynamik, Synergetik, Kybernetik, Mathematik oder auch Informationstheorie und den Computerwissenschaften, sind also fast immer im Bereich von Physik und Mathematik angesiedelt, wodurch angesichts der noch immer geltenden hierarchisch übergeordneten Stellung der Physik innerhalb der Naturwissenschaften der Eindruck erweckt wird, Biologie als Lehre von den Lebewesen sei zur Gänze auf diese zurückführbar. Wir finden uns also vor allem mit sog. „Physikalismen" konfrontiert, die, von den Biologen meist ohne Widerstand akzeptiert, den Anspruch erheben, Leben erklären zu können.

Dieses eigenartige Phänomen, dass sich eine Naturwissenschaftliche Disziplin nicht nur basale Regelhaftigkeiten, sondern einen großen Teil der von ihr beschriebenen Erscheinungen von anderen Wissenschaften her begründen läßt, wirft die Frage nach der Stichhaltigkeit und Stringenz solcher Metaphern auf.

Bei ständiger kritischer Reflexion wäre gegen diese Art von „Grenzüberschreitungen" nichts einzuwenden. Dies vor allem dann, wenn man sich, durchaus richtig, auf den Standpunkt stellte, dass Lebensprozesse eben auf physikalischen Gesetzlichkeiten beruhen und dass man auf den universell gültigen physikalischen Voraussetzungen ein spezifisch biologisches Gedankengebäude errichtet, so wie der Architekt eben implizite die materiellen Eigenschaften der Baumaterialien in seine Entwürfe einbezieht, ohne sie dann jedesmal speziell eigens zu berücksichtigen.

U. Müller-Herold gibt das Wesentliche an dem Problem anhand eines Beispiels von Erwin Schrödinger wieder:

Nach allem, was wir über die Struktur lebender Systeme wissen, so folgert er (Schrödinger; die Herausgeber) müssen wir also darauf gefaßt sein, daß sie nach neuen, uns unbekannten Prinzipien arbeiten, die nicht auf die uns geläufigen physikalischen Gesetze zurückgeführt werden können. Bis zu diesem Punkt, so scheint es, geht SCHRÖDINGER einig mit den Vitalisten [....]In seiner weiteren Argumentation bezieht SCHRÖDINGER dann allerdings

6

eine von den Vitalisten abweichende Position. Er fährt nämlich fort: Sind diese „anderen Prinzipien" erst einmal bekannt, so wird sich herausstellen, daß sie ebenso „physikalisch" sind wie die früheren. Um diese Behauptung zu erläutern, betrachtet SCHRÖDINGER das Beispiel eines Dampfmaschinenkonstrukteurs, der zum ersten Mal einen Elektromotor zu Gesicht bekommt und feststellt, daß dieser offensichtlich nach ihm unbekannten Prinzipien arbeiten muss. Er findet, daß das Kupfer, welches ihm von den Dampfkesseln her vertraut ist, hier in Form langer, zu Spulen gewickelter Drähte verwendet wird und daß das Eisen, welches ihm von Stangen und Zylindern her geläufig ist, hier das Innere der Spule ausfüllt. Er ist überzeugt, daß es sich um dasselbe Kupfer und dasselbe Eisen handelt, das er kennt, und er hat recht damit. Durch die völlig andersartige Konstruktion ist er aber darauf vorbereitet, daß hier physikalische Prinzipien in einer ihm bis dahin unbekannten Weise zum Zuge kommen. Auf gar keinen Fall aber wird er annehmen, der Motor werde von einem Gespenst angetrieben, nur weil er durch einen Schalter ohne Feuerung und Dampf zum Drehen gebracht.[2]

Die physikalischen Prinzipien kommen für Schrödinger zwar in einer bislang unbekannten Weise zum Zug, doch wird an der prinzipiellen Geltung naturwissenschaftlich fassbarer Gesetzlichkeiten kein Zweifel gelassen. Schrödingers Beispiel, das von einer tiefen Einsicht in den besonderen Status der Organismen und ihre eigenen Bau- und Entwicklungsprinzipien zeugt, kann dadurch zum Prüfstein der erwähnten Physikalismen werden.

Bei ihnen ist prinzipiell zu klären, ob durch sie schon jene „bis dahin unbekannte Weise" begründet wird, in der „physikalische Prinzipien zum Zuge kommen", oder ob sie nicht doch im besten falle für jene Prinzipien stehen, die eben dann in der erwähnten „bisher unbekannten Weise zum Zuge kommen", ohne für diese weitere Erklärungen zu bieten. Im Klartext: Metaphern physikalistischer und anderer Art sollen durch diese Fragestellung daraufhin überprüft werden, ob sie zur Erhellung und Erklärung spezifischer Lebensphänomene beitragen oder nicht.

Wobei die Herausgeber, Schrödinger beipflichtend und der europäischen wissenschaftlichen Tradition verpflichtet, davon ausgehen, daß auch die angesprochene „bisher unbekannte Weise", also Aufbau, Funktionen und Entwicklung der Organismen, nur mit Erklärungsprinzipien erhellt werden kann, die der prinzipiell rationalistischen Ausrichtung dieser Tradition nicht widersprechen und der empirischen Überprüfung zugänglich sind.

Dieselbe Frage stellt sich selbstverständlich auch in bezug auf das künstliche Leben. Der Begriff „Artificial Life" oder „Künstliches Leben" bezeichnet zahlreiche Versuche, lebensähnliche Prozesse bzw. Teilaspekte des Lebens in Computern und anderen Medien nachzuvollziehen und zu synthetisieren. Ihr Ziel ist es nach Claus Emmeche[3], „eine Biologie des Möglichen zu entwerfen, die uns helfen soll, den Ursprung und die Entfaltung der natürlichen Lebensprozesse auf dem Raumschiff Erde besser zu verstehen.

---

[2] Müller-Herold, U. (1988): Szenarien für die späte präbiotische Evolution. - Natur u. Museum 118(3), 74-83.
[3] Emmeche, C. (1994): Das lebende Spiel. Wie die Natur Formen erzeugt. - Reinbek: Rowohlt.

Manche Vertreter des Künstlichen Lebens erheben sogar den Anspruch, etwas genuin Neues zu schaffen, das mit natürlichem Leben bzw. mit natürlichen Organismen zwar in vieler vergleichbar sei, aber dennoch auf anderer Basis erarbeitet sei und eine Art zweiter Schöpfung darstelle, die ebenso wie die natürliche Lebewelt evoluiere, sich nach eigenen regeln verändere und so auch eine Aspekt des Unvorhersehbaren in die Welt bringe.

Bei allem Optimismus, den gerade die Vertreter von Artificial Life zu verströmen scheinen, kann aber auf eine Prüfung Ihrer Ansätze nach jenen Kriterien, die durch Schrödinger auf den Punkt gebracht wurden (Zitat oben), nicht verzichtet werden.

Sind doch manche Kritiker der Meinung, es würden hier gar nicht mehr jene Erkenntnisansprüche erhoben, welche die traditionellen westlich-europäischen Naturwissenschaften kennzeichnen, sondern es handle sich eher um einen saloppen Umgang mit der Natur, die teilweise, in großer Distanz zur real vorfindbaren Wirklichkeit, in virtuellen Weltentwürfen aufgelöst werde.

Ziel des Symposions, das diesem Band im Wesentlichen zugrundeliegt, war es, zu größerer Begriffsklarheit zu gelangen, die verschiedenen Bereiche im Umkreis der Biologie, vor allem aber die reduktionistischen Ansätze, die verschiedenen Physikalismen und das Künstliche Leben, die sich gegeneinander ohnehin nur schwer abgrenzen lassen, auf ihre Vergleichbarkeit mit natürlich gegebenen Organismen bzw. mit gängigen Modellen und Bildern von ihnen zu prüfen und ihre Tauglichkeit zur Klärung biologischer Grundlagenprobleme zu beleuchten. Vor allem geht es darum, ob sie in der Lage sind, zu einer brauchbaren Organismustheorie beizutragen. Dazu sollten Autoren aus verschiedenen Fachgebieten, vor allem aber auch mit verschiedenen Meinungen und Einstellungen zu der dargelegten Problematik Stellung nehmen.

Die ursprüngliche Anregung zu diesem Symposion und diesem Band kam von Professor Alfred Locker, der auch das Einleitungsreferat „Artificial Life – Faszination des Künstlichen, einem verfehlten Lebensbegriff entsprungen?" hielt.

In der Folge entwickelte sich eine interessante Diskussion der beiden Bertalanffy-Schüler Alfred Locker und Rupert Riedl. Riedls Stellungnahmen ergänzten die Einführung.

Im Anschluß daran brachte Elisabeth Menschl einen Beitrag über J. v. Neumann, einen der Pioniere von AL, Stefan Endl beschäftigte sich mit Computerviren, die, wie er ausführte, nicht nur in der zur Beschreibung nötigen Terminologie Parallelen zum Lebendigen zeigen.

Als Ergänzung dazu brachte die Philosophin Elfriede Bonet einen kritischen Beitrag mit dem Titel „Wenn das Leben neu erfunden wird.".

Karl Edlinger setzte sich mit der Frage der Vergleichbarkeit von natürlichem und künstlichem Leben sowie mit dem Problem des Reduktionismus auseinander und stellte die Forderung nach ständiger Prüfung von reduktionistischen Ansätzen, aber auch von AL in den Vordergrund.

Eine wesentlichen Beitrag zu speziellen Problemen von AL brachte der früher in Wien und nun in Brüssel tätige Alexander Riegler mit seiner Betrachtung über das Thema „Können wir das Problem der Echtzeitkognition lösen?"

Rainer Born zog einen Vergleich zwischen AL und Virtueller Realität. George Kampis beleuchtete in seinem Vortrag über "Organization, Not Behavior (An Essay about Natural and Artificial Creatures)" im Wesentlichen technische Aspekte von AL und Artificial Intelligence sowie den Bezug zu natürlichem Leben.

Zusätzliche Beiträge kamen von Markus Peschl, der sich mit den Grenzen techni-scher Metaphern auseinandersetzt, sowie von Simon Jencius, der sich mit Selbstor-ganisationsphänomenen und systemischer Betrachtung der (menschlichen) Personalität beschäftigt.

9

ARTIFICIAL LIFE - JOHN VON NEUMANN, EIN PIONIER DER ERFORSCHUNG DES KÜNSTLICHEN LEBENS

Elisabeth Menschl

> - *„Innerhalb von fünfzig bis einhundert Jahren wird voraussichtlich eine neue Klasse von Organismen entstehen. Diese Lebewesen werden in dem Sinne künstlich sein, als sie von Menschen gestaltet wurden. Dennoch werden sie sich fortpflanzen und in Formen umwandeln, die anders als ihr Ursprung sind. Sie werden „leben" in des Wortes eigentlicher Bedeutung... Der Beginn einer Ära des Künstlichen Lebens wird das wichtigste historische Ereignis seit der Entstehung des Menschen sein..."*

Doyne Farmer

Ausgangspunkt für die Beschäftigung mit der Problematik des Künstlichen Lebens ist die Frage: Was ist Leben? Eine Frage, die, wie die Geschichte unseres Denkens zeigt, äußerst schwierig zu beantworten ist, weil wir bis heute keine wirklich brauchbare Definition des Begriffes „Leben" haben. Aristoteles konstatierte, dass „Leben besitzen" heißt „sich selbst ernähren können" und „vergänglich sein". Andere sehen die Fähigkeit zur Fortpflanzung als notwendige Voraussetzung für Leben an, womit alle so genannten „Hybride", wie etwa Maultiere aus der Klasse des Lebendigen herausfallen würden. WissenschaftlerInnen die sich mit diesen Fragen beschäftigen sind zu dem Schluss gekommen, dass sich die oben gestellten Fragen nicht durch Beobachten, sondern in der aktiven Kreation beantworten lassen.

Das Forschungsgebiet des Künstlichen Lebens verfolgt gänzlich andere Ziele als etwa die Gentechnik, die ja „normale", lebende Organismen untersucht.

KL-ForscherInnen suchen dagegen nach Möglichkeiten, wie man lebende Systeme erzeugen, weiterentwickeln und beobachten kann.

Viele mögen dagegen einwenden, dass dies bestenfalls ein äußerst absurdes Ziel sei, denn nichts was der Mensch herstellen kann verdiene das Attribut lebendig, und der Begriff Leben sollte auf natürliche Vorgänge beschränkt bleiben.

Die Forschungsrichtung „Künstliches Leben" beschäftigt sich mit der Gestaltung lebensähnlicher Organismen und Systeme, die von Menschen geschaffen wurden. Das Material dieser Systeme ist anorganisch, die Struktur besteht in Information und Computer sind die „Brutkästen", die diese neuen Organismen hervorbringen sollen.

John von Neumann sah seine Automatentheorie als die Krönung seiner äußerst regen Forschungstätigkeit und obwohl das Buch über die theoretische Konstruktion von selbstreproduzierenden Automaten nie fertig werden sollte, wird er zu Recht als der Vater des Künstlichen Lebens angesehen

10

Unter Automaten verstand John von Neumann Maschinen, die zur Selbstorganisation fähig sind, speziell solche deren Verhalten man mathematisch bestimmen konnte. Ein Automat ist eine Maschine, die Informationen verarbeitet, sich dabei logisch verhält und den jeweils nächsten Schritt selbsttätig aus führt, nachdem sie die entsprechenden Daten, die ihr von außen zugeführt wurden, mit den Anweisungen, die in ihrem Inneren festgelegt sind, zusammengeführt hat.

Unter dem Aspekt dieses Modells betrachtet ist es möglich, auch Organismen, von Bakterien bis hin zum Menschen, als Maschinen anzusehen. Wenn es gelingt Automaten zu verstehen, versteht man nicht nur die Wirkungsweise von Maschi-nen besser, sondern auch ganz elementare Phänomene, wie das Leben.

Besonders interessant erschien von Neumann in diesem Zusammenhang die „Synthetisierung" von Lebewesen. Ende der Vierzigerjahre des 20. Jahrhunderts umfasste dieses Programm vor allem die Erforschung künstlicher sich selbst reproduzierender Systeme.

In seinem berühmten Hixon-Vortrag stellte er die zentrale Frage, ob es einer künstlichen Maschine möglich sei sich selbst zu reproduzieren, d.h. eine Kopie von sich selbst zu erzeugen, die dann wieder eine Kopie von sich selbst erzeugen kann usw. Wäre dies möglich, so könnte man durchaus auf die nahe Verwandtschaft zwischen natürlichen und künstlichen Automaten schließen.

Der Gedanke, dass Leben durch die Nachahmung physikalischer Eigenschaften hervorgebracht werden könnte, wäre zumindest den Vertretern des Vitalismus und nicht nur diesen als ziemlich absurd erschienen. Seit man allerdings durch New-tons Berechnungen in der Lage war, genau vorherzusagen, wo sich Himmelskörper zu einem bestimmten Zeitpunkt befinden, beschäftigte man sich immer mehr mit der Frage, ob die Gesetzmäßigkeiten des Lebens ähnlich vorhersagbar seien.

Beinahe noch älter ist die Annahme, dass das Leben selbst als mechanischer Prozess angesehen werden kann. Als prominente Beispiele wären hier diverse Automaten (Schach-, Musikautomaten, etc.), Uhrwerke, Vaucassons Ente aufzulisten.

Auch Von Neumanns Versuch, Leben in einem Bereich zu schaffen, in dem es bislang noch nicht existiert hatte, wurde zunächst rein mechanisch projektiert: Roboterinseln sollten dem See, in dem sie schwammen, Energie und Rohstoffe entnehmen und Kopien von sich selbst zusammenbauen. Solche Roboter müssten außerordentlich komplex sein, sodass man annehmen kann, dass von Neumann wahrscheinlich nicht daran dachte diese tatsächlich zu konstruieren, sondern prinzipiell verstehen wollte, wie sich ein künstliches System selbst reproduzieren kann.

Bis heute lassen sich solche Maschinen nicht konstruieren, vor allem wegen scheinbar nebensächlichen Problemen, wie der Frage, wie ein Roboter im See schwimmende Rohstoffe erkennen und auf diese zugreifen kann. Doch die Frage nach Leben aus dem Computer bezieht sich nicht auf organische Moleküle oder chemische Bausteine, sondern zentral und wichtig ist der Begriff der Information als Grundlage des Lebens. Auf dieser Grundlage aufbauend ist dann ein dynami-sches System notwendig, das komplex genug ist, um sich reproduzieren zu können und Nachkommen zu erzeugen, die noch komplexer sind als sie selbst. Information als Gebilde reiner Logik besteht dann in jenem Plan, welcher nicht nur das Verhalten der Maschine bestimmt, sondern auch deren Reproduktionsaktivität.

Diese gewagte „genetische" Kreuzung wurde möglich durch die Arbeit von Alan Turing. Eine Finite State Machine unterteilt sämtliche Informationen in zwei Kategorien, diejenigen, die durch den inneren Zustand der Maschine bedingt sind und solche, die von außen stammen. Alan Turing und Alonzo Church stellten die These auf, dass eine solche Maschine nicht nur die Funktion von mathematisch operierenden Maschine nachahmen könnte, sondern auch die Funktionen der Natur, optimistisch betonten sie, dass nahezu alles mit dem Modell einer Finite State Machine analysiert werden könnte. Denn das Verhalten jedweder Maschine ist bestimmt durch ihr Innenleben /Status und dem was sie aus ihrer Umgebung geliefert bekommt /Information vom Band.

Die Überzeugung, dass dieses Modell auch für die Analyse des menschlichen Gehirns von Bedeutung sein könnte, und unter dem Namen „Funktionalismus" Eingang in den wissenschaftlichen Jargon gefunden hat, geht von der Annahme aus, dass die Anzahl der unterschiedlichen Zustände des Gehirns begrenzt sind, denn in jedem Augenblick befindet sich das Gehirn in einem bestimmten Zustand bis der nächste momentane Eindruck folgt.

Die Information der Umgebung könnte in Kombination mit dem Anfangs-zustand das Verhalten einer Person ebenso bestimmen, wie den nächsten Zustand ihres Gehirn. Laut Turings These könnte das Gehirn unter dem Aspekt einer Finite State Maschine betrachtet, einfach einer logischen Anleitung folgen, die im Wesentlichen aus einer durch biologische und physikalische Kräfte festgelegten Regeltabelle besteht und so zum nächsten Zustand zu gelangen. Indem sich von Neumann aber mehr auf die Selbstreproduktion konzentrierte, verlagerte sich der Schwerpunkt seiner Forschung eher auf das Leben als auf das Gehirn. 1943 las er den Artikel von Warren Mc Culloch und Walter Pitts „A Logical Calculus of the Ideas in Nervous Activity", in dem die Methode beschrieben wird, nach der mathematische Modelle benutzt werden können, um die Funktionen des Nerven-systems zu simulieren als ein künstliches neuronales Netzwerk.

Diese Entwicklung in Verbindung mit Turings Behauptung, eine universelle Maschine könne jedes andere berechenbare System nachahmen, legte die Schluss-folgerung nahe, dass lebende Organismen so etwas Ähnliches wie einen eingebau-ten Computer hätten, dessen Berechnungen ihr Verhalten bestimmten.

"Alles, was erschöpfend und eindeutig beschrieben werden kann, alles, was vollständig und eindeutig zum funktionieren gebracht werden kann, ist ipso facto durch ein begrenztes und neuronales Netzwerk realisierbar." (Hixon - Vortrag).

Nun konnte Leben durchaus in eine bestimmte Klasse von Automaten eingeordnet werden. Von Neumann fasste in seinen Computerkonzeptionen die verschiedenen Teile des Rechners als Organe auf und die Schaltelemente seiner ersten Computer waren mit ihren „Und-Schaltern", „Oder-Schaltern", „Nicht-Schaltern" und Ver-zögerungskreisen wie Neuronen aufgebaut. Daraus sollte ein künstliches Wesen entwickelt werden, das über die Fähigkeit zur Selbstreproduktion verfügen sollte. Der erste Automat, den sich von Neumann erdachte war nicht als reines Informa-tionsgebilde geplant, sondern als handfestes Gerät, ein Computer der aus Schaltern,

Reglern und Teilen der Informationsweitergabe bestand. Neben den Computerinternen Bestandteilen besaß der Automat noch fünf zusätzliche Elemente:

1.) Ein Element zur Manipulation, ähnlich einer Hand, das seine Befehle von der „rechnenden" Kontrolleinheit der Maschine bekam

2.) Ein Element zum Schneiden, das zwei Elemente trennen konnte, falls angeordnet

3.) Ein Element zum Verbinden, das in der Lage war zwei Teile zusammenzufügen

4.) Ein sensorisches Element, das alle Teile erkennen und die entsprechenden Informationen an den Rechner weiterleiten konnte

5.) Eine Reihe von „Trägern" als genau festgelegte strukturelle Elemente, die nicht nur den Montagerahmen für das Wesen darstellen, sondern auch die Bausteine des Informationsspeichers

Der geplante Lebensraum für dieses Wesen sollte ein riesiges Reservoir in Form eines endlosen Sees, nach dem Zufallsprinzip mit der selben Art von Elementen ausgestattet, aus denen das Wesen selbst aufgebaut war. Der Prozess der Selbstreproduktion lässt sich wie folgt darstellen: Der Automat sollte die Information des Trägerbandes lesen. Komponente C sollte die Anweisungen aufnehmen und damit den Duplikator (Komponente B) füttern, der diese Anweisungen kopieren sollte, die Duplikate an die Fabrik weitergab und die Originale speicherte.

Ganz ähnlich der DNA sollte der Reproduktionsprozess des natürlichen Lebens wieder gespiegelt werden. Man kann die Arbeit zur Aufschlüsselung der DNA durch Watson und Crick und deren Nachfolger durchaus als die empirische Bestätigung der von John von Neumann vertretenen Hypothesen betrachten. Der Physiker Freeman Dyson meint sogar,

„....soweit wir wissen ist der elementare Aufbau von Mikroorganismen, die größer sind als ein Virus, exakt so, wie in von Neumanns Vorstellungen."

Der erste selbstreproduzierende Automat wurde als „kinematisches Modell" bekannt, dessen Prozess für die Produktion von Nachkommen zwar logisch fundiert war, das aber dennoch unter einer generellen Strukturschwäche litt, er war viel zu komplex, denn es gab zu viele „black boxes". Bedingt durch das Black box-Problem existierte das kinematische Modell nur in der Theorie, als ein nicht lineares komplexes System.

Information und Komplexität sollten die neuen Schlagworte für die Modellierung künstlichen Lebens sein. Die Lösung brachte Stan Ulam, der zuvor mit Hilfe der Computer des Manhattan-Projekts wichtige Einsichten in die Erzeugung rekursiver geometrischer Muster gewonnen hatte.

Er vermutete, dass sich die Selbstreproduktion in einem abstrakten geometrischen Raum leichter untersuchen ließe als in der dreidimensionalen Welt der tatsächlichen Roboter. Dieser Gedanke kann als die Geburtsstunde der Theorie des zellulären Automaten betrachtet werden, obwohl diese Bezeichnung von Arthur Burks stammt, Ulam selbst hatte die Bezeichnung mosaikartige Struktur gewählt. In Anlehnung an das Wachstum von Kristallen sollte statt des unendlichen Sees eine andere Umgebung gewählt werden:

Ein unendliches Gitter, ausgebreitet wie ein Schachbrett, sodass jedes Quadrat des Gitters als einzelne Zelle aufgefasst werden konnte. Jede Zelle in dem Gitter sollte eine unabhängige Finite State Machine sein, deren Verhalten nach einem einheitlichen Regelwerk ausgerichtet während die Anordnung des Gitters würde sich in begrenzten Zeitabschnitten ändern. Jede Zelle würde Informationen enthalten, die ihren Zustand wiedergaben und nach jedem Zeitabschnitt würde sich mit den umliegenden Zellen vergleichen und das Regelwerk befragen, um ihren Zustand für den nächsten Augenblick festzulegen.

Die Zellenansammlung eines gemeinsamen Gitters könnte dann als Organismus angesehen werden, aber eben nur als eine Kreatur reiner Logik. Ein zellulärer Automat wird durch vier Faktoren bestimmt:

1.) Der Zustandsraum als die Menge aller Zellen auf die der Automat einwirkt
2.) Die Anzahl der Zustände pro Zelle muss bei einem zellulären Automaten festgelegt sein. Am einfachsten kann man mit binären Automaten arbeiten, die zwei Zustände pro Zelle haben, diese werden häufig als „an"/ „aus" oder „besetzt"/ „leer" oder als „lebendig"/ „tot" bezeichnet und mit den Ziffern 0/1 versehen. Für die Modellierung mancher Situationen sind jedoch kompliziertere Systeme nötig, so erfand John von Neumann beispielsweise einen selbstreproduzierenden Automaten, in dem jede Zelle 29 Zustände annehmen kann.
3.) Die Umgebung einer Zelle, das heißt, welche Zellen in der Umgebung einer vorgegebenen Zelle deren Zustand in der nächsten Generation beeinflussen können.
4.) Die Entwicklungsregel, die es ermöglicht, den Zustand einer Zelle in der nächsten Generation auf Grund des Zustandes der Zellen in der Umgebung in der gegenwärtigen Generation zu bestimmen. Die Anordnung der möglichen Zustände der Zellen der Umgebung wird als Konfiguration der Umgebung bezeichnet.

Ausgangspunkt für von Neumanns zelluläres Modell eines selbstreproduzierenden Automaten war ein horizontloses Schachbrett, in dem jedes Quadrat, also jede Zelle, sich in einem ruhenden bzw. inaktiven Zustand befand, vergleichbar mit einer leeren Leinwand. Bis zu 200000 Zellen sollten so auf dem Gitter Platz finden. Die wichtigste Frage lautet nun: Kann eine solche Maschine einen evolutionären Prozess durchlaufen?

John G. Kemeny, der später die Programmiersprache BASIC entwickelte, war fasziniert von der Möglichkeit einer Evolution der von Neumannschen Automaten. Er versuchte 1955 zu zeigen, „dass es keine schlüssigen Anzeichen für eine unüberwindliche Hürde zwischen Mensch und Maschine gibt." Kemeny wurde durch den Schwanz des Neumann Automaten, der die meisten Zellen enthielt, an einen Chromosomensatz erinnert und staunte darüber, dass der menschliche Körper nur einen sehr kleinen Anteil seiner Substanz verwenden musste, um genetisches Material herzustellen.

Ähnliches müsste auch bei einem Automaten zu bewerkstelligen sein, wenn es gelang, Übergangsregeln so zu programmieren, dass eine winzige Zahl zufälliger Änderungen während des Prozesses der Vervielfältigung auftreten würde - einige bits könnten von „an" nach „aus" wechseln und umgekehrt. Das würde dann einer Mutation entsprechen und würde als solche an die Nachkommen weitergegeben. Verbessert eine solche Mutation die Anpassung der Maschine wird sie sich durch den Genpool der Maschinenpopulation verbreiten und sich dabei an die Regeln der natürlichen Selektion halten. Nach einigen Generationen würden die Auswirkungen dieser Evolution sichtbar werden. Aus dieser Verfahrensweise ergeben sich zahlreiche Fragen:

Kann die Natur durch eine symbolische Manipulation von Informationen tatsächlich simuliert werden?

Kann die Erzeugung künstlichen Lebens unser Wissen über lebende Prozesse vergrößern?

Können wir tatsächlich Organismen bauen, die so lebendig sind, wie die, die wir bereits kennen?

Zahlreiche Wesen bevölkern mittlerweile den Cyberspace und verhalten sich da bei ganz außerordentlich, sie wachsen, sie pflanzen sich fort und sind vor allem anpassungs- und entwicklungsfähig. Die Untersuchung von Phänomenen wie der Selbstorganisation von künstlichem Leben hat zum Ziel, natürliche Systeme nachzubilden, in der Hoffnung, dass die gleichen Verhaltensweisen, die man in der Natur findet auch in den jeweiligen Simulationen auftauchen. Für Biologen gelten die Lebewesen dieser künstlichen Systeme als die perfekten Versuchstiere, die viel einfacher zu analysieren sind, als ihre „lebenden" Artgenossen. Physiker untersuchen Künstliches Leben, um zu einem besseren Verständnis von komplexen nicht linearen Systemen zu gelangen, von denen angenommen wird, dass sie zwar allgemeinen, aber bislang unverstandenen Gesetzen gehorchen.

Andere Forscher konzentrieren sich auf die langfristige Entwicklung tatsächlich lebender Organismen, deren Kernstruktur die Information bildet. Solche „Lebewesen" könnten Roboter sein und somit „reale" körperliche Formen haben, aber auch als reine Informationsgebilde in einem Computer existieren. Diese Wesen sollten nach Doyne Farmer „lebendig in jeder angemessenen Definition des Wortes" sein.

Allerdings fällt es uns immer noch nicht leicht etwas als „lebend" zu bezeichnen, dass sich in einer Rechenanlage befindet, wobei das Wörtchen „in" hier keinesfalls allzu „wörtlich" genommen werden darf.

Literatur:

Farmer, D. &. A.d´A. Belin (1987): "Artificial Life: The Coming Evolution". - Los Alamos.

Neumann, J. (1963): "General and Logical Theory of Automata". - Collected Works, N.Y.

Levy, St. (1993): KL - Künstliches Leben aus dem Computer. - München: Droemer Knaur.

ARTIFICIAL LIFE:
VIRTUELLE WIRKLICHKEITEN – HERAUSFORDERUNGEN, CHANCEN UND GEFAHREN

Rainer Born

Gedanken zur Einstimmung und zur Problemspezifikation

Meine Originalität (wenn das das richtige Wort ist) ist, glaube ich, eine Originalität des Bodens, nicht des Samens. Wirf einen Samen in meinen Boden, und er wird anders wachsen als in irgend einem anderen Boden. (Ludwig Wittgenstein: Vermischte Bemerkungen, p 75).

Ausgangspunkt meiner Überlegung ist der Beitrag der VR (Virtual Reality) - Technologie zur (Möglichkeit einer) Kommunikation von Wissen, und zwar unter besonderer Berücksichtigung des „Adressaten" und unter Berücksichtigung der Rezeption (von Wissen) durch diesen sowie des sich daraus ergebenden Umganges mit Information und in weiterer Folge der Handlungskonsequenzen, die sich auf dieser Informations-Basis ergeben können.

Hierbei spielen die Möglichkeiten der „Veranschaulichungen" eine enorme Rolle. Ich erinnere an die Entwicklungen im Umfeld der Computergraphiken und vorher noch die Entwicklung von Spreadsheets, die durch neue Mensch-Maschine-Schnittstellen neue Qualitäten der anschaulichen Aufbereitung und Verarbeitung von Informationen ermöglicht haben und dabei neue Überzeugungs- und Strukturierungsqualitäten geschaffen haben, die selbst im Logik-Unterricht (von Stanford ausgehend, Hyperproof und ähnliche Programme von Barwise und Etchemendy) ihren Niederschlag gefunden haben und im Sinne einer experimentellen Epistemologie ein Bestätigung der Ansätze in der formalen Semantik sind (insbesondere E. Beth) sind. Heute fungiert dies unter dem Begriff „Diagrammatic Reasoning" (z. B. Cognitive and Computational Perspectives. Ed Janice Glasgow et al, Menlo Park, 1995 und div. neuere Publikationen).

Kommunikation betrifft zusätzlich zur Vermittlung von Information auch die Möglichkeit, Missverständnisse auszuräumen oder korrigieren zu helfen, und bedient sich dazu nicht nur rein verbalsprachlicher Mittel bzw. kann so wenig wie Semantik auf Syntax allein auf Sprache reduziert werden.

Information wird i. a. auf der Basis von Wissen umgesetzt, angewandt und führt zu Reaktionen durch den Benutzer und diverse Betroffene.

Die Aufbereitung von Wissen zur Erzeugung von Information führt i. a. zu bestimmten Zeichen, die ihrerseits für diejenigen, die den Zeichen einen Sinn geben können, Information enthalten und dazu führen können, Handlungen (in der Umwelt) auszulösen.

Wichtig ist es also, den Boden aufzubereiten (vorzubereiten, oder auch zu präparieren) auf den der „Same" Information fällt (Siehe das genannte Wittgenstein-Zitat).

Das Thema ist also, was kann die VR dazu beitragen, diejenigen Vor-Erfahrungen/Erlebnismöglichkeiten zur Verfügung zu stellen oder aufzubauen, die

16

notwendig erscheinen, um den aufbereiteten Informationen einen entsprechenden Sinn zu geben. Gemeint ist auch, dass eine gewisse Vertrautheit mit einem Realbereich [Vertrautheit bedeutet immer auch, dass man Handlungskonsequenzen erkennt und durchschaut] vorauszusetzen ist, eine Lebensform, die über den Alltagskontext, die Alltags- Erlebnis-Welt hinausgeht.

Die Anwendung der VR-Technologie könnte helfen, geeignetes Hintergrundwissen (HGW) aufzubauen, Erfahrungswissen, das den korrekten Umgang mit den aufbereiteten Informationen gestattet.

Die Visualisierungstechniken verleiten allerdings leicht dazu zu glauben, dass es i. W. nicht mehr darauf ankomme, was man sich dabei denkt, was man versteht, wenn man Informationen benutzt bzw. darauf reagiert.

Die angesprochene Problematik spielt heute eine zunehmende Rolle im Bereich des „Wissensmangements" und damit der Ausbildung von Managern, die den Umgang mit dem Abstraktionsgrad der „Virtualität" ihrer Informationen erst lernen müssen (Vergleiche dazu die Überlegungen von Artur P. Schmidt in „Endo-Mangement", Bern 1998)

Information soll nicht nur vermittelt werden, sondern Wissen soll aufgebaut und ausgetauscht werden (ergänzt durch den Umweg über die Möglichkeit neuer Erfahrungen in virtuellen Räumen, auf die man sich einlassen kann, aber nicht muss aufbauen. – Wirklich ist, was sich (er-) träumen lässt !!!

Angesichts der vielfältigen, sehr erfolgreichen technologischen Entwicklungen (nicht zuletzt im Bereich der VR) schienen sich (im Alltagsdenken) zunächst zwei Reaktions-Möglichkeiten aufzudrängen:

1. eine (Technik-) Euphorie und 2. eine Kritik und Maschinenstürmerei

In beiden Fällen macht man es sich allzu leicht. Viel schwieriger ist ein konstruktiver Mittelweg, bei dem man sich einerseits kritisch auf ein inhaltliches Verständnis des Zustandekommens der Technologien einlassen (s.u. den Begriff der Immersion) muss und andererseits versuchen muss, auch die Rezeption im Alltag, das Denken in Bildern und Werten zu verstehen, wobei ebenso die Frage zu stellen ist, wie kommt es zu den oft Missverständlichen Alltagsreaktionen, was sind deren Voraussetzungen?

Welche Erfahrungen und Interpretationen von technologischen Anwendungen etc. sind dafür verantwortlich, dass im Alltagsdenken so etwas wie ein philosophischer Skeptizismus entsteht?

Das schwierigste ist also ein konstruktiver Mittelweg - indem man sich einerseits darum bemüht, von den tatsächlichen inhaltlichen Gegebenheiten auszugehen, und sich etwa die Semantik der Sprache einer einzelwissenschaftlichen Disziplin genauer anschaut - und damit auch, was man damit intendiert hat, welche Grundvorstellungen dabei eine Rolle spielen.

Damit wird das Zustandekommen von Wissen, der Modellierungsprozess von Wissen, zu einem zentralen Thema. Aber im Sinne der Modelltheorie (formalen Semantik) und nicht notwendig als Beschreibung des sogenannten Entdeckungskontextes. - Aber derartige Behauptungen lassen sich nicht unmittelbar empirisch entscheiden, so wenig wie man empirisch begründen kann, dass eine Lichthupe keine Hupe ist, weil sie i.a. keine Töne von sich gibt.

17

Wittgenstein hat für diesen Kommunikationsbereich zwischen Wissenschaftlern untereinander und auch den sogenannten Laien, den Begriff der „Prosa" eingeführt. Sie ist die Schnittstelle zum Alltagsdenken.

VR als neue Mensch-Maschine-Schnittstelle im „Management von Wissen".

Ich gehe für die weiteren Argumentationen von folgenden vereinfachten Voraussetzungen aus:

1.) Ausgangspunkt meiner Überlegungen ist folgendes realistische Verständnis der „Virtual Reality" (VR): nämlich als spezieller Modellierungstechnik von Informationen, die im Computer in Form von digitalen Daten gespeichert sind, wobei drei Elemente für die Charakterisierung dieser Technologien wesentlich sind:
a) das Generieren von dreidimensionalen Darstellungen (aus den Computerdaten)
b) die Möglichkeit von Echtzeit- „Interaktion" mit diesen dreidimensionalen Darstellungen
c) Techniken der Immersion, die das „subjektive Gefühl" einer scheinbar realen Umwelt im Anwender erzeugen und „alltagsrealistische" Reaktionen evozieren.

2.) Weiters wird unter VR auch die im Computer durch spezielle Simulationstechniken generierte „künstliche Umgebung" selbst verstanden, wobei sich „virtuell" auf „der MÖGLICHKEIT nach wirklich" (aber eben nicht „wirklich-wirklich"!) bezieht. („In Wirklichkeit ist die Wirklichkeit nicht wirklich wirklich"!)

Die Frage ist nun: „Gibt es ein maschinell erzeugbares Wissen" ? D. h. Kann man den Modellierungsprozess von Wissen algorithmisieren bzw die maschinelle Informations-Aufbereitung als kreative Strukturierung von Erfahrungen ansehen? Gibt es eine universelle Modellierung, bei der man sich nicht mehr um den Wissenshintergrund des Adressaten oder Benutzers kümmern muss?

Ausgangspunkt ist, dass durch die Modellierungstechnik der VR letztlich eine neue Mensch-Maschine-Schnittstelle, also eine neue Art anthropomorpher „Kommunikation" zwischen Mensch und Maschine ermöglicht wird, weil ein Mensch das Gefühl und den Eindruck hat, sich in natürlicher Weise „ausdrücken" zu können und die Reaktionen der Maschine (des Computers) auf Verständnis aufbauend interpretieren kann. Dies führt natürlich auch zu einem anderen bzw. unmittelbareren Umgang mit den Ergebnissen.

Aus einem ganz anderen Bereich kommend, moniert dies auch Peter F. Drucker (Forbes 10-5-98 : New Paradigms), den man so lesen kann, dass unsere theoretisch-explanatorischen Vorstellungen (z. B. in de Ökonomie) „need to be close enough to reality to be useful". Der Informationstechnologie wirft er daher vor, dass sie „so far may well have done serious damage to management because it is so good at getting additional information of the wrong kind." Die Technologien würden eigentlich nur die „inside data" der Ökonomen liefern, aber nicht das Wissen oder den Abbildungsprozess berücksichtigen, der zu diesen „inside data" führt.

18

„So far no one has figured out how to get meaningful outside date in any systematic form?"
„... the main challenge to information technology in the next 30 years will be to organize the systematic supply of meaningful outside information (d. h. von außerhalb der Organisa-tion stammend)." ... „Inside, there are only costs."

Ich möchte nun die Probleme der Mensch-Maschine Schnittstelle und der Probleme der Simulation im Rahmen einer Interaktion von Mensch und Maschine am Beispiel der Navigation auf einer Erdumlaufbahn etwas verdeutlichen: Stellen wir uns vor, dass wir in einem Space-Shuttle die Erde umkreisen. Auf derselben Umlaufbahn sehen wir in einiger Entfernung einen Satelliten. Genügt es einfach, Gas zu geben, um rasch hinzukommen? Das wäre die natürliche, die lebens-weltliche Reaktion, die unseren Erfahrungen auf der Erde entspricht. Wir wissen aber heute, dass normales Beschleunigen uns in eine höhere Umlaufbahn bringt.

Die Frage ist: Könnten wir aus den Daten im Bord-Computer Darstellungen generieren, die die Verhältnisse (auf einem Bildschirm oder in einer Cyberbrille/HMD) so zeigen, dass wir „natürlich" reagieren könnten, etwa wie wenn wir im erdnahen Raum ein Flugzug steuern? Dadurch würde eine Er-Lebenswelt aufgebaut, die uns so vertraut ist, dass wir in „natürlicher" Weise reagieren könn(t)en. Der Bordcomputer müsste unsere „Eingaben" im Sinne der tatsächlichen physikalischen Verhältnisse entsprechend umrechnen, dass z. B. zuerst kurz abgebremst wird und dann wieder beschleunigt, so dass wir (von außen gesehen, aus der Perspektive einer dritten Person!) schließlich doch an den Satelliten andocken könn(t)en!

Das Problem ist, ob es eine vollständige derartige „Reduktion" der physikalischen Verhältnisse auf einen „Simulationsraum" gibt, und zwar so, dass wir nichts an unseren bisherigen Denk-Verhältnissen, nichts an unserer Vorstellungswelt zur Handhabung unserer Umgebung ändern müssen und uns dennoch überlebensadäquat (unsere Zielvorgabe) „verhalten" können?

Inzwischen gibt es schon reale Experimente, kleine Flugzeuge mit einer Cyberbrille zu steuern. Aber noch sitzt i.a. ein normal ausgestatteter Co-Pilot daneben. Offenbar trauen wir dem „Vollständigkeitsanspruch" nicht. - Würden wir uns so ohne weiteres in einen Jumbojet setzen, das von einem Kind gesteuert wird, auch wenn es mit Autopilot fliegt und schon sehr viele Flugstunden in einem Flug-simulator absolviert hat?

Als Konsequenz ergibt sich folgende Frage: Können wir Wissen so reduzieren (nämlich auf Handlungsregeln), dass wir uns nicht um die tatsächlichen Verhältnisse, den Inhalt, zu kümmern brauchen bzw. inhaltlich nichts dazulernen müssen, dass (hinsichtlich des Bildes, das wir uns von der Welt machen oder aufgrund dessen wir uns orientieren) alles beim alten bleibt?

Hier liegt meiner Ansicht nach die eigentliche Chance, Herausforderung und u.U. auch Gefahr (nämlich eines Missverständnisses und damit auch eines falschen Umganges) mit der VR-Technologie, sofern wir uns nicht auf die Spielzeugin-dustrie beschränken wollen.

Etwas poinierter und kürzer formuliert, geht es um die Problematik, computergestützt „Wissen in Information" zu verwandeln! Denn wir benutzen Informationen i. a. auf dem Boden unseres Vorwissens, unserer Rezeption oder (etwas poetischer formuliert) „aufgrund des Reimes", den wir uns auf die Veranschaulichungen von Daten [in natürlicher Weise] machen und die unsere Reaktionen auslösen können. Ich möchte dies mit der folgenden Graphik verdeutlichen:

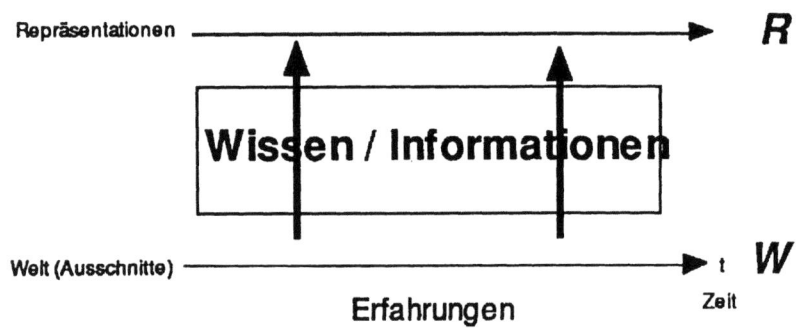

Betrachtet man die Dynamik, so kann man als Denkangebot das folgende Bild verwenden :

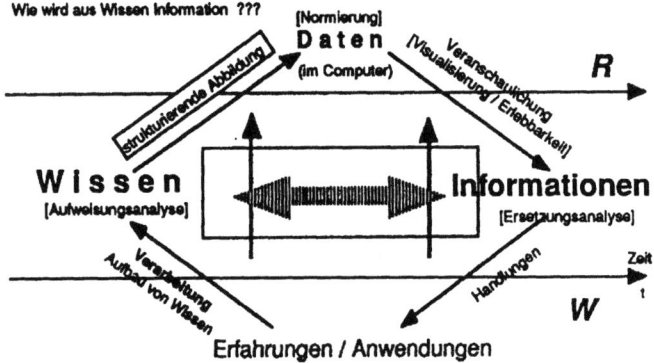

Diese „Bilder" (ebenso wie das Schema LIR unten) sind als Denkangebote zur Strukturierung der Verhältnisse zu verstehen und sollen vor allem die Rolle, den Ort und die Integration des Menschen in den Rahmen technischer Wissensaufbereitung und Informationsverarbeitung verdeutlichen.

Die Frage, die sich stellt, ist: Welches Erfahrungswissen können/müssen wir bei einem Adressaten voraussetzen bzw. u. U. „aufbauen", damit ein korrekter „Um-

20

gang" mit Informationen zu erwarten ist, so dass wir der Meinung sein könnten, dass Wissen kommuniziert wurde, und wir uns die Möglichkeit einer "Korrektur" von Mißverständnissen offen halten können. Praktisch gesehen entspricht es dem Sprach (Spiel-)Verständnis Wittgensteins, wenn man etwa in technisch wirtschaftlichen Anwendungen (etwa bei der Planung einer Fabrik) mit erweiterten Techniken von virtuellen Konferenzen durch interaktives Manipulieren an einem gemeinsamen Objekt (virtuellem Modell) eine gemeinsame Sprachpraxis, einen gemeinsamen Erfahrungsraum, aufbaut über den man dann kommunizieren und Information austauschen kann. Wir müssen uns aber die Option zusätzlicher korrektiver Kommunikationen offen halten, damit das System nicht erstarrt.

Die Botschaft eines Modells/Beispiels sind eben die Schlüsse die ein Adressat daraus zieht, wobei das Spektrum der Reaktionsmöglichkeiten in zukünftigen Situationen die eigentliche Information enthält und so Wissen aufbauen kann.

Die Botschaft eines Modells ist keinesfalls immer etwas, auf das man explizit den Finger legen kann, das man explizit formulieren kann (die Thematik des impliziten Wissens wird etwa weiter untersucht in Harry M. Collins: Artificial Experts. Social Knowledge and Intelligent Machines. Cambridge, Mass. 1990), sondern ist ein ungesättigter Ausdruck (eine Idee, die schon bei Frege in ähnlichem Sinn vorkommt).

Eine wesentliche Chance des Einsatzes der VR-Technologien im Wissensmanagement ist daher sie als "Mittel zur Reduktion von Komplexität" im Bereich der Daten zu benutzen, zum Aufbau von Anschaulichkeit und dadurch zur raschen Reaktion auf die Verhältnisse in der Welt. Aber gerade dann ist die Möglichkeit zur (reflexiven) Korrektur notwendig und offen zu halten, nicht zuletzt mit ungesättigten Bildern und einer kreativen / dynamischen Semantik.

Bekanntlich gibt es den schönen Spruch: "In Wirklichkeit ist die Wirklichkeit nicht wirklich wirklich."

Kann VR zum Initiator eines neuen Wissenschafts- / Weltbildes werden ?

Zunächst muss man fragen, wie kommt es überhaupt zu dieser Frage? Offenbar dadurch, dass man glaubt einen Widerspruch oder zumindestens Unstimmigkeiten in bezug auf das gegebene wissenschaftsgeprägte abendländische Weltbild feststellen zu müssen. Man macht z. B. die Wissenschaft für ökologische Katastrophen verantwortlich und übersieht u. U. dass man falsche Schlüsse aus den vorliegenden Ergebnissen gezogen hat und deshalb falsch gehandelt hat.

Wissenschaft ist selten eine unmittelbare Beschreibung oder Handlungsanleitung, sondern ein primär theoretisch-explanatorisches Unternehmen.

Wenn man neurophysiologische Prozesse studiert und die Ergebnisse überträgt, kommt man leicht zu dem Schluss, dass die gesamte Welt um uns NUR eine Konstruktion unserer Sinne sein könnte. Aber schon Poincaré hat in einem ähnlichen Kontext zum Thema Relativität unserer Geometrien gemeint: "Konvention ja - beliebig nein!" Was also folgt aus dem Umgang mit oder dem Eintauchen in "virtuelle Wirklichkeiten" für das Verständnis unserer Lebenswelten? Denn in den

21

Lebenswelten wirken sich unsere Erfahrungen in Hinblick auf unsere unserer Handlungen und die Begründungen für diese aus!

Könnte es wirklich sein, dass wir in einer einzigen großen Täuschung, einem von uns gestalteten Traum leben? Diese Denkweise läuft natürlich auf die Fragestellungen des klassischen Skeptizismus hinaus, der nach Stanley Cavell nicht nur schädlich, sondern auch nützlich sein kann, weil er uns zwingt, uns auf die positiven Seiten unseres Lebens zu besinnen.

Hilary Putnam meint, an Wittgenstein, Cavell und Dewey und allgemein an den Pragmatismus anknüpfend, dass das Wissenschaftsbild des logischen Empirismus, also insbesondere Rudolf Carnaps, zu eng sei oder zumindestens missverstanden. Theorien sind mehr als nur Mengen von Sätzen zwischen denen logische Ableitungsbeziehungen bestehen. Damit kann man zwar den Gültigkeitszusammenhang der Behauptungen innerhalb von Theorien untersuchen aber kaum Wissen und Verständnis (zum Umgang mit und zum realitätsbezogenen Gebrauch von Theorien) aufbauen.

In den Pragmatismus-Vorlesungen [P:P/dt.76] betont Putnam, dass ein Teil der pragmatistischen Antwort auf den Skeptizismus in der Peirceschen Unterscheidung zwischen wirklichem und philosophischem Zweifel besteht.

In LIR [Born, s.u. Einschub] und schon früher haben mich ähnliche Überlegungen dazu geführt, allgemeiner zwischen einem theoretisch-explanatorischen und einem deskriptiv-operationalen Aspekt von Wissen zu unterscheiden und mit Hilfe eines dazu entwickelten semantico-pragmatischen Schemas die Diskussion des Verhältnisses zwischen Wissenschaft und Alltag auf eine vernünftigere semantische Basis zu stellen. Die Alltagskonsequenz des philosophischen/theoretischen Zweifels „muß zu einem heilsamen Bewusstsein über menschliche Fehlbarkeit führen" (P:P/76). Doch daraus folgt nicht notwendig ein „universeller Skeptizismus". Aus der Tatsache (und der persönlichen Erfahrung), dass ich mich täuschen kann bzw. gelegentlich schon getäuscht habe, folgt nicht, dass ich mich immer täuschen können muss.

Aber nach Peirce (so Putnam) bedeutet die Tatsache, dass wir einerseits „wissenschaftliche Untersuchungen nicht auf Algorithmen reduzieren können" und andererseits auch „keine metaphysische Garantie dafür bekommen können", dass unsere Ansichten oder gar Methoden niemals einer Revision bedürf(t)en, keinesfalls, „dass wir nichts darüber wissen" [oder wissen können], wie geforscht werden soll [wird bzw. dass wir nicht anlysieren könnten, wie Wissen zustandekommt]. [P:P/dt.77]

Worum es dabei geht, ist unser Bild von Wissenschaft/Forschung. Putnam stellt Carnap und Peirce/Dewey einander gegenüber. Für letztere ist „Forschung eine kooperative menschliche Interaktion mit einer Umwelt; und beide Aspekte, das aktive Eingreifen , die aktive Beeinflussung der Umwelt und die Zusammenarbeit mit anderen Menschen sind entscheidend". [P:P/dt.79]. - Wenn z.B. neue Testbedingungen eingeführt werden sollen, so hängt das „gleichfalls von Zusammenarbeit ab, da jedem Menschen, der sich den Anregungen von anderen Menschen verschließt, früher oder später die Ideen ausgehen und er nur noch die Gedanken ernst nimmt, die seine eigenen Vorurteile widerspiegeln. Zusammenarbeit ist zur Bildung neuer Ideen und deren vernünftiger Überprüfung notwendig." Dazu gehört nach Dewey u.a. auch eine Ethik des Diskurses. Vor allem aber gilt, dass „die bloße Interpretation der nicht algorithmischen Standards, nach denen wissenschaftliche Hypothesen beurteilt werden, von Zusammenarbeit und „Diskussion ab, die durch dieselben Normen strukturiert werden."

„Für ihre volle Entfaltung und für ihre volle Anwendung auf menschliche Probleme benötigt Wissenschaft die Demokratisierung der Forschung." [P:P/dt. 81]

Das bedeutet, dass man den Skeptizismus (in seiner breiten Form als die Verneinung der Möglichkeit jedweden Wissens) nicht intellektuell oder argumentativ widerlegt, sondern indem man den skeptischen Impuls als positive Aufforderung zur Reflexion, zur Offenheit gegenüber Korrekturen und als Aufforderung zur Zusammenarbeit und zur Toleranz gegenüber anderem „Wissen" auffasst, das man sich in seinem Zustandekommen (und seiner Nachvollziehbarkeit) „zugänglich" machen kann, ohne deshalb in einen Relativismus/Subjektivismus nach dem Motto „anything goes" verfallen zu müssen.

Nochmals: Aus der Tatsache, dass es möglich ist, sich zu täuschen, folgt nicht, dass man sich immer täuschen können muss.

Durch die Technologie der VR kann uns im Rahmen der Visualierung von Information insofern ein Spiegel vorgehalten werden als wir dazu angeregt werden können, unsere eigenen Vor-Urteile sichtbar zu machen. Deren Überwindung kann, wie dies die Entwicklungslinie Kopernikus-Darwin-Freud zeigt, mitunter schmerzlich sein.

Wie sollten sicherlich die Ergebnisse unserer (auch VR-) Simulationen vorsichtig beurteilen und diskret zur Realität in Beziehung setzen, vor allem indem wir auch das Zustandekommen von Wissen als das Ergebnis eines Modellierungsprozesses zu betrachten versuchen.

Die Frage ist, wie werden unsere Handlungen durch unsere Modelle gesteuert? Information für sich genommen und ohne Kontext beurteilt, ist trivialerweise noch kein Wissen. Es sei denn man setzt so etwas wie einen universellen Commonsense voraus, glaubt an die Reduktion von Semantik auf Syntax und kümmert sich nicht darum, was andere mit unseren „Informationen" anfangen. Die Technik der VR mit ihrem Schwerpunkt auf der Konstruktion von humanoiden „interfaces" ermöglicht es hingegen, den Menschen insofern wieder einzubeziehen (ein Thema das insbesondere im Bereich des Wissensmanagements, also in der Wirtschaft zunehmend von Bedeutung ist), als allgemein durch die „Veranschaulichungs- und Erlebbarkeitstechniken" (was über die reine Visualisierung im Ansatz weit hinausgeht) das Wissen, das in den Informationen abgebildet sein sollte, mit vermittelt werden könnte, wenn man sich darauf einlässt. Dies entspricht eher der von Hilary Putnam identifizierten pragmatischen „Wissenschaftskonzeption".

An die Stelle der reinen Vermittlung von Information kann daher der Aufbau von Wissen treten, die Möglichkeit von Erfahrungen (in virtuellen Räumen) zu sammeln und Möglichkeitsspielräume, wie dies sogar schon im Kontext des „diagrammatic reasoning" beim Logik-Unterricht (Stanford u. a. amerikanische Universitäten) praktiziert wird (Hyperproof: Barwise/Etchemendy und Diagrammatic Reasoning).

These 1: Die Herausforderungen, die sich aus dem Einsatz der VR-Technologien ergeben, betreffen sowohl den Umgang mit diesen Technologien als auch Auswirkungen auf unser Selbstverständnis als „Menschen" in dieser Welt sowie insbesondere eine Änderung unseres Wissenschaftsverständnisses, nämlich hin zu einer stärkeren Betonung der Pragmatik und damit einer handlungsgeleiteten Modellbildung in der Wissenschaft.

Zu beachten ist allerdings das Problem der Ausbildung, des Lernens. Wenn man etwa durch ein gutes (zB medizinisches) Expertensystem „geschult" wird, dann kann es sein, dass man gerade so gut wird wie dieses Expertensystem, wenn es keine weiteren externen Korrektiva gibt. Ist ein derartiges Expertensystem in gewissem Sinn unvollständig, dann wirkt sich das auf die Ausbildung aus, und den sogenannten Rest deckt möglicherweise der grüne Rasen.

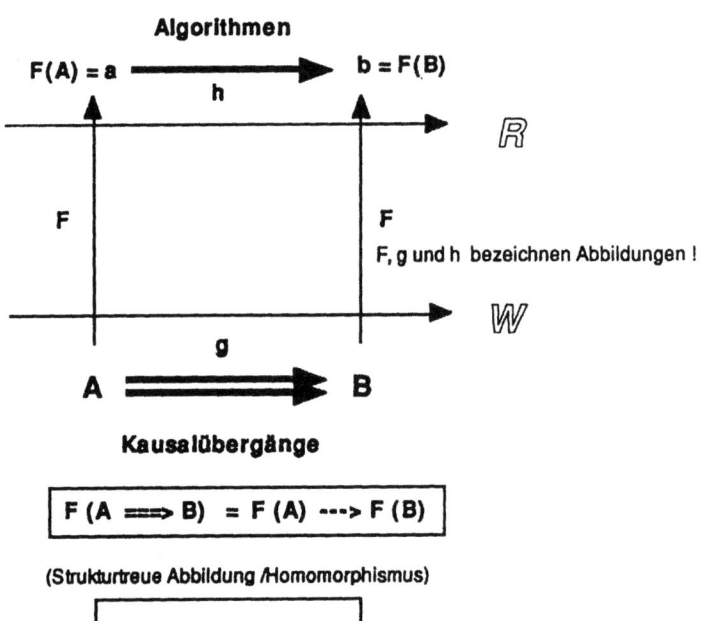

Um dieser Problematik - der Dynamik der Bedeutungsveränderung oder auch der Problematik einer kreativen Semantik - gerecht werden zu können, schlage ich als Mittel zur Analyse das nachfolgende Schema LIR (Sprache /Information und

Wissen/Realität) in einer gekürzten Version vor. Die Grundidee (in Anknüpfung an die beiden vorigen kleinen Graphiken) ersieht man aus obigem Diagramm.

Sprache, Information und Wirklichkeit: Gedanken zur realen Möglichkeit einer Kommunikation von Fakten und Wissen

„Communication between you and me relies on assumptions, associations, communalities and the kind of agreed shorthand, which no-one could precisely define but which everyone would admit exists. That is one reason why it is an effort to have a proper conversation in a foreign language. Even if I am quite fluent, even if I understand the dictionary definitions of words and phrases, I cannot rely on a shorthand with the other party, whose habit of mind is subtly different from my own. Nevertheless, all of us know of times when we have not been able to communicate in words a deep emotion and yet we know we have been understood." (Jeanette Winterson, Art Objects, London 1996).

Das anschließende Schema ist eine vereinfachte Meta-Darstellung von Kommunikation, eine Vereinigung von sprachlichen und nicht-sprachlichen Elementen, wobei insbesondere dem Zustandekommen von Verstehen durch Interpretation von Zeichen über verschiedene Komponenten von Hintergrundinformation Rechnung getragen wird und die Dynamik der Vermittlung von Wissen und Bedeutungsveränderung berücksichtigt wird. 'Wissen' (z.B. implizites Wissen) ergibt sich aus der Wechselwirkung der verschiedenen Komponenten von Hintergrundwissen. 'Wissen' äußert sich im Umgang mit Informationen. 'Wissen' entsteht durch den Bezug der Dinge zueinander. 'Wissen' vermittelt zwischen Sprache und Wirklichkeit, definiert den Umgang mit der Information, die sprachlich kodiert ist und bestimmt den Bezug von Sprache auf Wirklichkeit.

Bei der Kommunikation von Wissen muss man das Hintergrundwissen eines Adressaten in seiner Mehrschichtigkeit (die Komponenten E, F, K, M im obigen Schema) berücksichtigen. Will man den Übergang von einem Zustand P in einen neuen Zustand Q (in der Welt, in einer Einstellung, im Verstehen, im Wissen) kommunizieren oder begreiflich machen oder gar (im Empfänger) erzeugen, so muss man sich die benützten Repräsentationsmittel R (z.B. die Sprache) klar machen und auch klar machen, durch welche Komponenten des Hintergrundswissens die Zeichen in R auf Ausschnitte der Welt W bezogen werden. Der Übergang von P nach Q spiegelt sich sprachlich und somit auch in der Kommunikation in der Akzeptanz des Überganges von den p nach q , d. h. in der Zulässigkeit der Beziehung der Zeichen, die im Repräsentationsraum D den (mehr oder minder realen) Zustandsübergängen P und Q zugeordnet sind. Diese Akzeptanz im Repräsentationsraum kann durch die Veränderung relevanter Komponenten des Hintergrundswissens (das für die Zustimmung und Sinnstiftung letztlich verantwortlich ist) gezielt verstärkt werden.

Die tatsächliche Akzeptanz und damit der Erfolg der Kommunikation von Wissen (vor allem, wenn es um den Aufbau/die Vermittlung neuer Sichtweisen, neuer Bezugsrahmen etc. geht) hängen vom Wechselspiel der entsprechenden Komponenten des Hintergrundswissens ab. Entscheidend ist dabei insbesondere das Verhältnis von theoretischem Wissen T (ausgewähltem allgemeinem Wissen A, cf

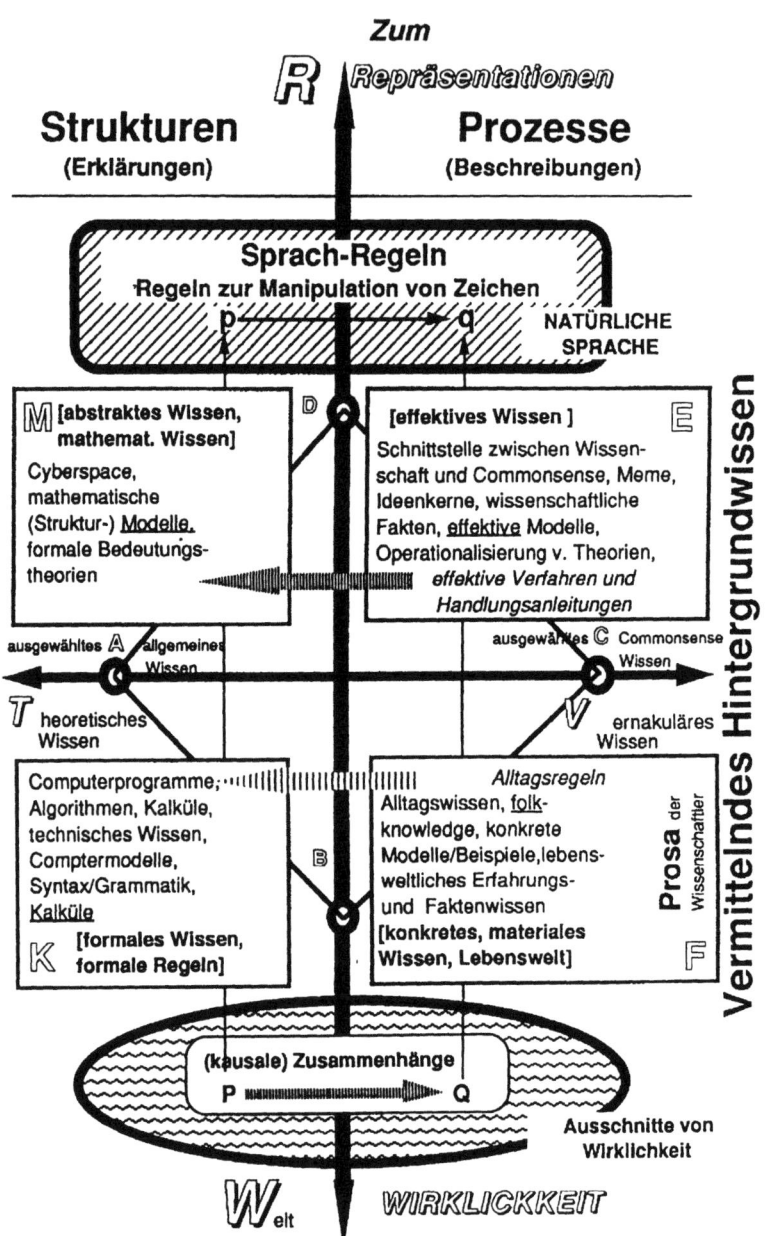

Zum

R *Repräsentationen*

Strukturen
(Erklärungen)

Prozesse
(Beschreibungen)

Sprach-Regeln
·Regeln zur Manipulation von Zeichen

p ————————▶ q   NATÜRLICHE
SPRACHE

M [abstraktes Wissen, mathemat. Wissen]

Cyberspace, mathematische (Struktur-) Modelle, formale Bedeutungs- theorien

D

[effektives Wissen]   **E**

Schnittstelle zwischen Wissen- schaft und Commonsense, Meme, Ideenkerne, wissenschaftliche Fakten, effektive Modelle, Operationalisierung v. Theorien, *effektive Verfahren und Handlungsanleitungen*

ausgewähltes **A** allgemeines Wissen

T heoretisches Wissen

ausgewähltes **C** Commonsense Wissen

V

ernakuläres Wissen

Computerprogramme; Algorithmen, Kalküle, technisches Wissen, Comptermodelle, Syntax/Grammatik, Kalküle

B

K [formales Wissen, formale Regeln]

Alltagsregeln
Alltagswissen, folk- knowledge, konkrete Modelle/Beispiele,lebens- weltliches Erfahrungs- und Faktenwissen [konkretes, materiales Wissen, Lebenswelt]

Prosa der Wissenschaftler

F

(kausale) Zusammenhänge
P ————————▶ Q

Ausschnitte von Wirklichkeit

Welt   *WIRKLICKKEIT*

Vermittelndes Hintergrundwissen

26

die linke x-Achse im Schema) und vernakulärem Wissen V (common sense - Wissen C, cf die rechte x-Achse im Schema), das die Abstimmung von neuem und altem Wissen bei konkret gewähltem Bereich B (als Ausschnitt der Welt/Wirklichkeit, unterer Teil der Achse) und der Darstellung D (als speziell gewählter Repräsentation, oberer Teil der y-Achse) bestimmt.

Wertungen, oder allgemein-ethische Gesichtspunkte, das menschliche Augenmaß und die menschlichen Ziele beim „Umgang mit (neuem) Wissen" gehen auf dem Wege über das Hintergrundwissen in die Akzeptanz und in die Handhabung von Wissen/Informationen ein.

Gedanken zur Prosa der Wissenschaft

These 2: Entscheidend für den Erfolg der VR-Technolgien ist, dass VR-Veranschaulichungen von Computerdaten neue Alltags-Überzeugungs-Qualitäten besitzen, woraus Einsichten in Zusammenhänge resultieren, die sich im Kreativitäts- und Innovationspotential, also im Entdeckungskontext, aber auch bei der praktischen Um- und Durchsetzung von Wissenschaft auswirken.

These 3: Problematisch kann allerdings ein überzogenes Gleichsetzen von Modell und Wirklichkeit werden.

Dies führt unmittelbar zum Thema Rezeption im Alltag, zu Lebenswelt und Lebensform als Vorwissen.

Die Diskussion im sogenannten Alltag kümmert sich i.a. nicht darum, was tatsächlich passiert, wenn man in eine virtuelle Wirklichkeit, eine virtuelle Welt einsteigt, sondern agiert auf der emotionalen Ebene und operiert mit den Alltagssemantiken der Fachtermini.

Was aber ist nun tatsächlich so neu beim Phänomen der Computerwelten, der virtuellen und künstlichen Realitäten, des Cyberspace? Ein kleiner Diskurs in die Sprachphilosophie soll helfen, ein wesentliches Manko der virtuellen Realität aufzudecken. Wittgenstein schreibt (Tagebücher 29.9.1914):

„Im Satz wird eine Welt probeweise zusammengestellt. Wie wenn im Pariser Gerichtssaal ein Automobilunglück mit Puppen etc. dargestellt wird."

Dazu später im Traktat (4.031):

„Im Satz wird gleichsam eine Sachlage probeweise zusammengestellt. - Man kann geradezu sagen: statt „Dieser Satz hat diesen und diesen Sinn" „Dieser Satz stellt diese und diese Sachlage dar".

Wir analysieren hier also den Modellcharakter von Sprache, genau so, wir wir oben den Modellcharakter von Computer-Simulationen hervorgehoben haben. Der entscheidende Unterschied zwischen dem Modellaspekt der Sprache (à la Wittgenstein) und den Modellen/Theorien, die den Simulationen zugrundeliegen, ist der, dass das probeweise Zusammenstellen der Welt im Satz eine Interpretation durch einen Adressaten erfordert. Das Modell aber ist nur ein Angebot dafür, sich einen Reim auf das Gesagte zu machen, wobei ein Adressat aktiv etwas tun muss, gewissermaßen aktiv an sich selbst arbeiten muss, um den Sinn, also das durch die Beziehung der Dinge zueinander zum Ausdruck gebrachte, zu verstehen.

Dieser Aspekt der Möglichkeit, der freien Wahl, wird in virtuelle Welten umgangen, weil man durch die Unmittelbarkeit der Erfahrung u. U. sich zu Sichtweisen gezwungen sieht. Man wird insofern manipuliert, als man direkt in die Welt der Konsequenzen, in den virtuellen Raum der Möglichkeiten (die letztlich aber nicht real sind) hineinversetzt wird.

Zur emotionalen Qualität des Zustimmungszwanges kommt also eine neue Qualität hinzu, die auf den biologisch fest vorgegebenen Informationsverarbeitungs- und Reaktionsmustern der Menschen basiert und damit letztlich auf der versteckten Annahme eines universellen Common-Sense.

Die Faszination, die Datenbrille und Datenhandschuh erzeugen können, liegt in der unmittelbaren Anschaulichkeit der (Handlungs-) Konsequenzen, die man einer Aktion in der Kunstwelt entnehmen kann. Theorien werden in ihren Konsequenzen gewissermaßen „handgreiflich" gemacht. De facto sind virtuelle Welten aber visuelle Simulationsräume, und auch die „handgreiflichen" Konsequenzen sind letztlich Ergebnisse von auf Theorien basierenden Rechenvorgängen.

Im ersten Fall, in der Alltagsphilosophie, fühlen wir uns - von außen betrachtet - durch die Simulationserfahrungen verunsichert. Wir erleben Täuschungen, sind fasziniert von der Möglichkeit und den Szenarien einer oder mehrerer anderer Welten und wissen im Grunde nicht, wie wir darauf reagieren sollen. Hier kommt nicht zuletzt der modernen Philosophie die Aufgabe zu, sich damit auseinanderzusetzen, wie es denn möglich ist, dass wir mit Hilfe eines Computers „virtuelle Welten" schaffen können, wie also Täuschungen zustande kommen, und unter Voraussetzung dieses Wissens dann in die Alltagsdiskussion einsteigen. Dabei ist zu beachten, dass die Täuschungen, so wie „klassische" Wahrnehmungstäuschungen, bestehen bleiben, egal, was unsere Ratio dazu sagt. Also müssen wir einen Weg finden, damit umzugehen und zu verstehen, was sie für uns bedeuten sollen. Das ist im übrigen gar nicht so schwer; denken wir nur daran, dass wir auch heute noch von einem schönen Sonnenaufgang sprechen, und nicht davon, dass sich an diesem Maimorgen die Erde besonders schön um die eigene Achse dreht. Es kommt auf den Kontext an und darauf, sich den Betrachtungsaspekt, die jeweilige Kategorisierung der Welt, bewusst zu machen.

Ein weiterer Bereich, in dem (philosophische) Unsicherheiten auftreten können, ist die Einführung neuer Begriffe bzw. Wörter. Dies betrifft Wortschöpfungen wie „künstliche Intelligenz", „künstliche Wirklichkeit", „virtueller Speicher", etc. Diese Wörter werden zunächst in einem eingeschränkten technischen Kontext eingeführt und dienen als Anreiz für weitere Entwicklungen im Bereich der Forschung; auf dem Weg über die Prosa der Wissenschaften - wenn sich Wissenschaftler in einer um Fachtermini angereicherten Alltagssprache über die Bedeutung/Signifikanz ihrer Ergebnisse klar zu werden versuchen und darüber untereinander kommunizieren - schlüpfen sie dann in die normale Alltagssprache und regen zu Überlegungen an, die von den Alltagsbedeutungen der entsprechenden Ausdrücke geprägt sind. Für diesen Mischbereich der wissenschaftstheoretischen Diskussion möchte ich den Ausdruck Arbeitsphilosophie (der Einzelwissenschaftler) einführen, denn auch die Einzel-wissenschaftler selbst sind in ihren Diskussionen nicht immer von den (fach-)in-ternen Bedeutungen ihrer Begriffsbildung geleitet.

These 4: Bei der Generierung anschaulicher Modelle aus den Computerdaten (z.B. einem Gehirnmodell aus den Daten einer Computertomographie) ist zu bedenken, dass das Errechnen des „anschaulichen" Modells spezifisches Erfahrungswissen über die Realität voraussetzt und dass das abstrakte mathematische Modell, das der Berechnung zugrunde liegt, i. a. nicht von selbst aus den Daten entsteht.

Die Welt, wie wir sie erleben, ist möglicherweise (?) nur eine der vielen Möglichkeiten, die man aus den Daten konstruieren kann - andere Veranschaulichungen können viel besser sein, besser geeignet, um zu einer guten Orientierung in der Welt zu gelangen.

Kommunikation: Wissenschaft und Alltag/Pragmatismus und VR

Abschließend möchte ich noch darauf zu sprechen kommen, dass wir in der Praxis der Anwendung wissenschaftlicher Ergebnisse sehr oft von Konsequenzen (von Theorien) sprechen, die wir dann irgendwie (mehr oder minder empirisch) überprüfen. Über die Überprüfungen, d. h. ob eine Beobachtung im Einklang mit einer Behauptung steht, können wir uns i.a. halbwegs einigen, obwohl es auch da gelegentlich intensiver Diskussionen bedarf. Aber über die Identifikation von Konsequenzen als Konsequenzen gehen wir meiner Ansicht nach allzu rasch hinweg. Wir behaupten, die Konsequenzen seien logische Folgerungen aus den vorgegebenen Theorien. Aber das ist sicherlich nicht immer der Fall und es bedarf (vor allem im Umfeld ideologischer Argumentationen, wo die Kompatibilität einer Behauptung mit den Voraussetzungen zur Debatte steht) oft zusätzlicher Informationen, des Aufbaues von Hintergrundwissen oder Erfahrung, der Explizierung diverser Formen von Anschauung, um die Konsequenz tatsächlich als Konsequenz sichtbar werden zu lassen. Die Gefahr ist, dass Theorien aufgrund der Widerlegung von „Konsequenzen" verworfen werden, die gar keine sind. Dies sollte uns zwingen, genauer auf das Zustandekommen von Wissen zu achten, genauer auf die Bedeutungen von Behauptungen einzugehen und unseren Umgang mit Wissen „diskret" zu gestalten.

Mein Schema LIR (s. o.) benutzt dazu eine Mehrkomponentensemantik und versucht vor allem, durch die Trennung von theoretisch-explanatorischem und deskriptiv-operationalem Wissen der pragmatischen Komponente des „Umganges mit und der Anwendung von Wissen" gerecht zu werden. Dabei steht die Berücksichtigung der (semantischen und pragmatischen) Wechselwirkung zwischen Wissenschaft und Alltag (beim Fixierung von Referenz und beim Aufbau von Bedeutung/Verstehen) im Vordergrund. Das verantwortliche Vermitteln von Wissen erfordert, dass man Wissen (zumindestens tentativ) aufbauen muss und nicht nur alleine aus schon Bekanntem ableiten kann. Dazu muss man beachten, wie man Wissen (oder selbst Rechtfertigungsalgorithmen) benutzen sollte. Das bedeutet, dass man theoretisch-explanatorisches Wissen nicht einfach unmittelbar „handlungs-anweisend" projizieren kann.

29

Wenn man Wissenschaft nur algorithmisch betrachtet, betreibt und vermittelt, übersieht man, dass es im Anwendungskontext sehr wohl darauf ankommt, was man (sich dabei) denkt, vorstellt, (darunter) versteht. Im Anwendungskontext kann es daher, je nach benutztem Hintergrundwissen und gegebener Interessenslage, zu einem extrem unterschiedlichen Umgang mit Wissen kommen. Dieses Problem lässt sich meiner Ansicht nach nur durch Kommunikation, Ethik und Demokratie lösen, es sei denn, man ist der Ansicht, dass es doch so etwas wie einen universellen Algorithmus (eine syntaktische Reduktion) für das Betreiben von Wissenschaft gibt.[1]

Dieser Tatsache, die für den Pragmatismus meiner Ansicht nach wichtig ist, steht gegenüber, dass man sich überlegen muss, was man dagegen tun kann, wie man darauf reagieren kann. - Eine Möglichkeit ist, sich zu überlegen, wie man zu einer vernünftigen, flexiblen, anpassungsfähigen „Fixierung von Referenz" kommt. - Die Wittgensteinsche Lösung ist gewissermaßen die der Sprachspiele und des Achtens darauf, in welchem Bereich die Worte (die benutzt werden [sollen]) beheimatet sind, wo wir damit vertraut gemacht worden sind.

Die Lösung und Einbeziehung des pragmatistischen Gedankengutes bedeutet, dass man im „praktischen" Bereich demokratischen/ethischen Überlegung Raum geben muss, dass man versuchen muss, die Menschen dazu zu bringen, im Sinne eines gegenseitigen Verständnisses tolerant miteinander umzugehen und so zu einer Vielfalt von Lösungsmöglichkeiten zu kommen.

Vor allem kann dadurch der „Skeptiker" überwunden werden [indem man einfach eine Vielfalt von Problemlösungen berücksichtigen und aktivieren kann]. - Ferner ist der Gedanke nicht von der Hand zu weisen (u. a. Cavell), dass der Skeptiker etwas Nützliches ist, denn er zwingt uns, „korrektiv" (nicht notwendig relativierend) in das Verständnis und den Umgang mit Wissen einzugreifen (man erreicht größere Flexibilität dadurch, dass man sich nicht einfach nur auf die Realität verlässt und dadurch anpassungsfähig bleibt, wenn es Veränderungen gibt).

Umgekehrt darf man aber nicht auf die korrektive Funktion des Alltages vergessen, wobei wieder die Rolle von Demokratie im Sinne einer Versöhnung von Wissenschaft und Alltag zum Tragen kommt.

Es nützt nichts zu sagen, dass man das, was mit dem Wissen angefangen wird, nicht wollte - man muss versuchen, Ethik in das Betreiben von Wissenschaft einzubinden, sie dort zu verankern - so weit und so gut das möglich ist.

Dazu man benötigt man vor allem ein „realistisches Wissen" davon, WIE Wissen zustandekommt (Rechtfertigung ist nur ein Teil davon!), wie es sich auf die sogenannte Realität bezieht und wie es daher angewendet werden soll/kann (letzteres sicherlich diskret, mit Augenmaß, mit Toleranz und mit Offenheit). - Nicht einzelne Fakten sind konstant zu halten (und mit Zähnen und Klauen zu verteidigen und als unumstößlich und objektiv auszugeben), sondern die

---

[1] In einer Verallgemeinerung Gödels hat Putnam versucht zu zeigen, dass die Idee eines universellen Algorithmus nicht zielführend ist. Cf Anhang zu Representation and Reality.

„Beziehungen der Fakten zueinander". Letztere sind es, die einen erfolgreichen Realitätsbezug von Wissen (einen erfolgreichen Umgang mit Wissen) ausmachen. Dazu möchte ich auch Jaron Lanier (1991:86) zitieren, jenen Mann, der 1989 den Ausdruck „virtual reality" geprägt hat:

„Ich sage dir eins, die stärkste Erfahrung einer virtuellen Realität hat man, wenn man aus ihr herausgeht. Denn nach dem Aufenthalt in der Realität, die man selbst gemacht hat, mit allen Beschränkungen und der darin liegenden relativen Geheimnislosigkeit, erscheint einem die Natur wie Aphrodite persönlich. Man erblickt in ihr eine Schönheit von einer Intensität, wie man sie vorher schlicht niemals wahrnehmen konnte, bevor man etwas hatte, womit man die physische Realität vergleichen konnte. Das ist eines der größten Geschenke, die virtuelle Realitäten uns machen, ein neu gewonnener Sinn für die physische Realität."[2]

Es fragt sich, wozu wir bei dieser reichlich naiven Darstellung den ganzen technischen Aufwand der VR brauchen. Interessanter als Laniers Aussage ist allerdings die wissenschaftstheoretische Pointe, die sich hinter ihr versteckt: Die wissenschaftstheoretischen Theorien, die in den Prozess der Abbildung in den Computer und damit in die Generierung der mathematischen Struktur für den virtuellen Raum im Computer eingehen, haben wissenschaftslogisch gesehen einen primär explanatorischen Status. Wenn man daher diese Strukturen projiziert, d. h. in Modellen instanziiert, dann erhält man, wenn man es ironisch formuliert, möglicherweise nur Strichfiguren oder Karikaturen der Erlebniswelt. In der Wissenschaft spielt das keine besondere Rolle, sondern ist eher eine Tugend, weil man gelernt hat, sich im Anwendungs- und interpretationskontextwissenschaftlicher Forschungsergebnisse das Fleisch der Erlebniswelt selbst zu ergänzen. In der virtuellen Welt, die möglicherweise aufgrund von falschen Alltagsvorstellungen oder vergessenen Theorien als real empfunden wird, ist das aber eine andere Sache.

Ein aus meiner Sicht enorm wichtiger Punkt ist hier die Interpretierbarkeit der „virtuellen" Darstellungen. Damit Simulationen Sinn ergeben, muss man vorher schon Erfahrungen gemacht haben. Man muss den Symbolen/Zeichen auf dem Bildschirm im Rahmen seiner bisherigen Erlebnis-Welt einen Sinn geben können. Was passiert, wenn man ohne vorherige Erfahrungen in eine „virtuelle Welt" eintaucht, welchen Sinn gibt man den Modellen dann?

Diese Problemlage möchte ich in Ergänzung zu eine kurzen Bemerkung oder anhand der sogenannten Expertensysteme verdeutlichen:

---

[2] Bezüglich der Frage nach den negativen Konsequenzen, meint Lanier (86): „Klar, schlimme Dinge werden mit virtuellen Realitäten passieren. Sie werden dazu beitragen, Leid zu bereiten, denn sie sind etwas Großes, und die Welt kann grausam sein. Aber ich denke, alles in allem werden sie die Aufgeschlossenheit der Menschen für die Natur eher verstärken, für die Bewahrung der Erde, weil sie dann eine Vergleichsmöglichkeit haben." Das ist äußerst fragwürdig und faktisch falsch. Die Pointe meiner Überlegungen hingegen ist, dass wir uns durch VR nur dann besser verstehen, wenn wir wissen, was wir durch VR in dieser Hinsicht tun - und ob uns daran überhaupt liegt, hängt davon ab, was wir allgemein anstreben (diese Formulierung ist von Otto Neumaier, dem ich an dieser Stelle für wichtige Diskussionsbeiträge und Anregungen danken möchte).

Angenommen wir haben ein Computerprogramm zur Unterstützung medizinischer Diagnosen bei einer bestimmten Krankheit, wobei das dafür relevante Wissen erfahrener medizinischer Experten zusammengefasst und im Computer repräsentiert wurde. Eine derartige Wissensrepräsentation kann als abstrakte Darstellung und somit als Grundlage für das Ausloten eines Möglichkeitsraumes von Entscheidungen angesehen werden, so dass das Diagnose-Programm selbst als ein riesiger Entscheidungsbaum aufgefasst werden kann, der über diesem abstrakten Hintergrundwissen agiert. Jeder effektive Programmlauf kann als Realisierung einer virtuellen Welt angesehen werden, in deren Verlauf man zu einem Diagnosevorschlag gelangt. Entscheidend ist, dass Wissen über die gewählte Krankheit im Computer abgebildet ist, und zwar abgebildet unter dem Forschungs-Aspekt zum Zeitpunkt der Programmerstellung.

Angenommen das Programm ist in 80 % der Fälle erfolgreich, d. h. in 80% der vorgelegten Krankheitssymptome stimmt der Diagnosevorschlag des Computerprogramms mit dem erfahrener Experten überein. In 20 % aller Fälle muss er korrigiert werden. Der Test des Programms erfolgt durch Experten in vertrauten Situationen - oft hat man vorher schon die Diagnose erstellt und überprüft, ob das Programm zu demselben Ergebnis gelangt. Das Ergebnis des Programms wird auf der Basis des Hintergrundwissens der Experten interpretiert.

Nehmen wir nun an, das Programm werde zur Ausbildung von Medizinstudenten eingesetzt, die aber aus Kostengründen nicht mehr durch Experten korrigiert werden können. Sie müssen nun ihre eigenen Erfahrungen sammeln und werden zunächst einmal gleich gut werden wie das Programm. Was passiert nun mit den ca. 20 % an Fällen, die vom Computerprogramm nicht erfasst wurden? Wissen wir gar nicht mehr, dass es sie gibt oder können sie sich auch anders bemerkbar machen?

Letzlich befinden wir uns im Falle der virtuellen Wirklichkeit in einem ähnlichen Dilemma. Wir können emotional reagieren, indem wir uns unkritisch der Droge Cyberspace hingeben oder uns ihr verweigern; die jeweils letzte Klima-Prognose, die auf einer Computer-Simulation basiert, als erwiesen hinnehmen. Wir laufen auch Gefahr, eine Karikatur als wirkliches Ding zu betrachten, weil wir nicht wissen, welches theoretische Wissen über unsere Welt der simulativen virtuellen Welt zugrundeliegt oder weil wir vergessen haben, dass dieses theoretische Wissen notwendig unvollständig ist. Gelingt uns aber ein menschliches Augenmaß im Umgang mit der Technik, eine korrektive Reflexion, so stehen uns mit der Maschinerie der virtuellen Welten enorme und auch bereichernde Möglichkeiten zur Verfügung. Da die korrektive Reflexion durch die Analysen und Diskussionen der Philosophie erreicht werden kann, sei ihr in diesem Sinne doch wieder das Wort gegeben, einer Philosophie die sich sachkundig gemacht hat und nicht nur mit beiden Beinen fest in der Luft steht.

These 6: Eine wesentliche Herausforderung ist es, durch geeignete und rechtzeitige „*Kommunikation*" Anwendungsfehlern *vorzubeugen* und auch ethischen Gesichtspunkten den notwendigen Raum zu einer *„reflexiven Korrektur „* eines rein algorithmischen Denkens zuzugestehen.[3]

Musil und Wittgenstein - Wirklich ist, was sich träumen lässt

These 7: Robert Musil unterschied zwischen einem Möglichkeits-Sinn und einem Wirklichkeits-Sinn, und man kann ihn paraphrasieren: „Wir sind Träumer, die von Gottes Träumen träumen". Ludwig Wittgenstein meinte dazu: „Nicht Empirie und doch Realismus (in der Philosophie) - das ist das Schwerste".

Im Kapitel „Atemzüge eines Sommertages" (Robert Musil : Der Mann ohne Eigenschaften, pp 1238), an dem der Autor noch an seinem Todestag arbeitete, schreibt Musil:

„ Natürlich war ihm klar, dass die beiden Arten des Menschseins, die dabei auf dem Spiel standen, nichts anderes bedeuten konnten als einen „Mann ohne Eigenschaften", im Gegensatz zu dem mit allen Eigenschaften, die ein Mensch nur zu zeigen vemag. Man möchte den einen einen Nihilisten nennen, der von Gottes Träumen träumt; im Gegensatz zum Aktivisten, der in seiner ungeduldigen Handlungsweise aber auch eine Art Gottesträumer ist, und nichts weniger als ein Realist, der weltklar und welttätig sich umtut. „Weshalb sind wir denn keine Realisten?" fragte sich Ulrich.
Sie waren es beide nicht, weder er noch sie, daran ließen ihre Gedanken und Handlungen längst nicht mehr zweifeln;
Aber Nihilisten und Aktivisten waren sie, und bald das eine und bald das andere, je nachdem wie es kam."

Bibliographie (Auswahl):

Cavell, St (1979): The Claim of Reason. - Oxford.
Gelernter, D(1994): The Muse in the machine. Computerizing the Poetry of Human Thought. - New York.
Gibbson, W. (1987): Neuromancer, dt. Fassung. - München.
Krueger, M. 1990: Artificial Reality II. - Reading, Mass.
Lanier, J (1991): „Was heißt virtuelle Realität?" In: Waffeneder, Manfred, ed.: Cyberspace: Ausflüge in virtuelle Wirklichkeiten. - Reinbeck.
Polanyi, M. (1970): The Tacid Dimension, [dt. Implizites Wissen, F/M 1995]
Putnam, H. (1988): Representation and Reality. - Cambridge.
Putnam, H. (1992): Renewing Philosophy. Cambridge. [P:RPh/pp]
Putnam, H. (1992): Pragmatism. Oxford. [Dt. Pragmatismus - Eine offene Frage. Frankfurt/M 1995][P:P/pp]
Shanker, St. (1987): Wittgenstein and the new Philosophy of Mathematics. - London
Woolley, B. (1994): Die Wirklichkeit der virtuellen Welten. - Basel.

---

[3] Vergleiche dazu auch Heinz von Förster, der in seiner Kybern-Ethik meint, dass „nur die Fragen, die prinzipiell unentscheidbar sind" von uns entschieden werden können, denn für diese sind und bleiben wir verantwortlich.

Winterson, J. (1996): Art Objects (Essays on Ecstasy and Effrontery). - London.
Wittgenstein, L. (1971): Gesammelte Schriften Bd 1. - Frankfurt/M,.

ORGANIZATION, NOT BEHAVIOR
(AN ESSAY ABOUT NATURAL AND ARTIFICIAL CREATURES)

George Kampis

Abstract

This paper can be summarized by the following three statements: (1) in the modeling of life and cognition, principles are more important than performance; (2) there is a structural similarity between the fundamental problems that arise in ALife and AI/cognitive science (therefore, the problems can be treated simultaneously); (3) a non-computational yet rationally definable mechanism can help exploit the difference between what I will call organizational or "principle-oriented" and purely behavioral or "performance-oriented" approaches in both fields.

I. Introduction

One of the common themes of Artificial Life and Artificial Intelligence (read "strong" Artificial Intelligence) is the concern with dynamic, or "self-organizing" phenomena, as exemplified by learning, evolution, discovery, theory building, and the like. In all these cases, the focus is on a procedural aspect of the phenomenon under study. I will address here the broadly general question, what kind of process models are suitable for such procedural studies.

We begin with some general philosophical remarks, and proceed towards an increasing degree of *concreteness*, to conclude with a review of some more specific models that reflect the new ideas the present writing is concerned with.

II. The Turing Test: What Are We Looking For?

In "strong" Artificial Life, we want computers to be as alive as plants and animals. In strong Artificial Intelligence, we want computers to be as smart as humans. In both these projects, it may not be easy to succeed, but to decide if we succeeded is not simple either. ALife depends on AI in a variety of ways, so I start discussing AI's basic idea.

Proposed by A.M. Turing in his famous 1950 paper, the test named for him suggests to judge intelligence on the basis of samples of behavior. This suggestion (motivated by a pre-*cognitivistic* attitude dominated by American behaviorism) considers a dialogue via computer keyboard between a human and an unknown entity (which can be a human or a machine). One of the best known definitions of intelligence asserts that a machine should be considered intelligent if it survives the Turing test without being unveiled as a machine.

Let us briefly rush through the logic of this suggestion and its consequences. Some limited version of the Turing Test is easy to pass in actuality. Or at least it is easy to pass the test in some sense - for instance, in the sense that some very simple machine contestants of the annual Loebner Prize competitions (Kampis 1996) were consistently judged as animate by certain human observers. Decisions of this kind are always based on very limited experience, and the human experimental subjects are exposed to the tests under very special circumstances. In particular, in the Loebner competition the dialogue must always be confined to a single, usually very sharply defined topic. This gives machines an unfair advantage - a well-known and often acknowledged fact. At this point the defenders of the Test, such as Harnad, usually propose multiple-pass or temporally unlimited Turing Tests to overcome the problem. The idea is that the restricted performance of the machine will be revealed, if not immediately, then in the limit - unless the machine is indeed equipped with intelligence comparable to that of a human. A standard objection to this suggestion is that maybe a large enough vocabulary or an immense catalog of pre-fabricated answers could fool an observer for life, yet requiring no intelligence beyond that of a simple search-and-compose program.

But here is this fact: most human-to-human conversations follow as simple patterns as machine conversations do, virtually never transcending the almost ritual forms ensured by the given situation. This was revealed by studies of Erving Goffman and others. Such everyday dialogues pertain to what Gordon Pask suggested to call the domain of "strict conversations". In a strict conversation, there is an (implicit or explicit) prior agreement about the applicable messages, expressions and meanings.

Even more interestingly, as Pask's Conversation Theory further suggests, not only machine but also human performance can break down when unexpected sentences are heard or read that transcend the closed conversation domain of a strict conversation. By suddenly changing the subject from food prices to politics or Bordeaux vine we may be able to tell a communication expert from a hundred-line PC program as dialog partners, but the same method may already fail with ordinary people, like you and me, who are just less prepared to handle baffling situations and are better trained in something else. The simplicity or "communicative emptiness" of typical human talk explains why ELIZA and other, hard-wired or menu-based dialogue programs (not to speak of RACTER and other sophisticated tools) can continue to mislead people, as J. Weizenbaum, the constructor of ELIZA, has rightly predicted as early as back in 1967.

Nevertheless, that both ELIZA and I may use the same silly sentences when in trouble does not imply that we use them for the same reason. What do we really want - behavioral similarity or something else? Children can mimic face expressions and bodily gestures long before they could make sense of them, or at least before they could gather information via learning about anything beyond the bare motor scheme. To do something, or to understand something, is very different. It may have been Wittgenstein who first elaborated this idea in detail. He claimed that habits, rather than reason and rules, govern our behavior. We act but do not know why.

Searle re-used a certain form of this idea in his famous Chinese Room example, in order to distinguish between meaningful and meaningless acts, and to show the limits of the behavioral studies exemplified by the Turing Test. Searle suggests that it is not behavior but understanding that tells humans from programs.

"Understanding" is, however, a very problematic word, indeed a murky word, as nobody exactly knows what it means. Besides, several authors have pointed out flaws in Searle's argument, among them, that he implicitly assumes a Mind's I, an internal homunculus who understands what the rest of the mind does. Then he needs yet another homunculus, an so on, *ad infinitum* (for otherwise, who could tell what the first homunculus thinks?).

Many theorists agree that the homunculus must be avoided somehow. But before we have a theory of understanding, there can be no test for that, and anyway, if we can perform no tests other than behavioral, and if understanding is not behavioral, then how could we ever develop a theory of understanding in the first place?

III. Behavioral and Organizational Modelling

My suggestion is to use other criteria instead of "understanding" in order to assess competence. In what follows, I will outline and show some applications of an alternative, based on the notion of "organization", a biological concept. In order to present this suggestion, we have to first go back in time. There is an old distinction between two different forms of representation that we will find of relevance. The idea comes from the philosophy of science, and to a lesser part, from cybernetics.

We begin with the notion of *instrumentalism*. An instrumentalist conception of science maintains that the purpose (the *only* purpose) of a scientific theory is to build a functional system on it. (Here we see a distant origin of AI's and AL's "design stance" *a la* Dennett). In other words, the instrumentalist (or instrumentalist-utilitarian) holds that a theory is practicable if it leads to the construction of usable tools.

The critique of this conception emphasized that such a harnessing of Nature requires but very shallow knowledge. Popper and Polanyi pointed out that theory, experiment, and the construction of equipment allows for significant degrees of freedom with respect to the amount and form of knowledge applied[1]. The idea can be illustrated on everyday situations as well.

Let us take car driving. At one extreme, imagine a driver whose only knowledge is about the effect of the pedals and the steering wheel on the course of the ride. This kind of knowledge results in some "naïve physics" in the sense of Hayes. Such an ignorant driver knows nothing about the joints and the gears, about the chemistry of internal combustion or the electronic circuitry of fuel injection. Yet he can fulfill his task. There is another extreme driver we can imagine, one who focuses, while driving, on how the internal interplay of the car's parts, the "whole" car leads to the

---

[1] These were the good old days of cybernetics! W.R. Ashby and D. MacKay put Popper's statement about the existence of different kinds of knowledge into a more tractable form. Their concern was with control systems. As a starting point, they have proven, using different frameworks, that every controller must include a model of the system controlled. As a further result, for our present purposes more interestingly, they obtained the insight that equally successful models can still differ in the amount of information represented, a difference analyzable in scientific terms.

desired motion. (For some readers this could be something in the spirit of the *"Zen of motorcycle maintenance"* or Goethe's *Naturphilosophie* of plant growth, but see below.)

The first approach focuses on what little is absolutely necessary in order to achieve the goal in instrumentalist terms, whereas the second goes for a detailed study of the factors that make the goal achievable in the first place.

The first approach is behavioral, whereas the other is what I will now call organizational. The first is minimal, the second is pretentious. The first is a mirror, only concerned with the picture to reflect; the other puts flesh on the bones, constructing a whole world behind the mirror (to paraphrase a well-known title by K. Lorenz). In one word: organization means depth of representation.

IV. Organization, Other Minds and Other Life Forms

Armed with this new concept, let us go back to the Turing Test and related matters. Let us talk about "other minds" first.

The problem, whether there can be ultimately any guarantee for the existence of minds other than the speaker's own, is known since Plato. Descartes' answer (which anticipates S. Lem's *Kyberiad*, Putnam's *Brains in a Vat* as well as today's VR experiments) is that all we experience could be a dream, and yet we would never notice. (So, in particular, other human beings could be parts of my dream, therefore having no minds.) Of course, unless someone is willing to hold the philosophical position of solipsism, Descartes' warning does not have to be taken all too seriously. It is serious enough, however, to indicate that we need additional assumptions if we want to deal with other minds.

The simplest candidate at hand is the idea of phylogenetic relationship. Biologically, so goes the argument, we are descendants of the same ancestors. It follows that every human being has the same in-depth internal constitution that determines how our mind functions. One can then infer that if I have a mind, so does, by analogy, everybody else. A nice property of such a "new" criteria is that it can be generalized to other species, to chimpanzees, other primates, even to dolphins - but, alas, this stops after a point. We cannot generalize to Martians and to robots, since we share no common history with them.

What do we have here? It is clear that the phylogenetic similarity argument uses the concept of organization as defined before. But there is a problem - organization, if defined by constitution, is too narrow a concept. In other words, the applied implicit concept of organization is too strongly bound to concrete material realization: it seems to be on the right track but it is just not abstract enough.

V. Internal Versus External Programming as an Example for Contrasting Organization with Behavior

What we would need at this point is an operative definition of the concept of organization, to allow for organizations to be *"relocatable"* (as an old computer jargon says - a *relocatable* code is an object format not specific to machine architecture). Whereas I doubt that such a definition could be easily found in general, in this section I will try to offer a particular definition that may befit our present purposes. Here I will utilize an earlier suggestion published in Kampis (1991).

We will consider two mechanisms, external and internal programming. I will argue that the particular organizations that are of interest for the life scientist and the cognitive researcher apply internal programming, whereas equivalent behaviors without the corresponding deep structures can be generated by many different organizations that utilize external programming.

To define terms: "external programming" simply means programming in the current, present-day style, that is, by using computers "for what they are". In other words, the external programming of a computer amounts to writing a program. An of course a program is a program is a program: it is simply an *a priori* defined symbolic behavior scheme; external programming means forcing symbols on the machine. Now I will develop the argument about internal programming in a number of steps.

A Byway In Computing

It is well known that strong statements hold about the behavioral effectiveness of the "external" programming method. In particular, it is well known that every algorithm corresponds to some external program. In a mathematical form, this is expressed by the Church Thesis, a very robust conjecture. The thesis states, informally, that every *mechanistically* definable procedure can be translated into some algorithm, which is programmable on a computer. This is not a purely mathematical conjecture, as it can never be proven. The reason is that one of the concepts, that of effectively computable procedure (or, as above, of *mechanistically* definable procedure) is not mathematical at all. Indeed it is the very Church Thesis that anchors down the intuitive notion of effective computability to a particular for-mulation, that of a universal machine with a certain set of well-defined properties.

The robustness of the Church Thesis comes from the fact that in the course of time many general models of computation have been tested (besides Turing Machines, there are Markov normal algorithms, Post systems, Wang machines, and others) and all have been found equivalent. It seems we have arrived at a "final word" in computability, and there can be nothing beyond - no "better" machines than the ones we already have.

Perhaps even more interesting than the original Church Thesis is an extension, sometimes called the Church-Turing Hypothesis, or briefly CTH. It was D. Hofstadter's book "Gödel, Escher, Bach" that made this concept popular. The idea is that computation should be conceived as something that goes beyond pure mathematics and corresponds to a general theory (or a general framework) of real-world processes. In this spirit, the CTH claims that every physical process is computable. The thesis is of direct interest for the cognitive scientist and Alife *modeler*.

Hofstadter discusses several versions of CTH, of which, because of its directness and adequacy to our subject, the informal "hackers version" requires most attention here. It goes like this: "If you can define it, we can simulate it". The point is that if, by whatever conventional symbols (be they related to dancing, singing or

39

otherwise), we succeed to communicate a detailed desire for a given behavior, then, assuming CTH is true, a good programmer (i.e. a proverbial computer *wiz*) can always turn this into computer code. It is not difficult now to recognize CTH as a behaviorist statement, and with this remark we are back to our central theme. From the point of view of applicability to real processes, external programming is simply mimicking, or copying of the behavior trajectory of a given process.

The Internally Programmed Machine

The same programming (and computing) performance as above can also be achieved by means of a flexible, self-modifying system that internally programs and reprograms itself. From the behavioral point of view (and let us emphasize this point repeatedly) such a system can be no stronger than an externally programmed system - in fact, nothing can be stronger than a universal simulator.

At first look the concept of internal programming is somewhat controversial. Complete internal programming is not possible within the framework of computations - instead, the notion of computation must be extended to incorporate it. For a system to program itself it would be necessary to have no program at all in the beginning - but then how could it do anything? Once there is an (externally given) program at the start, all that happens is execution. The difficulty lies in the fact that a truly self-modifying, self-programming algorithm would be at least as clever as baron Münchhausen, who pulled himself out of a swamp by his own hair (in another version, by his bootstraps). Algorithms, just like elevators, need an Archimedean point to work at all, and this point cannot be part of what will be altered, lifted, or programmed.

Yet as I have suggested elsewhere (in particular, in Kampis 1991) this problem can be solved. The organization of various biological systems, like evolving communities or the cell, show examples for processes which produce new defining primitives that transcend the concerns of ordinary computation theory and ordinary behavior simulation. The processes in question can be shown to bring forth new "Archimedean points" and new algorithms literally out of nothing.

So - even if we cannot tell what does it mean to be an organization in general, we may be able to identify classes of organizations as characteristic of biological systems and possibly minds.

VI. Applications of Organizational Thinking

Turning to ALife, here I would like to briefly review a few concrete concepts and models in which organizational representation, in the sense discussed above, is clearly superior to behavioral ones.

Shifting reading frames

Abstracted from a well-studied biological phenomenon, the notion of shifting reading frame is a crucial concept that allows for a context-dependent definition of information. Instead of being bound to a structural representation, here information

40

content is related to a dynamic mechanism that can even redefine or alter it. This is organizational change insofar as not behavior that depends on the information content but the changing internal mode of processing is the subject of representation.

Shifting reading frames can be found in the genetic translation machinery of the cell. The same m-RNA strains can translate to proteins in many different ways while using the same genetic code. The phenomenon occurs as a function of how the readout mask of m-RNA is placed on the DNA. This determines what counts as a triplet, that is, alters where the code begins.

More generally speaking, the phenomenon of shifting readout occurs whenever one definition frame is changed into another. At this point I usually apply the metaphor of an imaginary Turing machine with a knot tied on its tape. The readout method can switch from a one/*nought* mode to the knot/*knotless* mode, or maybe to modes even beyond that. There is no limit.

In a behaviorally equivalent way, a system with a shifting reading frame could be conceived as a system with multiple reading frames, or a system with just a bigger alphabet, but that does not reflect the organization of the system. The organization is that new frames can be allocated by processes controllable by the own dynamics of the system.

Distributed code systems

Another model that allows for an interactive definition of information content is that of a distributed code system. A code system is something that determines the relation of symbols to other symbols. Classical Turing machines utilize fixed, once-and-forever defined coding schemes to represent their programs and data for the controller unit, which behaves like the CPU of an electronic computer.

By contrast, a distributed code system can be conceived as a network of communicating Turing machines, where each machine uses its output to define (or redefine) the coding scheme of others. Here the biological counterpart is the closed circular pathway of information transfer in the cell. Genes code for the proteins, and proteins together with other gene products "code" for the genes - in the literal yet special sense that these products are factors that determine the relation of genetic symbols to ribosomal expressions. This mutualism allows for an evolutionary "wobbling" of the codes, which parallels the mutation of the genes.

Again, behaviorally (but not from the organizational point of view), a distributed code system is equivalent to some traditional computational system that operates with pre-set codes. But the organizational difference is essential. Distributed code systems can be shown to be structurally non-programmable (in the sense used by M. Conrad). This means that the system cannot be programmed from the input (as is the case with ordinary computers) but by means of inserting various components. Distributed code systems can be directly simulated on a computer and can also be studied analytically. They are perfectly computational in this sense. On the other hand, any individual machine in the network realizes processes that no Turing Machine can compute at all, since the coding comes dynamically, from other machines, in runtime.

41

Component-systems

For the present purpose, a component-system will be defined by what O.E. Roessler calls the "privileged zero" property. Different from electronic systems, where the number of required variables is independent from how many voltages differ from zero, component-systems have the property that the variables with a zero value are not necessary. A trivial example is a chemical system where molecules of which there is a zero amount are clearly just not there, and if all concentrations equal to zero, the whole system is physically empty. (If the computer is switched off, it still rests on your desk.)

With a slight change of the emphasis, a component-systems is definable as an arbitrary system that produces and destroys its own components.

There can be many behavioral models of component-systems. One model could be based on a list of every possible component and every interaction. This would result in an enormous system, which is difficult to represent and to solve, and one which does not show the economy of the component production process in reality. Real component-systems only produce those variables which are indeed necessary. Here, an organizational model directly concentrates on the privileged zero property, using a temporally varying number of variables and varying component properties. Since new components usually realize previously nonexistent interactions with the old components, an organizational model should also allow for the dynamic redefinition of what counts as "component property". This is the origin of the idea of internal programming, an idea not tractable within a purely behavioral or setting interested in transformations only.

The SPL system

The SPL system is a technical tool, a large-scale model system to incorporate a few known biological models and to test some new principles. The system was developed by the author together with Mr. Vargyas. The SPL system can realize several distinct modes of functioning with the aid of a simple molecular-computer-like mechanism, embedded in a virtual environment. Among other things, it can simulate Turing Machines, Liberman-type molecular computers, and Tierra-like evolution engines. Moreover, it can allow for the modelling of context-sensitive properties, essential to the realization of component-systems, and systems with shifting reading frames in the sense discussed.

In the SPL system a pattern-based string-processing language serves as a basis for representing complex interactions. One particularly interesting type of interaction permits the components (represented as one program string each) to directly alter other components' program, according to some deterministic or non-deterministic rules, which are defined dynamically by the components themselves, in runtime.

In my view, this is as close as we can get to doing internal programming on a computer. In particular, the system can use random seeds for the generation of new interactions, or, what is equivalent, it can utilize a suitable coupling of independent deterministic programs. This makes a non-algorithmic component definition possible. This process is non-algorithmic in the sense that it is random according to the von Mises axioms and the Kolmogorovian notion of information complexity; and we know that for randomness there can be no algorithms.

It is important to understand, however, that SPL is not simply a stochastic system - for instance, it does not have to be indeterministic or probabilistic at all. In a stochastic system randomness occurs in the form of noise over well-defined events, whereas in SPL it can be used for extending the original event system, which a completely different issue.

VII. A Case Study: Machine Evolution

Finally, after the abstract examples presented above I would like to discuss a well known case from the ALife paraphernalia. The selected example is the evolution of computer programs, and I will show in a very detailed way, why they presently fail. Furthermore, I will discuss what good the introduction of organization could do to them. In other words, this will be a case where the system cannot be complete even in the behavioral sense, due to a lack of proper organization.

I will talk about the kind of systems that include Tom Ray's Tierra and its relatives or predecessors, among them, Vyssotsy's "Darwin" system, Core War, Venus, Psoup, or, from the commercial palette, El-Fish, SimLife or Evolve. Let us call them, as I already did, evolution engines.

These systems offer variations of the same theme: one gets a finite field of computer memory, inhabited by programs that reproduce and mutate. Besides, the programs can also do other things, such as performing arithmetical operations, jumping to other locations of memory, and so on; the usual assembly language instructions. As a result, we get a population of competing programs that stand under continual selection which favors the faster or trickier ways of reproduction. To test such a system is very instructive: the observer sees a plethora of "organisms" rise and fall, and interact in ways that would be truly difficult to imagine in an armchair.

A critical study reveals, however, a big problem. The evolution process in all these systems is always *degradative*, a perhaps surprising fact. Long or more complex programs arise only as mutants and go extinct after a short period of time, leaving room for the smaller, less interesting but

more aggressive candidates. A not uncommon outcome is that parasites arise (whose reproduction is the most effective of all, since they can be simpler than the full-scale replicator) and they drown their hosts as well as themselves into the mud. The result is that the system dies out.

An immediate reason for this kind of behavior is competition itself: competition alone favors raw speed but not complexity or adaptation, as well known from "wet" biology. The smaller the faster - and that's it. However, in a further analysis, it is easy to find that the ultimate reason for competitive breakdown is lack of sufficient richness. The models are too simple. What I believe is missing here is richness of a particular type, identical to what we have called "organization".

Evolution engines use only one kind of raw environmental constraint, the size of the computer memory, to control evolution. In an ecosystem, on the other hand, always new constraints emerge as new organisms (new species) appear, and the field of competitors becomes structured. Mice do not compete with elephants. In reality, the dynamic structuring and restructuring of the system of constraints occurs due to several factors. One of them is the appearance of trophic chains, where the consumers become competitively subordinated to their specific prey and not to others. Another source of the structure is the dynamic definition of new evolutionary forces. These forces do not necessarily have to do with feeding relationships but can be more complicated, such as giving shelter (as in a tree) or providing nest material for other species. Also, in a real ecosystem (but not in the evolution engines) there is a basic distinction between producers and consumers. The first can increase the amount of available resources, and the second can decrease that. In Tierra and similar systems, however, there are only consumers, and the only resource to consume is physical room, which is not produced or reproduced by any program or any "digital organism".

What these models correspond to is not evolution but the solution of a kinetic optimization problem with *predefined* evolution forces, just as in population genetics, nothing more. So, when R. Dawkins or J. Maynard Smith speak in favor of these evolutionary computer models, they also speak of evolution as a behavioral trajectory, and not as an organized process.

We can illuminate the point by an analogy, which comes from mathematical chemistry. Mathematical chemistry is structured into different types of problems. Reaction kinetics deals with the velocities of chemical reactions. Once we have a reaction kinetic setting, the problem is to find the fastest reactions, which one can expect to be the most important ones in a system. However, that is exactly one half of the story. Chemical equations cannot be reduced to reaction kinetics much as evolution cannot be reduced to population genetics. Kinetics is just the quantitative side of things chemical. Also there is stochiometry, which describes the interaction between different chemical qualities. That is the place where the "what" part of the reactions is defined (as opposed to the "how" left to the kinetic part).

Stochiometry (or, more generally, reaction topology) is a purely organizational concept, of course, as one can realize the same kinetics in various topologies, but not the other way around. In other words, chemistry teaches us that when the organization that defines the basic interactions is given, then, and only then, does the problem of reaction systems reduce to a behavioral problem. To conclude the analogy, in evolution the real question is not what happens in a given system of well-defined selection forces, but what happens to that system of forces. This has to do with the ecosystem level, which offers the "stochiometry" of evolution and tells what "evolutionary reactions" can take place at all.

VIII. Co-Evolution: From Physical Space to "Fruits" and More

A final question is, then, how to add organization to the evolution models. I would like to briefly sketch a strategy, as a final outcome of this paper. The suggestion will be very simple and certainly far from complete. We will not consider realistic

44

trophic relations, nor other interactions that are even more complicated. Only the basic problem of dynamic constraint definition will be dealt with.

My idea is to build a population of self-reproducing programs that cannot reproduce alone but must cooperate by means of exchanging specific pieces of information. Informally, this could be interpreted as a mutual or cyclic feeding relationship where the exchanged information carriers (to be thought of as "fruits", perhaps) must be found and consumed. They could serve as a prerequisite condition for replication. In such a system, competition could occur not directly for physical room but (if the room is large enough) for the fruits that enter as limiting factors. As part of the same system as the "organisms", fruits could themselves be variable. Their production could be subjected to the same mutation and selection process that otherwise applies to producers and consumers. Co-evolution could get a start. This way, the emergence of niche segregation is expected, even starting with an initially homogeneous population.

It will probably pay out for the organisms to avoid competition by abandoning the resources everybody uses (and are therefore depleted), and to use initially scarce resources, whose amount may be increased when a mutation in a consumer develops the ability to provide reinforcement to the producers of these resources. "Fruit trading loops" could be opened, their chance depending only on mutation rates and on the initial availability of primary producers. Not only two-member but multiple-member loops are possible that may spontaneously converge to a super-cyclical organization having both divergent and convergent branches. A primitive ecosystem would arise.

This may still be a poor metaphor for evolution in almost every respect, yet this would be a metaphor which already allows for a direct experimentation with organizational aspects, and not just with the behavior of competitors in a predefined system. I expect that the suggested strategy can be realized using SPL's ability for self-programming. The project is currently under way and is hoped to produce first results soon.

IX. Conclusions

The enterprise of current ALife and AI is too much biased towards repetition, behavioral mirroring and mimesis, and too little concerned with models based on organizational ideas. Take the example of self-reproduction.

Even a superficial look at the current cellular automata models of self-reproduction suffices to reveal this, but we could take many other examples. Self-reproduction is a complex phenomenon in reality, not reducible to the doubling of a pattern, such as the ones on the computer screen - what would be so difficult about this? Still, recent models apparently aim at mere pattern repetition. Probably the only exception, and a very remarkable one, is J. von Neumann's original self-reproducing automaton, dated from the fifties. It was based on two very strong realization theorems, the construction fixed point theorem, and the building block fixed point theorem.

The first theorem shows that a universal constructor can also construct a perfect copy of itself, which is a highly nontrivial claim. The second, even more surprising statement asserts that there exist a set of building blocks, from which such a universal constructor can be built, such that it can produce every other automaton built from these very same building blocks. Only a few people have recognized the significance of these twin theorems, which go way beyond the possibility of simple replication. A notable exception is M.A. Arbib who in his 1969 automata theory discusses the issue at length, and of course there are L. Lofgren, R. Rosen and others.

To be sure, even the von Neumann model suffers from obvious drawbacks, as it uses (or perhaps misuses) certain abilities of machines for which Nature has no counterpart. For instance, nobody has ever seen a universal constructor outside a computer. In this respect, the whole issue rests not on similarity, but on difference from reality. Even in the case of the von Neumann system, a further study is required, as I have repeatedly suggested in earlier writings. But the spirit of the work is something from which I believe we have got much to learn. It suggests that one should go back right to the beginning of things, and re-build models with an organizational philosophy.

An Annotated Bibliography

Kampis, G. & Csányi, V. (1987): Replication in Abstract and Natural Systems, BioSystems 20, 143-152. A first exposition of the repetition versus realization problem in the framework of replication.

Kampis, G. (1989): Two Approaches for Defining 'Systems', Int.J.General Systems 15, 75-80. A discussion of constructivist and nominalist approaches to modelling. The paper connects with several lines to the behavior/organization problem.

Kampis, G. (1991): Process, Information Theory, and the Creation of Systems, in: Nature and the Evolution of Information Processing (ed. K. Haefner), Springer, Berlin, pp. 83-103. Introduces and discusses the notion of shifting reading frames and its relation to the construction of meaning.

Kampis, G. (1991): Self-Modifying Systems: A New Framework for Dynamics, Information, and Complexity, Pergamon, Oxford-New York, pp 543+xix. Brings a chapter on the Church-Turing Hypothesis, and another one on self-reproducing automata. A detailed discussion of self-modifying systems.

Kampis, G. (1993): Coevolution in the Computer: The Necessity and Use of Distributed Code Systems, ECAL '93, Proceedings. The introduction of the notion of distributed code systems, with a first discussion of the "fruits" model of coevolution.

Kampis, G. (1993): Computing Beyond the Machine Metaphor, in: Computing with Biological Metaphors (ed. R. Paton), Chapman and Hall, London, to be published. An exposition of SPL as well as a general discussion of computability in the light of process philosophy.

Kampis, G. (1996): The Loebner Prize Pages, RL:http://hps.elte.hu/~gk/Loebner/TT.html.

References

Conrad, M. (1983): Adaptability. The Significance of Variability from Molecule to Ecosystem. - Plenum, New York.

Dennett, D. C. (1971): Intentional systems. - Journal of Philosophy 68, 87-106.

Goffman, E. (1974): Frame Analysis: Essays on the Organization of Experience. - Harper, New York.

Harnad, S. (1991): Other bodies, other minds: A machine incarnation of an old philosophical problem. - Minds and Machines 1: 43-54.

Hayes, P. J. (1985): The naive physics manifesto. - In: (Hobbs, J. R. and Moore, R. C., editors) Formal Theories of the Commonsense World, chapter 1, p. 1-36. - Ablex, Norwood, New Jersey.

Hofstadter, D. (1979): Gödel, Escher, Bach. - Basic Books, New York.

Neumann, J. von (1966): The Theory of Self-Reproducing Automata (Burks, A.W., editor). - Univ. of Illinois Press, Chicago.

Pask, G. (1975). Conversation, Cognition, and Learning. - Elsevier, New York.

Polányi, M. (1968): Life's Irreducible Structure. - Science 160, 1308-1312.

Popper, K.R. (1959): Logic of Scientific Discovery. - Hutchinson, London.

Rössler, O.E. (1984): Deductive Prebiology. - In: (Matsuno, K., Dose, K., Harada, K, and Rohlfing, D.L.) (eds): Molecular Evolution and Protobiology. - Plenum, New York, pp. 375-385.

Searle, J.R. (1980): Brains, Minds and Computers. The Behavioral and Brain - Sciences 3, 417-457

Turing, A.M. (1950): Computing Machinery and Intelligence. - Mind 54, 236-245.

Weizenbaum, J. (1965): ELIZA – A computer program for the study of natural language communication between man and machine. - Communications Association Computing Machinery 9, 36-45.

Acknowledgment

The partial support of the research grant OTKA #25880, Hungary, is gratefully acknowledged.

KÖNNEN WIR DAS PROBLEM DER ECHTZEITKOGNITION LÖSEN?

Alexander Riegler

Abstract

Eines der größten Probleme in der Artifical Life ist die Frage, wie Lebewesen mit dem "Information Overload" zurecht kommen, d.h. wie sie aus der Flut der Umweltreize die für sie relevante Information in Echtzeit herausfiltern. Ausgeklügelte informationsverarbeitende Mechanismen wurden konstruiert, die das Problem aber nur noch verschlimmern: Wie können Lebewesen mit ihrem in der Regel begrenzten kognitiven Fähigkeiten jemals eine derartige computationale Maschi-nerie beherbergen? Einem Vorschlag Karl Poppers folgend, möchte ich für eine alternative Perspektive argumentieren und daraus generelle Richtlinien für künstliche Systeme darlegen.

Einleitung

„Es war einmal ein kleiner Roboter", so beginnt eine bekannte Analogie von Daniel Dennett (1984), dessen Ersatzbatterie zusammen mit einer Bombe in einem Raum untergebracht war. Der Roboter sah, dass sich die Batterie auf einem Wagen befand, den er bloß aus dem Zimmer zu schieben hatte, um die Batterie zu retten. Da sich die Bombe ebenfalls auf dem Wagen befand, bewahrte die Handlung weder Batterie noch Roboter vor dem Untergang. Zwar hatte der Roboter erkannt, dass auch die Bombe auf dem Wagen lag, konnte aber nicht schlussfolgern, dass das Schieben des Wagens auch gleichzeitig die Bombe mitbeförderte. Ein des Schlussfolgerns mächtiger Nachfolgeroboter wurde konstruiert und mit demselben Problem konfrontiert. Nachdem er Batterie und Bombe auf dem Wagen sah, verharrte er in Bewegungslosigkeit, bis die Bombe explodierte: zu sehr war er mit allen möglichen Implikationen des Schiebens beschäftigt, sodass er nicht rasch genug handeln konnte. Er wusste einfach nicht, dass es müßig ist, die Auswirkungen des Schiebens auf die Farbe der Wände in dem Raum zu untersuchen. Ein weiteres Nachfolgemodell sollte also diese unsinnigen von den sinnvollen Auswirkungen unterscheiden können. Aber auch dieser Roboter verweilte regungslos bis zur Explosion, da er mit dem Abwägen "sinnvoll oder nicht?" beschäftigt war.

Keine dieser künstlichen Wesen war fähig, die brenzlige Situation in Echtzeit zu lösen. Zu viele Dinge sind zu bedenken, zu viel Information abzuwägen, um zur Handlung schreiten zu können. Wenn aber Artefakte jemals etwas "Lebendiges" sein wollen, dann müssen sie diese Schwierigkeiten meistern können. Das betrifft Roboter im gleichen Ausmaß wie "Software-Wesen".

Ich möchte daher in dieser Arbeit auf das Problem der, wie ich es nenne, "Echtzeitkognition" genauer eingehen und untersuchen, weshalb natürliche Geschöpfe gegenüber den Dennettschen Robotern enorme Geschwindigkeitsvorteile genießen. Bei diesem Vorhaben ist die Integration von Konzepten aus vielen Bereichen recht hilfreich: Ethologie, Konstruktivismus, Wissenschaftstheorie und Kognitionspsychologie.

Darauf aufbauend stelle ich einige grundlegende Richtlinien für künstliche kognitive Systeme auf, um diesem, wie es auch oft genannt wird, "Information Overload" zu begegnen.

Das Problem der Echtzeitkognition

Der erste Roboter scheitert, weil er die Implikationen seines Handelns nicht vorhersehen kann und dadurch eine "naive" Reaktion an den Tag legt. Will ein Roboter aber alle möglichen Implikationen seines Handelns berücksichtigen, so verharrt er in endlosem Berechnen, das keine Zeit für Handlungen gewährt. Das liegt daran, dass es eine beliebige große Anzahl möglicher Auswirkungen einer einzelnen Aktion gibt, wovon die meisten allerdings letztendlich irrelevant sind. Die Hoffnung besteht, dass die verbleibenden relevanten Implikationen nur von geringer Anzahl sind und deshalb rasches Handeln erlauben. Das Problem des Auseinanderhaltens von Sinnvollem und Nicht-Sinnvollem erfordert aber ebenso einen schier endlosen Berechnungsaufwand, der wiederum keine Zeit zum Reagieren zulässt.

Viele Autoren, insbesondere Kritiker der Artificial Intelligence, argumentieren hier zu recht, dass das Frame-Problem eine Konsequenz des Logik-orientierten Zugangs zu Artificial Intelligence und Artificial Life ist. Das bedeutet, dass Sachverhalte in Einzelaussagen (Propositionen) zerlegt werden, um danach - ähnlich dem deduktiven Verfahren in der Mathematik - Schlüsse ziehen zu können. Wie das Beispiel zeigt, kann es so in tierischen Lebewesen, und, wie ich später argumentieren werde, im menschlichen Denken, nicht funktionieren. Tiere (wie auch Menschen) haben weitaus begrenztere Berechnungskapazitäten was das Ziehen von Schlüssen betrifft, dennoch sind sie in der Lage, mit komplizierten Situationen fertig zu werden. Ihr Überleben im Verlauf der evolutionären Selektion ist ein Beweis dafür.

Wie sieht nun eine Lösung für das Problem der Echtzeitkognition aus? Wie machen es natürliche Lebewesen, und können wir dieses Prinzip für künstliche Wesen, eben Roboter, abschauen? Auf den ersten Blick scheint der Implikationenberechnende Roboter aus der Geschichte einem "Information Overload" gegenüber zu stehen. Dieser Begriff sagt, dass das betreffende Wesen mit einem Ausmaß an Information konfrontiert ist, das seine kognitiven Fähigkeiten überschreitet. Das obige Beispiel ist zwar (für philosophische Zwecke) konstruiert, dennoch lässt es erahnen, dass es in der "realen Welt" noch weitaus komplizierter zugeht, dass die Informationsfülle, die uns täglich begegnet, enorm sein muss. Und Lebewesen sind angesichts der unendlichen Informationsfülle ihrer Umgebung stets einem Informations-Overload ausgesetzt. Ein kleines mathematisches Beispiel enthüllt rasch die Komplexität der Entscheidungsfindung: Nehmen wir an, dass ein Wesen für jeden Entscheidungspunkt in einer Sequenz von $n = 10$ Handlungen aus einem Repertoire von $k = 10$ Handlungen wählen kann, um eine Lösung für ein Problem zu erreichen.

Dies führt zu einer kombinatorischen Explosion von kn = 1010 Möglichkeiten![1] Wie kann man unter solchen Bedingungen jemals zu einer Lösung gelangen? Die Antwort, die ich hier vorstelle, muss daher lauten: Kognition besteht nicht darin, Information oder Fakten abzuarbeiten, sondern darin, diese (in geeigneter Weise) zu ignorieren.

Sehen wir uns zunächst genauer an, was ich hier mit Komplexität meine.

Komplexität

Heinz von Foerster (1990) liefert eine nützliche Definition für potenzielle Komplexität, indem er zwischen trivialen und nicht-trivialen Maschinen unterscheidet.

Eine triviale Maschine ist eine Maschine deren Arbeitsschritte nicht von vorangegangenen Schritten abhängig ist. Sie kann durch eine Funktion p beschrieben werden, die jede Eingangsvariable x auf eine Ausgangsvariable y abbildet: $p(x) \Rightarrow y$. Wenn man das Verhalten einer derartigen Maschine lange genug beobachtet, so lässt sich p verhältnismäßig leicht daraus bestimmen. Das Problem der Identifikation ist damit lösbar: triviale Maschinen sind analytisch determinierbar und voraussagbar. Jeder Getränkeautomat ist ein typisches Exemplar einer trivialen Maschine: Der Druck auf eine bestimmte Auswahltaste liefert stets ein Getränk derselben Marke unabhängig davon, was der vorherige Benützer gewählt hat.

Im Gegensatz dazu weisen nicht-triviale Maschinen[2] einen internen Zustand z auf und umfassen zwei Funktionen: (1) Eine Effektfunktion pz die ein zustandsabhängiges Abbilden von x nach y implementiert: $pz(x) \Rightarrow y$. Das bedeutet, dass sie die Eingangsvariable gemäß des eigenen internen Zustandes behandelt. (2) Eine Zustandsübergangsfunktion px, die den internen Zustand gemäß der Eingangsvariable ändert: $px(z) \Rightarrow z'$. Mit anderen Worten: Gleicher Input wird unterschiedlich verarbeitet, abhängig vom internen Zustand, der sich wiederum auf Grund des Inputs ändert. Die Arbeitsweise einer nicht-trivialen Maschine hängt damit von ihrer eigenen Geschichte ab.

Für nicht-triviale Maschinen lässt sich das Problem der Identifikation im generellen Fall plötzlich nicht mehr lösen. Warum ist das so? Betrachten wir eine Maschine, die zwei verschiedene interne Zustände annehmen kann und jeweils vier Eingangs- und vier Ausgangsvariablen akzeptiert. Die Anzahl verschiedener Modelle, die eine derartig einfache Maschine beschreiben, ist 44 x 44 = 216 = 65536. Erweitern wir die Anzahl der internen Zustände um eins, so existieren bereits 224 > 16 Millionen Modelle, die deren Funktionieren beschreiben. Lassen wir den Analytiker der Maschine im Unklaren, wie viele Zustände, Ein- und Ausgangsgrößen die Maschine hat, so erhöht sich die Anzahl möglicher Modelle auf etwa 10155: das System wird zur "Blackbox". Eine derartige große Zahl von

---

[1] Die kombinatorische Explosion von Entscheidungen macht es auch ser schwierig, einen unschlagbaren Schachcomputer zu konstuieren, da dieser, im Gegensatz zu einem menschlichen Meisterspieler, alle Möglichkeiten durchprobieren muss, um den günstigsten Zug auswählen zu können.

[2] In der Informatik auch als Turing-Maschinen bezeichnet.

Modellen hätte selbst der denkbar leistungsfähigste Computer seit Bestehen des Planeten Erde nicht durchrechnen können, denn sie übersteigt das so genannte Bremermann-Limit von 1093 bits.[3]

Biologisch betrachtet lässt sich die Unterscheidung zwischen der Effekt- und der Zustandsfunktion mit der Arbeit eines Ethologen bzw. mit der eines Physiologen in Verbindung bringen. Der Ethologe beobachtet, welche Reaktionen y ein Tier unter gewissen Umweltbedingungen x zeigt. Er protokolliert die Abbildungen von x nach y, also die Effektfunktion. Er kann aber nur Mutmaßungen über die Zustandsfunktion anstellen[4], in welchem Umfang sich der interne Zustand des Tieres (etwa der Motivation) ändert. Die Physiologin hat gute Kenntnis über die Substanz der internen Zustände, weiß also, wie ein gegebener Input eine physiologische Größe ändert. Sie kann aber daraus nicht auf das Verhalten des Tieres schließen.

Dieser Sachverhalt der ungemein rasch wachsenden Komplexität muss auch in Verbindung mit dem "evolutionären Schneeballeffekt" (Clark 1997) gesehen werden. Er besagt, dass je komplexer ein Lebewesen (oder Entität generell) ist, desto abhängiger ist es von seiner Geschichte. Die Beobachtung, dass ein Einzeller stets dasselbe Verhalten beim Eintreten eines gewissen Umstandes zeigt, während unser eigenes menschliches Verhalten sehr mit unseren Erinnerungen (erfasst in "internen Zuständen") zusammenhängt, bestätigt diese Einsicht. Wir haben es bei kognitiv entwickelten Wesen, und das könnten letztendlich auch Artefakte einmal werden, mit sehr geschichtsabhängigen und damit extrem komplexen Geschöpfen zu tun.

Jeder kognitive Akt scheint damit praktisch unmöglich zu sein. Einen möglichen Ausweg aus diese offenbar hoffnungslosen Situation der unbewältigbaren Komplexität der Realität wird durch die Wissenschaftstheorie Karl Poppers zum Thema "Denken" vorgezeichnet.

Denken nach Popper

Popper (1979) schlägt zwei konträre Analogien vor, die den Vorgang der Kognition kennzeichnen.

Seine Eimertheorie des Denkens schließt an die Ansicht "Nihil in intellectu quod non prius in sensu" an, also an die Meinung, dass wir nicht über etwas denken können, das uns nicht zuvor durch unsere Sinne erreicht hat. Diese Analogie vergleicht Kognition mit einem Eimer, der sukzessiv mit Wissen durch unsere Sinnesorgane gefüllt wird. Wie aber wird dieses Wissen repräsentiert (Peschl und Riegler 1999), in welcher "Sprache" wird es formuliert? Wie Forschung auf dem Gebiet der Artificial Intelligence und deren Kritik gezeigt haben (z.B. Dreyfus &

---

[3] Hans Bremermann (1962) stellte fest dass "[n]o data processing system, whether artificial or living, can process more than 2 × 1047 bits per second per gram of its mass".

[4] Genauer gesagt: Der Ethologe kann lediglich von der eigenen anthropomorphen Perspektive auf das Lebewesen projizieren. Im alltäglichen Leben machen wir Ähnliches, wenn wir beispielsweise einem schwanzwedelnden Hund die Empfindung der Freude unterstellen.

Dreyfus 1990), enden wir mit einem solchen Ansatz in genau denselben Schwierigkeiten, die auch den Robotern in der Einführung zu schaffen machen. Es sind dies essenziell zwei Probleme:

1. Das Frame-Problem, das die Angabe eines wirkungsvollen Formalismus verlangt, der beschreibt, was sich in der Umwelt eines Wesens ändert und was konstant bleibt. Fehlt der Formalismus, so führt die Beschreibung von Handlungen und deren Konsequenzen zu der oben genannten kombinatorischen Explosion.
2. Das Symbol Grounding-Problem (Harnad 1990), das sich auf die Frage nach der Bedeutung einer "Wissenssprache" bezieht: Wie kann die Bedeutung von definitionsgemäß bedeutungsfreien Symbolen - die allein auf Grund ihren formalen Eigenschaften verarbeitet werden - in etwas anderem als in anderen bedeutungsfreien Symbolen verankert sein?

Die Scheinwerfertheorie des Denkens geht einen umgekehrten Weg. Wissen wird aktiv in Form von zunächst ungeprüften Vermutungen konstruiert. Erfahrung ist damit nicht die Quelle dieser Hypothesen. Erst Beobachtung wählt aus diesen (widersprüchlichen) Vermutungen die "brauchbarste" aus. Kognition geht also von einem zuvor gezimmerten "Weltbild" aus in Richtung Erwartungen, die einer Bestätigung bedürfen. Solange Erwartungen mit den sensorischen Bestätigungen übereinstimmen, kann das zurzeit bestehende Hypothesengebäude aufrecht erhalten bleiben. Diese Vorstellung ist ähnlich der Situation, die man in einer tiefschwarzen Nacht bei Stromausfall in der eigenen Wohnung vorfindet. Im Allgemeinen hat man trotz der fehlenden Beleuchtung keine Probleme, sich in den eigenen vier Wänden zurechtzufinden. Das Wissen über räumliche Zusammenhänge helfen bei der Orientierung, unterstützt durch gelegentliches Herumtasten, um die Richtigkeit der momentanen "Vermutung" zu überprüfen.

Kann die Scheinwerfertheorie gerechtfertigt werden? Arbeitet unser Denken nach der Scheinwerfermethode, die Erfahrung sekundär einstuft, so stellt sich die Frage, ob wir damit nicht von einer Tabula Rasa starten müssen, wir also anzunehmen haben, dass wir zu Beginn kein Wissen über die Umwelt haben. Tatsächlich ist dies der Fall, wenn wir uns vergegenwärtigen, dass unser Nervensystem keinerlei Information über die Bedeutung einer übertragenen Nachricht liefert. Dieses Prinzip der indifferenten Kodierung verlangt geradezu die Annahme, dass das Gehirn erst "Sinn" erzeugt. Damit ist unser Denken dadurch charakterisiert, dass es Gebäude von Vermutungen verwendet, die diesen anonymen Nervensignalen entspringen. In weiterer Konsequenz ist damit die Auffassung einer Korrespondenztheorie überflüssig, nämlich, dass Kognition Information von der Umgebung abbildet (Peschl und Riegler 1999). Vielmehr liegt eine (auf die Informationsverarbeitung bezogene) operationale Geschlossenheit (Maturana 1982) vor: Jede Zustandsänderung der relativen Aktivität einer Neuronengruppe führt zu einer Zustandsänderung der relativen Aktivität dieser oder einer anderen Neuronengruppe (Winograd und Flores 1986). Sinnesreize stellen dabei nur Perturbationen dar, welche den kognitiven Apparat in seinem Operieren zwar beeinflussen, aber nicht determinieren. Nicht "Information von Außen" charakterisiert die Funktionsweise des kognitiven Apparates, sondern die fortdauernde interne Konstruktion der Welt, die ankommende Perturbationen lediglich zu interpretieren sucht. Die Entwicklung vom Neugeborenen zum Erwachsenen im Speziellen und die evolutionäre Entwicklung kognitiver Kompetenz im Allgemeinen spiegelt diese fortdauernde Konstruktion wider.

Ein in diesem Zusammenhang vielfach zitiertes Beispiel ist das des Unterseebootnavigators, der sich (in Anbetracht der undurchdringlichen Finsternis in großen Tiefen) völlig auf Anzeigeinstrumente (also indifferente Nervensignale) verlässt und in Abhängigkeit davon gegebenenfalls diverse Hebeln und Knöpfe bedient. Aus unserer Perspektive zeigen die Instrumente selbstverständlich "etwas draußen" an, aber das ist für das korrekte Navigieren irrelevant. Worauf es ankommt, ist das Aufrechterhalten von Relationen zwischen Instrumenten. Popper belegt diesen Umstand mit der Aussage: "Observations are secondary to hypotheses" (1979).

Da wir unser Problem der Echtzeitkognition auch für künstliche Geschöpfe lösen wollen, müssen wir uns fragen, ob nur das menschliche Gehirn in der Lage ist, aus den eintreffenden indifferenten Nervensignalen Sinn zu machen, oder ob das Prinzip der operationalen Geschlossenheit und damit die Scheinwerfertheorie auch in einem weiteren Rahmen gültig ist.

Kanalisierung von Verhalten

Die kognitiven Leistungen von Tieren sind nicht direkt erschließbar, sondern müssen über den Umweg des an den Tag gelegten Verhaltens erschlossen werden. Eine der ergiebigsten Quellen dafür sind die Arbeiten von Konrad Lorenz. Seine bekannten Beschreibungen vom Eirückholverhalten der Graugans (Lorenz und Tinbergen 1939) liefern ein paradigmatisches Bild, das zahlreiche Aspekte tierischer Kognition, wie etwa dessen Regelhaftigkeit, darlegt. Bemerkt eine brütende Graugans das Herausfallen eines Eies aus dem Nest, so versucht sie mit der Unterseite ihres Schnabels das Ei wieder ins Nest zurückzurollen. Interessanterweise bricht das Tier seine Bewegung nicht ab, wenn das Ei auf halber Strecke entfernt wird. Erst wenn der Nestrand erreicht ist, wird das Verhaltensmuster beendet. Damit verhält sich die Graugans nach einer allgemein formulierbaren Regel: Wenn ein Schlüsselreiz gegeben ist, dann starte eine bestimmte Verhaltenssequenz. Der Reiz kann dabei durchaus komplexer (zusammengesetzter) Natur sein. Analog kann die Verhaltenssequenz ebenfalls kompliziert sein: Während die Graugans das Ei zurückrollt, versucht sie Unebenheiten des Bodens mit übersteuernden Bewegungen des Schnabels in die entsprechende Richtung auszugleichen, um damit das rollende Ei auf einem geraden Kurs zu halten. In unserer Terminologie ausgedrückt, hat das Tier die Vermutung, dass das Ei gerade zurückrollt, holt aber laufend Bestätigungen dafür ein, um ggf. korrigieren zu können.

Mit dem regelhaften Aspekt des Verhaltens ist eine gewisse Erwartungsgetriebenheit verbunden: Im Falle der Graugans unterbricht das Entfernen des Eies das Verhalten nicht. Das deutet darauf hin, dass es während der Handlung zu einer Reduzierung der Verarbeitung sensorischer Reize kommt. Da normalerweise kein Ethologe das Ei entfernt, macht dieses Ignorieren in evolutionärer Perspektive Sinn.

Weiters ist trotz dieser und anderer Einschränkungen das Verhalten keineswegs starr, sondern weist kognitive Flexibilität auf, die sich in der fortlaufenden Kompensation für Seitwärtsrollen äußert.

Wie das Beispiel zeigt, ist Verhalten daher kanalisiert in dem Sinne, dass es nicht durch die Unmenge potenzieller Umweltinformation "abgelenkt", aber trotzdem (evolutionär) erfolgreich ist.

Kanalisierung von Kognition

Da Verhalten durch Kognition erzeugt wird, können wir generell von einer Kanalisierung der Kognition sprechen. Sie ist bestimmten Restriktionen unterlegen und relativ unabhängig von äußeren Umständen. Für die Graugans existiert während des Rückholvorganges der Ethologie, der das Ei entfernt, einfach nicht.

Dasselbe gilt auch für menschliche Kognition. Psychologische Experimente zeigen, dass Dinge nicht außerhalb eines Kontexts existieren. Duncker (1935) verlangte von Versuchspersonen eine Kerze an einer Tür zu befestigen. Zur Verfügung standen Streichhölzer und eine Schachtel gefüllt mit Reißnägeln. Da die Versuchspersonen die Schachtel bloß als Behälter betrachteten, kam ihnen nicht in den Sinn, sie auszuleeren und mit Hilfe der Reißnägel an die Tür zu heften, um so als Fundament für die Kerze zu dienen. Generell gesagt, scheint unser Denken über Dinge kanalisiert zu sein.

Aber auch prozedurale Kanalisierung ist feststellbar. Im Wasserumfüllproblem von Luchins (1942) waren Testpersonen gebeten, eine bestimmte Menge Wasser abzufüllen. Sie hatten 3 Krüge verschiedenen Inhaltes zur Verfügung, um durch Kombination von Addition und Subtraktion der Inhalte eine bestimmte Litermenge abzumessen. Einmal eine bestimmte Lösungsformel gefunden, die sich scheinbar für alle Aufgaben anwenden ließ, zeigten die Versuchspersonen keine Tendenz, einfachere Lösungen anzuwenden, wenn diese möglich waren. Ihr Denken war völlig in der gefundenen Strategie verhaftet. Luchins spricht von einer "Mechanisierung des Geistes".

Die Kanalisierung des Kognition zieht sich selbst bis in den Bereich wissenschaftlichen Denkens. Ein Beispiel hierfür liefert die Entstehungsgeschichte der keplerschen Gesetze. Trotz ihrer verhältnismäßigen Einfachheit und der bereits zu Keplers Zeiten ausreichend exakten Himmelsvermessung, benötigte Kepler 3 Jahrzehnte, um diese Gesetze aufzufinden (French 1999). Er war getrieben von der Überzeugung, geometrische Harmonien in den Umlaufbahnen der Planeten entdecken zu müssen, die ihn die tatsächliche Form von Planetenbahnen und das Verhältnis von Umlaufzeit und Sonnenabstand übersehen ließen. Sein Suchen nach den Harmonien war getragen von einem internen Gebäude von Vermutungen und Hypothesen, für die er keine Bestätigung fand. Er war erst dann erfolgreich, als er seine Vermutungen zu einem Satz von Hypothesen abänderte, die wir als die Keplerschen Gesetze kennen.

Wie die oben genannten Beispiele des Eirückholens und des Zurechtfindens in der eigenen Wohnung bei vollkommener Finsternis zeigen, weist die Kanalisierung der Kognition im generellen einen entscheidenden Vorteil auf: Sie führt zu einer

Beschleunigung von Kognition, da sie die Anzahl von Entscheidungen einschränkt und trotzdem zu erfolgreichen Handlungen führt. Das steht im Kontrast zum Eimer-Paradigma der Informationsverarbeitung, wo Wichtiges aus einer immensen Datenflut ausgefiltert werden muss und dadurch einen Flaschenhals bei zeitkritischem Handeln darstellt.

Die Überlegenheit der Scheinwerfertheorie zeigt sich auch in den Arbeiten von Ernst von Glasersfeld (1987): Kognition besteht nicht im Abbilden der Realität, sondern in der Konstruktion viabler Hypothesen. Diese viablen Konstrukte sind dadurch gekennzeichnet, dass sie nur dann geändert werden müssen, wenn es der Kontext erzwingt. So ist seinem Beispiel folgend eine "Meerjungfrau" durchaus als zweibeiniges Wesen mit zusätzlichem Schwanz vorstellbar, solange sich dieses Konstrukt in den Kontext anderer Konstrukte widerspruchsfrei einreiht.

Oliver Sacks (1995) präsentiert uns das Beispiel des von Geburt an blinden Virgil, dem man im fortgeschrittenem Alter zum "Sehen" verhilft. Es stellt sich aber rasch heraus, dass Virgils Blindheit nicht eine bloße Reduktion einer Sinneswahrnehmung darstellt, denn er hat größte Probleme, mit dieser für ihn neuen Form der Perzeption umzugehen. Blinde organisieren ihre Welt offen-sichtlich völlig anders. Sie erkennen Dinge durch Ertasten der Oberfläche in einer bestimmten Abfolge - ähnlich wie wir ein Musikstück nur sequenziell wahrnehmen können. Beginnend bei einem Startreiz werden gewisse Erwartungen produziert, die durch nachfolgende Tastempfindungen bestätigt werden oder das interne Auf-rufen einer alternativen Wahrnehmungssequenz erfordern. Die Ähnlichkeit zu den weiter oben angeführten Beispielen des Zurechtfindens in der eigenen Wohnung, wie auch das ethologische Beispiel der Graugans ist klar ersichtlich und deutet auf einen gemeinsamen kognitiven Mechanismus hin. Wir leben in einer Welt der Antizipation, in der unser internes Gerüst an Vermutungen und Hypothesen uns zu Erwartungen führt. Wird eine Erwartung bestätigt, so können wir den eingeschlagenen "Denkweg" fortsetzen. Schlägt die Bestätigung fehl, so ändern wir entweder Abfolge der Vermutungen, oder modifizieren die Hypothesen selbst.

Jean Piaget (1954) und darauf aufbauend Ernst von Glasersfeld haben diesen Sachverhalt aus psychologischer Perspektive in eine "Schematheorie" gekleidet. Ein Schema erlaubt das Wiedererkennen einer bestimmten Situation, indem über gewisse Unterschiede zwischen gespeicherten Schema und aktuellem Kontext abstrahiert wird. Dieser Vorgang der Assimilation erlaubt also nur die Wahrneh-mung dessen, was in bestehende Schemata passt. Ein Schema assoziiert eine spezifische Aktivität mit der momentanen Situation, und führt daher zu der Erwar-tung, dass gleiche Aktivitäten gleiche Resultate zeitigen.

Das kognitive System ist daher nicht durch den Sensorinput determiniert, sondern durch interne (unbeobachtbare) Erwartungen, welche die kognitive Aktivi-tät kanalisieren. Dadurch, dass vertraute Situationen nur mehr erkannt, aber nicht immer wieder neue Reaktionen gelernt werden müssen, wird Kognition so weit beschleunigt, dass es in der Lage ist, in Echtzeit zu agieren.

Was kann die Artificial Life daraus lernen?

Die in dieser Arbeit behandelten Aspekte erläutern nicht nur kognitive Aktivität in bestehenden natürlichen Wesen, sondern weisen auch Implikationen für die Entwicklung künstlicher Geschöpfe auf. Ich fasse sie im Folgenden zusammen und lege dar, auf welche Weise sie implementiert werden können.

Regeln als Bausteine der Kognition

Ethologische Beobachtungen zeigen, dass Verhalten und damit auch Kognition regelhaft sind. Sollen künstliche Systeme daher in Form von Regelsystemen realisiert werden? Schließlich ist evident, dass Regeln dem menschlichen Denken naturgemäß nahe stehen: Nicht nur unsere Gesetze sind in Regeln abgefasst, sondern auch das gesamte Spektrum alltäglicher Überlegungen ("Wenn ich dies tue, dann...") bis hin zum Gebäude der Wissenschaft. Streng genommen ist selbst-verständlich jedes Computerprogramm ein Regelsystem und das schließt auch neuronale Netzwerke ein, die oft als Alternative zu Regelsystemen genannt werden. Je expliziter jedoch die Regelstruktur einer Implementierung ist, desto besser vermag man die Dynamik eines solchen Systems zu verstehen, und sein Verhalten ist nicht in einer unerklärbaren Blackbox versteckt. Gerade die Artificial Life soll ein Werkzeug darstellen, das die Kluft zwischen Ethologen und Physiologen überbrückt: Zum Verständnis des internen Funktionierens einer komplexen nicht-trivialen Maschine ist die Kenntnis beider Funktionen, der Effektfunktion und der Zustandsfunktion nötig, andernfalls scheitert man beim Erklärungsversuch am Problem der Identifikation.

Man sollte nicht den Fehler begehen und ein Regelsystem generell mit einem symbolmanipulierenden System im Sinne der Artificial Intelligence (Newell und Simon 1976) gleichsetzen. Das Regelsystem in unserem Sinne ist nur das Vehikel für die Dynamik des Systems, impliziert aber keinerlei Bedeutungszuweisungen. Das Symbol-Grounding-Problem wird damit nicht berührt.

Kanalisierung

Folgt man der Scheinwerfertheorie, so basiert ein kognitiver Prozess auf dem Aneinanderreihen von Vermutungen und Bestätigungen innerhalb des internen Hypothesengerüstes. Ein Regelsystem eignet sich für die Implementierung, weil der Aktionsteil der einen Regel den Kontext für den Bedingungsteil der nachfolgenden Regel zur Verfügung stellen und damit Hypothesen aneinanderketten kann. Es sei hier an den Versuch zum Wasserumfüllproblem erinnert, bei dem das Erkennen des Kontextes (Assimilation) eine bestimmte Handlungssequenz aufruft. Während des Ablaufes einer Sequenz werden (wie bei der Graugans) all jene Umweltereignisse vernachlässigt, die nicht zur Bestätigung der Richtigkeit der aktuellen Sequenz notwendig sind.

Semantik

Die im Prinzip der indifferenten neuronalen Kodierung festgehaltene Semantikfreiheit von Signalen kann in künstlichen Systemen durch eine Trennung zwischen kognitivem System und physiologischer Sinnesreizung realisiert werden. Der eigentliche kognitive Apparat darf nicht zwischen externer und interner "Information" unterscheiden.

Antizipation

Der aus der Scheinwerfertheorie abgeleitete Aspekt der erwartungsgetriebenen Kognition offeriert eine Alternative zur Bewertung eines kognitiven Systems. Viele Implementierungen stützen sich auf einen externen Fitnessbegriff, auf einen von außen vorgegebenen erstrebenswerten Zielzustand, mit dessen Hilfe der Lernvorgang gesteuert wird. Das Ziel des kognitiven Apparates besteht darin, den Abstand zwischen momentaner und zu erreichender Leistung zu minimieren. Die Vorgabe eines externen Fitnesskriteriums ist aber problematisch, wenn man jenen optimalen Zustand nicht kennt oder nicht angeben kann. Benützt man aber ein auf Antizipation beruhendes Kognitionssystem, so lässt sich der Erfolg direkt an den Bestätigungspunkten ablesen, sowie indirekt auf Grund der Echtzeitleistung bestimmen, die für kanalisierte Systeme höher ist.

Lernen

Die Schematheorie liefert Anregungen, wie der Lernvorgang in einem kognitiven System aussehen kann, unabhängig von externen Zielvorgaben. Werden Erwartungen in Bestätigungspunkten nicht erfüllt, so kann die betreffende Regel entweder vergessen werden, oder sie wird abgeändert, indem der Bedingungteil der Regel ersetzt wird (sie somit in einem anderen Kontext gültig wird), oder die Komponenten des Aktionsteiles werden abgeändert.

Die Konstruktivistisch-Kognitive Architektur (Riegler 1994) stellt einen ersten Versuch der Implementierung eines künstlichen kognitiven Systems dar, welches einige der hier angeführten Aspekte und Richtlinien beinhaltet.

Zusammenfassung

Ich habe in diesem Artikel einige generelle Richtlinien für die Konstruktion von künstlichen Systemen aufgeführt, die der Fragestellung entwachsen, auf welche Weise ein Lebewesen mit der immensen Informationsflut in seiner Umgebung in Echtzeit umgehen kann. Die Erkenntnis spricht deutlich dafür, dass kognitives Handeln nicht in einem umfassenden Verarbeiten von Information besteht, sondern in der Errichtung eines internen Gebäudes von Vermutungen, die an gewissen Punkten auf ihre Angemessenheit überprüft werden. Diese Vorgehensweise ermöglicht auch kleinen Systemen eine ausreichend kognitive Schnelligkeit.[5]

Das Vorhandensein von Bestätigungspunkten sagt natürlich nichts über den ontologischen Status einer Umwelt aus, da der kognitive Apparat auf Grund seiner operationalen Geschlossenheit keine primäre Unterscheidung zwischen Innen und Außen machen kann. Zugleich wird auch deutlich, dass die Frage nach dem Entstehen von Bedeutung in einem kognitiven System, natürlichen oder künstlichen Ursprungs, nicht von außen geklärt und umgekehrt ein Wesen nicht von außen in direkter Weise instruiert werden kann.

Literatur

Bremermann, H. J. (1962): Optimization through evolution and recombination. In: Yovits, M. C. et al. (eds.): Self-organizing systems. - Washington: Spartan Books.

Dennett, D. C. (1984): Cognitive Wheels: The Frame Problem of AI. - In: C. Hookway (ed.): Minds, Machines, and Evolution: Philosophical Studies. London: Cambridge University Press.

Dreyfus, H. L. & Dreyfus, Stuart E. (1990): Making a Mind versus Modelling the Brain: Artificial Intelligence Back at a Branch-Point. - In: Boden, M. (ed.): The Philosophy of Artificial Intelligence. Oxford Univ. Press.

Duncker, K. (1935): Zur Psychologie des produktiven Denkens. Berlin: Springer.

Foerster, H. von (1990): Kausalität, Unordnung, Selbstorganisation. - In: Kratky, K. W. & Wallner, F. (eds.): Grundprinzipien der Selbstorganisation. Darmstadt: Wiss. Buchgesellschaft.

French, R. (1999): When Coffee Cups Are Like Old Elephants, or Why Representation Modules Don't Make Sense. - In: Riegler, A., Peschl, M. & Stein, A. von (eds.): Understanding Representation in the Cognitive Sciences. New York: Kluwer Academic / Plenum Publishers, pp. 93-100.

Glasersfeld, E. von (1987): Wissen, Sprache und Wirklichkeit. - Braunschweig: Vieweg.

Harnad, S. (1990): The Symbol Grounding Problem. - Physica D 42: 335-346.

Lorenz, K. Z. & Tinbergen, N. (1939): Taxis und Instinkthandlung in der Eirollbewegung der Graugans. - Zeitschrift für Tierpsychologie 2(1). Nachgedruckt in: Lorenz, K. (1984): Über tierisches und menschliches Verhalten. München: Piper.

Luchins, A. S. (1942): Mechanization in Problem Solving. - In: Psychological Monographs 54 (248).

Maturana, H. R. (1982): Erkennen: Die Organisation und Verkörperung von Wirklichkeit. - Braunschweig: Vieweg.

---

[5] Der in Fußnote 1 angestellte Vergleich zwischen menschlichen Schachspielern und Schachcomputern läßt erahnen, daß die "rechnerische Unterlegenheit" der menschlichen Spieler durch ähnliche Mechanischen (Heuristiken) wettgemacht wird, wie sie hier vorgestellt worden sind.

Newell, A. & Simon, H.A. (1976): Computer Science as Empirical Enquiry: Symbols and Search. - Communications of the association for computing machinery 19: 113-126.

Peschl, M. & Riegler, A. (1999): Does Representation Need Reality? - In: Riegler, A., Peschl, M. & Stein, A. von (eds.): Understanding Representation in the Cognitive Sciences. New York: Kluwer Academic / Plenum Publishers, pp. 9-17.

Piaget, J. (1974): Der Aufbau der Wirklichkeit beim Kinde. - Stuttgart: Klett.

Popper, K. R. (1979): The Bucket and the Searchlight: Two Theories of Knowledge. - In: Objective Knowledge: An Evolutionary Approach (rev. ed.). Oxford: Clarendon Press.

Riegler, A. (1994): Constructivist Artificial Life. - Dissertation an der Technischen Universität Wien.

Sacks, O. (1995): Eine Anthropologin auf dem Mars. - Reinbek: Rowohlt.

Winograd, T. & Flores, F. (1986): Understanding Computers and Cognition: A New Foundation for Design. - Norwood, NJ: Ablex Version vom 13/8/99.

Danksagung

Diese Arbeit wurde durch Mittel des flämischen Wissenschaftsfond FWO unterstützt.

INFORMATIONSVERARBEITUNGSPROZESSE ALS META-PHER UND ANALOGIEN IN WISSENSCHAFTLICHEN THEORIEN - STÄRKEN UND GRENZEN DER COMPUTATIONALEN METAPHER

Markus F. Peschl

Keywords: *Artificial Life, Cognitive Science, Computer, Evolution, Informationsverarbeitung, Metapher, Wissenschaft.*

1. Metapher I: Erklärungs- und Verständnishilfe durch Bedeutungsübertragung

Sie sind tief in unser Denken eingedrungen und wir benutzen sie ständig, ohne dass wir uns deren metaphorischen Charakters bewusst wären: Metaphern. In diesem Aufsatz wird es nicht so sehr darum gehen, die poetischen Aspekte der Metapher zu darzustellen, sondern um deren Gebrauch im Bereich der Wissenschaft. Über den Gebrauch von Metaphern in der Wissenschaft sind Bücherregale geschrieben worden (z.B. Hesse 1966) - in diesem Aufsatz kann dieses umfangreiche Thema natürlich nicht annähernd ausschöpfend behandelt werden; es wird im Speziellen um die Anwendung der Metapher in den Bereichen der Biowissenschaften und der Informatik (und deren Verquickung) gehen.

Die wissenschaftliche Metapher ist tief in unser Alltagsleben eingedrungen: wann immer wir von Schallwellen oder von Teilchen sprechen, benutzen wir Sachverhalte aus dem Alltag, um „tiefere Geheimnisse" der Realität besser zu verstehen resp. sie für unseren Verstand zugänglicher zu machen. Dies geschieht implizit dadurch, dass man ein Phänomen, welches man aus dem Alltagserleben gut kennt und auf einen Phänomenbereich überträgt, von dem man keine oder nur eine sehr vage Kenntnis besitzt. Diese einerseits sehr gewagte, aber andererseits äußerst hilfreiche Operation unseres Denkens ist im Alltagsleben ebenso wie im Wissenschaftsbetrieb allgegenwärtig und stellt eine zentrale Methode zur Erleichterung der intellektuellen Penetration jeglicher Realität auf den unterschiedlichsten Abstraktionsebenen dar. Bevor wir uns dem Gebrauch der Metapher im Informationsverarbeitungsparadigma zuwenden (Abschnitte 2ff), wird im folgenden Abschnitt der Versuch einer Begriffsbestimmung unternommen, auf welcher die weitere Argumentation aufbauen wird.

1.1. Was ist eine Metapher/Analogie?

Der Begriff „Metapher" stammt aus dem Griechischen (μεταφορα) und bedeutet dort so viel wie „Übertragung"; mit Hilfe einer Metapher gibt man statt des eigentlichen Wortsinnes etwas anderes (i.e., eine „übertragene" Bedeutung) zu verstehen (Mittelstraß 1996). Sie ist ein sprachliches Bild, dessen Bedeutungsübertragung auf Bedeutungsvergleich basiert (cf. Meyers großes Taschenlexikon); i.e., das eigentlich gemeinte Wort wird durch ein anderes ersetzt, das eine sachliche, bedeutungsmäßige oder gedankliche Ähnlichkeit oder die selbe Bildstruktur (z.B. „Quelle" für „Ursache") aufweist. In diesem Sinne besitzen Metaphern und Analogien viele Ähnlichkeiten - der Unterschied wird in Abschnitt 1.2.1 ausgearbeitet. Das wesentliche einer Analogie oder Metapher besteht darin, dass sie einen Punkt oder einen Aspekt eines Phänomens (in der sog. „Zieldomäne") herausgreift, welchen man nur unzureichend versteht, und diesen mit einem Aspekt eines bereits bekannten Phänomens (aus der „Ursprungsdomäne") in Beziehung setzt. Zumeist geschieht dies so, dass man dem unbekannten/unverstandenen Phänomen so lange Eigenschaften abschält, die man als „irrelevant" betrachtet, bis es in eine Problemklasse fällt, die man bereits kennt und mit der man bereits Erfahrung hat (vgl. Gorman 1998).

Unsere Alltagssprache ist voll von (sog. unbewussten) Metaphern - sie entstehen meist dann, wenn man an die Grenzen der Ausdrucksfähigkeit in der Sprache gestoßen ist; i.e., wenn die Sprache für die Bezeichnung eines Gegenstandes, Phänomens, etc. über keine eigentliche/eigene Benennungen/Symbole verfügt. I.a.W., Metaphern entstehen immer neu, wenn man mit einem neuen Gegenstand oder Phänomen konfrontiert ist und dieses Gegenstand/Phänomen solch eine Wichtigkeit erlangt, dass das Bedürfnis nach seiner Benennung auftritt (z.B. Flussarm, Tischbein, Fuß des Berges, etc.). Da man gerade in der Wissenschaft und in der Technik sehr häufig mit neuen Phänomenen konfrontiert ist, ist es nicht verwunderlich, dass man in diesen Bereichen sehr oft auf Metaphern stößt, um

* diese neuen Gegenstände/Phänomene überhaupt sprachlich benennen zu können (z.B. Glühbirne, Schallwelle, elektromagnetisches Feld, etc.)
* Um diese neuen Gegenstände/Phänomene einer Erklärung zuführen zu können, die unseren kognitiven Kapazitäten zugänglich sind (z.B. das Atom als Sonnensystem [= Elektronen, die wie Planeten um die Sonne (= Proton) kreisen], Licht als Schallwellen, Computermetapher für unser Gehirn, etc.).

1.2. Die Metapher als kognitives Phänomen

Der Schein trügt, wenn man denkt, dass eine Metapher ein Phänomen ist, welches ausschließlich in der Sprache (selber) angesiedelt ist. Dies würde bedeuten, den selben Fehler zu machen, wie ihn z.B. die Linguistik sehr lange gemacht hat: i.e., Sprache als ein Phänomen für sich selber zu betrachten und aus dieser (m.E. irrigen Prämisse) ein hochkomplexes (formales) System zur Beschreibung von Sprache zu konstruieren (vgl. z.B. Chomskys Versuche einer Universalgrammatik (1980, 1992) u.v.a.). Das Problem besteht sehr verkürzt darin, dass weder Sprache noch Metaphern eigenständige und isolierte Phänomene sind, sondern, dass sie vielmehr immer das Resultat kognitiver Prozesse sind - und nicht nur irgendwelcher kognitiver Prozesse, sondern kognitive Prozesse der höchsten Komplexitätsstufe.

Worin besteht nun der kognitive Aspekt einer Metapher? Es scheint Einigkeit darüber zu herrschen, dass Menschen und Tiere mentale Modelle resp. Repräsentationen benutzen, um sich erfolgreich in ihrer Umwelt zu verhalten, um

Vorhersagen zu machen, etc. Repräsentationen resp. mentale Modelle sind - in der klassischen Auffassung (z.b. Boden 1990; Fodor 1975, 1981; Newell 1980; Winston 1992) - dadurch gekennzeichnet, dass sie (als interne Strukturen) die externe Realität repräsentieren resp. die relevanten Aspekte in angemessener Weise als „Wissen" darstellen. Analogien und Metaphern gehen einen Schritt weiter... Während mentale Modelle/Repräsentationen eine Relation zwischen einer externen und einer internen Realität darstellen (z.b., das interne Symbol „x" oder ein neuronales Aktivierungsmuster repräsentiert einen bestimmten Sachverhalt in der äußeren Realität), wird in Metaphern/Analogien versucht, eine Isomorphie zwischen mentalen Modellen/Repräsentationen herzustellen (vgl. Holyoak und Thagard 1995, p 33). Wir haben z.b. ein recht klares mentales Modell von Wasser und wie sich Bewegungen im Wasser über Wellen realisieren. Ebenso haben wir eine Erfahrung davon, wie sich Schall durch den Raum bewegt. Bringt man nun diese beiden mentalen Modelle/Repräsentationen in Verbindung, so entsteht etwas, neues: die Metapher der Schallwelle, welche ein „Vehikel" zur Erklärung und zum besseren Verständnis des Prozesses der Ausbreitung von Schall erlaubt.

I.a.W., diese Metapher basiert auf der Annahme, dass unser mentales Modell von Wasserwellen unser Verständnis von Ausbreitung von Schall verändert und hoffentlich verbessert, indem Relationen zwischen diesen beiden mentalen Modellen hergestellt/konstruiert werden, die Licht in die Phänomene der Zieldomäne bringen sollen. Da man meist viel mehr Erfahrung/Wissen mit den Eigenschaften der Ursprungsdomäne (z.b. Wasserwellen) besitzt, kann man dieses Wissen dann in der Zieldomäne (z.B. Ausbreitung von Schall) zur Anwendung bringen. Dieses Wissen aus der Ursprungsdomäne und die Relation zwischen diesen beiden Domänen /mentalen Modellen ermöglicht sehr oft, dass die Zieldomäne besser verstanden wird. In diesem Sinne wird auch klar, dass es sich bei Metaphern nicht so sehr um eine ausschließlich sprachliches Phänomen handelt, sondern, dass sie im viel umfassenderen Kontext kognitiver Prozesse, mentaler Modelle und von Repräsentationen gesehen werden müssen. Die sprachliche Form der Metapher ist mehr oder weniger akzidentell, da Sprache das mächtigste Mittel ist, um komplexe Denkzusammenhänge auszudrücken.

Metaphern finden also „im Kopf" und nicht in der Sprache statt - bei genauerem Hinsehen entpuppt sich deren Zweck ja auch nicht als etwas primär sprachliches, sondern als eine „Denkhilfe" zum besseren Verständnis neuer oder ungewohnter Realitäten oder Phänomene.

1.2.1. Metapher vs. Analogie

Aus dieser „kognitiven Perspektive" sind Metaphern und Analogien „Denkvehikel" und Heuristiken, die unseren Verstand und seine mentalen Modelle in neue und unbekannte Domänen bewegen und es ihm erlauben, sich dort erfolgreich zu orientieren. Worin besteht nun der Unterschied zwischen einer Metapher und einer Analogie? Analogien sind in gewissem Sinne weniger strikt als Metaphern: sie werden dazu benutzt, um eine Brücke vom Bekannten in das Unbekannte zu schlagen. So wie etwa in der Psychologie eine Analogie zwischen dem Gehirn /Verstand und einem (Freud u.a.), einem Telephonnetzwerk oder einem Computer. Die Analogie wird zur Metapher, wenn man das Wort „wie/ähnlich" wegfallen lässt (Gorman 1998). Also z.B. das Gehirn/Verstand ist ein Computer.

Mit dem Wort „ist" bekommt die Analogie/Metapher einen „ontologischen" Status, welcher ihr im Grunde nicht zusteht, da sie niemals auf eine „seinsmäßige Übereinstimmung/Übertragung" hin konzipiert wurde. Das Wesen einer Analogie/Metapher besteht ja gerade darin, dass sie nur einen Punkt oder einen kleinen Aspekt eines Phänomens herausgreift und diesen mit einer anderen (besser verstandenen) Domäne in Beziehung setzt!

1.3. Eigendynamik und semantische Autonomie der Metapher

In diesem Zusammenhang ist es interessant zu beobachten, dass Metaphern (sei es im Alltagsgebrauch oder in der wissenschaftlichen Domäne) in unserem Denken und Sprachgebrauch sehr oft eine Eigendynamik erhalten und entwickeln, welche dem Benutzer dieser Metapher nicht mehr wirklich bewusst ist: für uns sind die Begriffe „Flussarm" oder „Tischbein" nicht mehr als Metaphern bewusst (außer vielleicht in diesem Moment der Reflexion darüber).

I.e., diese Bilder gehen in unseren Sprachgebrauch als neue Entitäten ein, die über eine semantische Autonomie verfügen, welche von der ursprünglichen Bedeutung relativ entkoppelt ist; z.B. wer denkt explizit an einen „Arm" (und einen „Fluss"), wenn er/sie den Begriff „Flussarm" benutzt? Diese „semantische Autonomie durch Entkopplung" ist einerseits die große Stärke von Metaphern und zugleich - wie in diesem Aufsatz für den Bereich der Wissenschaft gezeigt wird - auch eine gewisse Gefahr. Die Gefahr besteht vor allem in der wissenschaftlichen Domäne darin, dass man den Ursprung der Metapher aus den Augen verliert und der Metapher - meist unbewusst und unwillentlich - einen eigenen Wahrheitswert, Anwendungsfelder, und/oder Verallgemeinerungen zuerkennt, die weit über den Rahmen der ursprünglichen Intention der Metapher hinausgehen.

Die Gefahr geht vor allem von der manchmal äußerst suggestiven Wirkung von Metaphern aus. I.e., unser Denken ist durch das Bild, welches uns die Metapher anstelle der Komplexität der Realität anbietet, dermaßen eingenommen, dass es die Grenzen der Metapher nicht mehr wahrnehmen kann oder will. Natürlich ist es viel bequemer und einfacher, in ein bereits bekanntes Denkmuster auf die Realität zu projizieren, als sich dieser „from the scratch" anzunähern.

Genau in dieser Diskrepanz steht man immer, wenn etwas neues in unserem Lebensbereich auftritt - diese Diskrepanz spitzt sich natürlich im wissenschaftlichen Arbeiten noch mehr zu, da es hier meist um eine viel sorgfältigere Untersuchung dieser neuen Realität geht.

1.4. Metapher in der Wissenschaft

Legt man einen sehr strengen Maßstab an, so könnte man die kühne Behauptung vertreten, dass jede Form einer wissenschaftlichen Theorie und/oder Erklärung metaphorischen Charakter hat: im Grunde wird ein Aspekt einer untersuchten Realität herausgegriffen (z.b. durch eine Messung) und in eine andere Domäne (z.b. in einen mathematischen Zusammenhang) übertragen. Die Darstellung eines untersuchten Phänomens in einer Theorie hat in diesem Sinne immer den Charakter einer Analogie, die zu einer Metapher wird, wenn - wie so oft in der Wissenschaft - behauptet wird, diese Theorie sei die ([einzig] wahre Darstellung der) Realität (vgl. etwa die Computer Metapher in der Cognitive Science: „Denken = Informations-verarbeitung").

Auch wenn man einen nicht so strengen Maßstab anlegt, ist die Metapher in den Wissenschaften omnipräsent. Mittels Bildern oder sprachlichen Analogien werden komplexe und noch nicht gänzlich verstandene Phänomene und Sachverhalte beschrieben; sei es die Wellenmetapher, die Feldmetapher, die Teilchenmetapher, etc. Diese Form der wissenschaftlichen Beschreibung besitzt zweifelsohne ihre Stärke in der Klarheit und in der kognitiven Zugänglichkeit des benutzten Bildes. Man muss sich jedoch immer der (a) Ursprünge, (b) der intendierten Analogie und (c) der Grenzen der Metapher bewusst bleiben, um nicht in die zuvor angeführte Problematik der Verselbständigung und Überbewertung der Metapher durch ihre semantische Autonomie zu gelangen. Die Schlüsse, welche aus solchen überzogenen Metaphern gezogen werden, sind zwar oft kognitiv sehr plausibel und daher verführerisch, da sie sehr schön in das durch die Metapher vorgegebene Bild passen, jedoch entsprechen sie nicht mehr dem, was in der Realität vorliegt (vgl. etwa das Bild des Sonnensystems als Metapher für den atomaren Aufbau der Materie). Als rhetorisches und pädagogisches Mittel sind Metaphern sicherlich ein sehr attraktives Element einer Theorie - aus streng logischer Sicht, sind sie jedoch nicht gerechtfertigt und können wegen ihrer elliptischen Unbestimmtheit dem seriösen wissen-chaftlichen Diskurs sogar abträglich sein.

2. Metapher II: Transformation in das Informationsverarbeitungsparadigma

Jene Metapher, welcher man im heutigen Wissenschaftsbetrieb besonders häufig begegnet, die sich jedoch sehr of nur sehr verborgen und implizit in einer Theorie versteckt, ist die Metapher der Informationsverarbeitung. Besonders in den Biowissenschaften, in den behavioral sciences und in der Cognitive Science (z.B. Goldman 1995; Green 1996; Osherson et al. 1990; Posner 1989; Stillings et al. 1995) hat sich das Informationsverarbeitungsparadigmas als die primäre Beschreibungsmethode und -sprache ihrer Theorien durchgesetzt. In den meisten Fällen bleibt es nicht nur beim Benutzen des Informationsverarbeitungsparadigmas als Beschreibungsmedium, sonder dieses Beschreibungsmedium gewinnt eine zentrale - nahezu ontologische - Stellung, dass die untersuchten Phänomene ausschließlich als Informationsverarbeitungsprozesse gesehen werden. Genau dieser

Punkt scheint eine Falle zu sein, in die die moderne Naturwissenschaft immer öfter gerät (vgl. Abschnitt 3). Um die Grenzen und Probleme des Informationsverarbeitungsparadigmas als sehr mächtige Metapher in den Naturwissenschaften besser zu verstehen, seien einige Klärungen und Vorteile dieses Paradigmas vorangestellt.

2.1. Informationsverarbeitung

In gewissem Sinne handelt es sich beim Informationsverarbeitungsparadigma nur nicht um ein klassisches Paradigma (im Sinne von Kuhn 1973), sondern um ein „Meta-Paradigma". Da es sich bei Informationsverarbeitungsprozessen im Grunde um eine Art Beschreibungssprache handelt, die in ihrer Potenz der Mathematik ähnlich ist (und in der Mathematik und Logik auch ihre Wurzeln hat), ist ihre Anwendungsdomäne nicht auf einen bestimmten Phänomenbereich beschränkt, sondern kann in nahezu allen Gebieten zum Einsatz kommen, in denen Prozesse irgendwelcher Art im Spiel sind. I.e., man kann im Paradigma der Evolution die dort stattfindenden Prozesse ebenso als Informationsverarbeitungsprozesse beschreiben, wie man die Bewegung von Körpern im Paradigma der Newton'schen Mechanik als Informationsverarbeitungsprozess darstellen kann. Eine interessante Ausnahme stellt die Cognitive Science dar, in der Denkprozesse explizit mit Informationsverarbeitungsprozessen gleichgesetzt werden.

Worin besteht nun die Stärke dieses Paradigmas? Welche Eigenschaften haben dazu geführt, dass es sich in einer vergleichsweise kurzen Zeit zu einem zentralen Paradigma und Metapher in den meisten naturwissenschaftlichen Disziplinen durchsetzen konnte? Die „revolutionäre" Idee ist eigentlich sehr alt und hat im Prozess der Abstraktion ihren Ursprung. Was im 20. Jahrhundert durch die Entwicklungen der Kybernetik und frühen Informatik (vgl. z.B. Ashby 1964, Wiener 1948, Turing 1950, u.v.a.) hinzugekommen ist, ist die (a) eine Transformation/Reduktion dieser Abstraktionsprozesse auf ihre formalen Strukturen und (b) die formalen (aber auch technischen) Möglichkeiten, auf diesen formalen Abstraktionen zu operieren (vgl. Turing Maschine, Algorithmen, formale Theorie der Berechnung, etc.). Die formal-logischen Theorien und die Automatisierung dieser Operationsprozesse (in einem Computer) stellen die eigentliche Voraussetzung für die gesamte Entwicklung der modernen Informatik in all ihren Bereichen (bis hin zur AI, Cognitive Science, Artificial Life, etc.) dar.

Trotz einiger Vorläufer und Versuche in früheren Jahrhunderten ist es auf Grund der formalen Basis (hpts. der Logik, der Theorie der Berechnung, etc.) und der physikalisch-technischen Möglichkeiten und Errungenschaften des 20. Jahrhunderts möglich geworden, Maschinen zu bauen, die zwar noch immer in gewisser Weise Materie transformieren (z.B. einen Strom von Elektronen in nahezu Lichtgeschwindigkeit durch mikroskopisch kleine hochkomplexe Halbleiterstrukturen zu dirigieren) - das „Revolutionäre" besteht jedoch darin, dass es nicht mehr in erster Linie um die Transformation der Materie geht (wie z.B. in einer Dampfmaschine), sondern, dass diese Materie repräsentationalen Charakter besitzt. I.e., es wird nicht mehr Materie um der Materie willen transformiert (z.B. um ein Fuhrwerk von A nach B zu befördern), sondern um Repräsentationen zu manipulieren; i.e., um z.B. Berechnungen auszuführen, um kognitive Prozesse zu simulieren, etc. I.a.W., die Materie (sei es eine elektrische Ladung in einem Halbleiterchip oder eine DNA-Sequenz im genetischen Material) ist zum Träger von Wissen oder Information mutiert - nicht mehr der materielle Aspekt steht im Vordergrund, sondern das, was diese Materie repräsentiert.

Die Theorie der Berechnung gibt uns ein Werkzeug in die Hand, welches erlaubt, auf diesen Repräsentationen gezielte Manipulationen und Operationen durchzuführen. Diese Manipulationen stellen sich für uns - in der Interpretation der Zustände und der Zustandsdynamik der Materie als Informations- oder Wissensverarbeitung dar. Computer sind in diesem Sinne lediglich Maschinen, die solchermaßen konstruiert sind, dass man mit ihnen gezielt Materiestrukturen (z.B. Computerchips, I/O-devices, etc.) manipulieren kann, deren Zustände (und Zustandsübergänge) als repräsentationale Entitäten (z.B. Bits, Symbole, Pixels auf dem Bildschirm, etc.) interpretiert werden können. Dabei ist festzuhalten, dass es – theoretisch völlig - irrelevant, in welcher Materie diese Maschinen konstruiert sind. Seien es Wasserbehälter, Biomoleküle, Dampfmaschinen, oder eben Computer, etc. - es geht ausschließlich um die Strukturen, ihre Zustände, die formalen Beziehungen zwischen diesen Zuständen und die Dynamik (= Übergänge) zwischen den Zuständen.

Und damit ist man bei einem Punkt, der für das Verständnis von Informationsverarbeitung zentral ist, angelangt: betrachtet man einen beliebigen (materiellen oder geistigen) Prozess als Informationsverarbeitungsprozess, so ist dessen materielle Realisierung im Grunde irrelevant - worauf es bei der Beschreibung als Informationsverarbeitungsprozess ankommt, ist ausschließlich die abstrakte Struktur dieses Prozesses. I.e., in dem beobachteten Phänomen und seiner Dynamik müssen Zustände und deren Übergänge (i.e., die kausalen Beziehungen zwischen diesen Zuständen) identifiziert werden. I.a.W., der z.B. materiell realisierte Prozess wird auf sein „formales Skelett" reduziert. Die Zustände uns deren Übergänge erlauben es, die beobachtete Verhaltensdynamik - unabhängig von ihrer ursprünglichen Realisierung - in formaler Weise (als einen Automaten) darzustellen.

Das Charakteristische an der Darstellung von Prozessen als Informationsverarbeitungsprozess besteht eben in dieser Reduktion auf die formalen Strukturen und die formale Dynamik, welcher letztendlich dazu führt, dass sich - aus abstrakter Sicht - nahezu jeder beliebige Prozess als ein Berechnungsprozess darstellen lässt, welcher in einem Computer als Programm realisiert ablaufen kann. I.e., ein input wird von einem mehr oder weniger komplexen Algorithmus (i.e., meist eine rekursive Rechenvorschrift) in einen output transformiert. Die Interpretation dieser inputs, outputs und des Algorithmus führen zu der Metapher, dass das beschrieben Phänomen ein Informationsverarbeitungsprozess ist...

2.1.1. Ebenen der Abstraktion

All das im vorigen Abschnitt Gesagte hat natürlich einen hochformalen Hintergrund, welcher durch die mathematische Logik, die Theorie der Berechnung/Berechenbarkeit, die Theorie der formalen Sprachen, etc. fundiert ist. Ohne auf diese formalen Hintergründe einzugehen, muss klar sein, dass man im Informationsverarbeitungsparadigma - aus wissenschaftstheoretischer Perspektive -mit einer Vielzahl von Beschreibungs- und Abstraktionsebenen konfrontiert ist, welche hier nur insoweit angerissen werden als sie für unsere ursprüngliche Frage der Informationsverarbeitungsmetapher von Relevanz ist.

* Der Ausgangspunkt ist immer die Realität resp. das Phänomen P, welches man verstehen will oder welches in einer Theorie beschreiben will.

* In einem ersten Schritt wird P in einem klassischen Experiment empirisch untersucht und eine erste empirische Theorie konstruiert. Auf dieser Ebene liegt oft eine erste Formalisierung vor, da die Theorie zumeist in mathematischer oder zumindest quantitativer Form abgefasst ist.

* In einem weiteren Schritt werden in der Theorie die Zustände des Systems identifiziert und ein Zustandsraum konstruiert.

* Um die Dynamik von P in die formale Beschreibung einfließen zu lassen, werden die Übergänge zwischen den Zuständen identifiziert und in den Zustandsraum eingetragen. Der entstandene Automat repräsentiert die vollständige Dynamik von P und stellt zugleich die abstrakteste Beschreibung von P als Berechnungs-/Informationsverarbeitungsprozess dar. Meist geht man in der Modellierung nicht so weit, sondern legt sich auf eine Abstraktionsstufe darunter fest:

* Diese Abstraktionsebene baut auf der Ebene der Theorie auf und transformiert die mathematische Beschreibung in einen Algorithmus (Objekte, Funktionen, Variablen, etc.), welcher die Dynamik von P darzustellen imstande ist. Diese Beschreibung ist zumeist unter dem Begriff „Modell" (z.B., „kognitives Modell") oder „Simulationsmodell" bekannt. Der Vorteil - im Gegensatz zur Repräsentation in einer empirischen Theorie - dieser Form der Darstellung (ebenso wie der Darstellung als Automat) besteht darin, dass das Phänomen P auf dieser Ebene in die Form eines Berechnugsprozesses gebracht wurde - i.a.W., auf dieser Ebene kann man sich des weiter oben angesprochenen Arsenals der formalen und technologischen Mittel bedienen, die P als Informationsverarbeitungsprozess erscheinen lassen.

* In einem nächste Schritt wird dieser Algorithmus in einer konkreten Computersprache codiert und auf einem Computer implementiert.

* Die Exekution dieses Programms ist dann der eigentliche „Informationsverarbeitungsprozess", der bestimmte Resultate generiert. Die Interpretation dieses Vorganges und dieser Resultate führt zu der Behauptung/Metapher, dass es sich bei dem simulierten Phänomen P um einen Informationsverarbeitungsprozess handelt.

* Aus wissenschaftstheoretischer Sicht ist interessant, dass die Simulationsresultate u.U. Rückwirkungen auf den Prozess der Theorienkonstruktion und sogar auf das Design und das Objekt des Experimentes haben können.

Aus formaler Sicht ist die Ebene der Automaten natürlich am interessantesten, da sich auf dieser Ebene der Abstraktion der Prozess der Informationsverarbeitung in seiner pursten Form zeigt. Hier spielen nur noch abstrakte Zustände und ihre Übergänge eine Rolle - worauf diese Zustände referieren resp. wie sie realisiert sind ist irrelevant.[1] Der Erklärungswert solcher hochformalen Beschreibungen ist daher auch recht fraglich... Für unsere Frage der Informationsverarbeitungsmetapher ist vielmehr die Ebene der Modelle und Algorithmen, welche in Simulationen realisiert sind, interessant.

2.1.2. Simulation

Die Methode der Simulation ist der „Nährboden", in dem sich die Metapher der Informationsverarbeitung zu ihrer vollen Blüte entwickeln konnte. Was Simulationsmodelle im Gegensatz zu rein empirischen Theorien so attraktiv macht, ist ihre Fähigkeit, die in den (empirischen) Theorien oftmals implizit enthaltene Dynamik (z.B. in einer Differentialgleichung) explizit zu machen. I.e., durch das Exekutieren des Programms, welches die gegebene Theorie als computationale/algorithmische Beschreibung repräsentiert, wird der statischen Theorie „Leben eingehaucht". Die Variablenwerte verändern sich über die Zeit hinweg nach den Regeln, welche in den Algorithmen festgeschrieben sind. Sind diese Werte der Variablen auch noch mit einem ansprechenden graphischen output verbunden (z.B. Sims 1994a, 1994b), so entsteht der Eindruck, dass diese Simulation mit dem zu simulierenden Phänomen P täuschend ähnlich ist. Zumindest wird die Vorstellung verstärkt, dass - da diese Simulation im Grunde ein Informationsverarbeitungs- resp. Berechnungsprozess ist - das, was in der Realität P passiert (resp. was die Ursache für das beobachtete Verhalten ist), ebenfalls Informationsverarbeitungsprozesse sind. Genau dieser scheinbare Erfolg in der Beschreibung und Darstellung von P durch eine erfolgreiche Simulation führt zu den Behauptungen, wie etwa dass Denken Informationsverarbeitung ist.

An dieser Stelle darf natürlich nicht der vergessen werden, dass die Methode der Simulation viele Bereiche der modernen Naturwissenschaften (vor allem der Biowissenschaften, Physik, kognitiven Wissenschaften, Neurowissenschaft, etc.) von Grund auf revolutioniert hat. Sie ist zu einem integrativen Bestandteil der Theorienentwicklung geworden und hat neben ökonomischen Vorteilen (z.B. der Beschleunigung der Theorienkonstruktion, Abkürzung von Reihenexperimenten) und ethischen Vorteilen (z.B. Reduktion der Tierversuche) auch tiefgreifende Vorteile in der Kooperation mit der empirischen/experimentellen Vorgangsweise. Das klassi-

---

[1] In den meisten Fällen ist es sogar so, dass ein solcher Automat eine formale Beschreibung der unterschiedlichsten materiellen Systeme sein kann.

sche empirische Experiment wird durch die Möglichkeiten des virtuellen Experiments um eine neue Dimension erweitert und bereichert. Der größte Vorteil der Simulation liegt sicherlich in ihrem erhöhten Erklärungswert: durch die Möglichkeit der Darstellung und des Nachvollziehens der (Verhaltens-)Dynamik, welche in der empirischen Theorie nur implizit enthalten ist, eröffnen sich ungeahnte Möglichkeiten für die Verbesserung des Verständnisses und der Entwicklung von Theorien von/über Prozessen jeglicher Art und sehr hoher Komplexität (z.B. neuronale Prozesse).

2.2. Das Paradigma der Informationsverarbeitung als Grundlage für die computationale Metapher (CM)

All diese Entwicklungen haben in den letzten Jahrzehnten dazu geführt, dass das Paradigma der Informationsverarbeitung zu einer der zentralen (wenn nicht zu der zentralen) Metapher(n) für nahezu jeden Prozess geworden ist, der sich auch nur irgendwie in das Schema der Informationsverarbeitung hineinpressen lässt. Am deutlichsten ist dies sicherlich in den Bereichen der Cognitive Science (Green 1996; Stillings et al. 1995, u.v.a.), der Genetik/Evolutionstheorie oder des Artificial Life (Langton 1989, 1995; Pfeifer et al. 1999) zu beobachten: egal, ob es sich um den Prozess des Lebens, des Denkens, des Aufbaus des Körpers, etc. handelt - alles ist ein Informationsverarbeitungsprozess. Wie bereits angedeutet, hat diese Interpretationsweise große Stärken (besonders im Bereich des Erklärens/Verstehens eines Phänomens), jedoch bringt sie auch auf einer fundamentaleren Ebene einige Schwierigkeiten und Einengungen (im Denken und in der Interpretation) mit sich (siehe Abschnitt 3).

2.2.1. Entstehung der CM

Wie kommt es zu einer computationalen Metapher, wie etwa „das Denken ist ein Informationsverarbeitungsprozess", „der Prozess des Lebens ist ein Informationsverarbeitungsprozess" oder „der Prozess der Evolution ist ein Informationsverarbeitungsprozess"? Was passiert aus epistemologischer und wissenschaftstheoretischer Perspektive? Rufen wir uns noch einmal die Schritte/Ebenen der Abstraktion in Erinnerung, welche in Abschnitt 2.1.1 dargelegt wurden. Aus einer formalen Sicht wurde das Phänomen P in der Realität in der Hierarchie der Abstraktion immer höher hinauf gehoben und so lange seiner „akzidentellen" Eigenschaften entledigt, bis nur mehr das strukturelle Skelett der Zustände und Zustandsübergänge übrig geblieben ist.

Was in diesem Abstraktionsprozess aus epistemologischer Sicht passiert, ist in Abbildung 1 schematisch dargestellt: im Grunde wird die untersuchte Realität einer zweifachen Projektion unterzogen. In einem ersten Schritt wird das Phänomen P mittels der klassischen Methoden der empirischen Wissenschaften in Experimenten untersucht. I.a.W., P wird zumeist mittels eines Experimentes in einen bestimmten Zustand versetzt (z.B. mittels eines Teilchenbeschleunigers, mittels eines Fragebogens, durch eine bestimmte Aufgabenstellung in einem Lernexperiment, etc.). Das Ziel dieses Vorgangs besteht darin, eine bestimmte Reaktion (welche die angenommene Hypothese bestärken soll) zu erzeugen. Mittels Messinstrumenten wird dieser (Rekations-)Zustand detektiert und einer Interpretation und der weiteren Theorienkonstruktion/-verifikation zugeführt. Die resultierende Theorie ist jedoch nicht - wie oft implizit behauptet - eine „wahre" oder unverzerrte Darstellung der Realität P, sondern eher das Gegenteil: es ist das Phänomen P gesehen unter dem Raster der angewandten Methoden und (paradigmatischen) Annahmen. I.a.W., die Theorie ist - etwas überspitzt gesprochen - das Resultat einer Projektion, in der es nahezu nur darum geht, das Phänomen P so weit (z.B. in Experimenten) zu manipulieren, dass es möglichst die gewünschten Reaktionen zeigt und in die angenommenen Hypothesen passt.

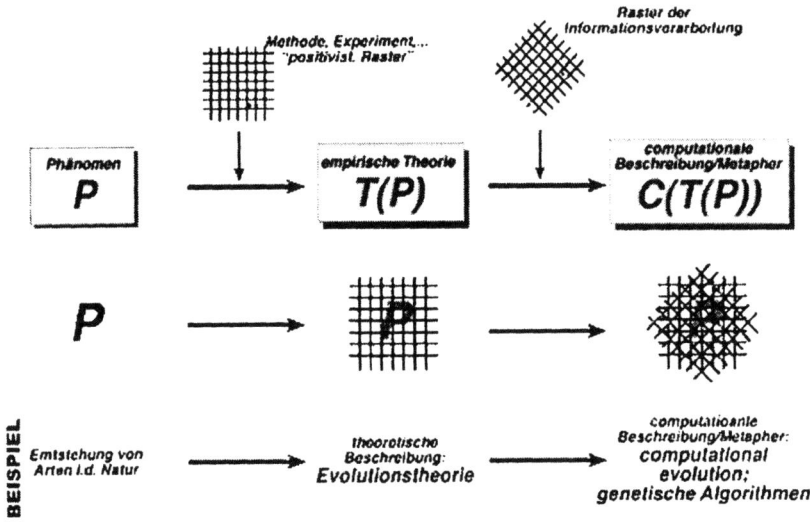

Abbildung 1: Die Stufen der Entstehung einer computationalen Metapher aus theoretischer Perspektive (oben) und anhand eines praktischen Beispiels (unten).

Diese „gerasterte Realität" ist der Ausgangspunkt für die nächste Transformation: nun wird das Raster der Informationsverarbeitung über die Theorie projiziert. I.a.W., die Theorie wird in einer Weise verändert, dass sie den formalen Randbedingungen einer computationalen Beschreibung (z.B. als Algorithmus, als Automat, etc.) genügt. Dies bedeutet, dass - falls die Theorie noch nicht in einer mathematischen Form vorliegt - die Theorie formalisiert werden muss, dass die mathematischen Strukturen in algorithmische Strukturen transformiert werden müssen (z.B. Einführung von Objekten, Schleifen, neuen Funktionen, Hilfsvariablen, algorith-

mische Steueranweisungen, etc.). Gerade bei so komplexen Vorgängen, wie Denkprozessen, ist es fraglich, ob die algorithmischen Strukturen ausreichend sind, um
die Komplexität in irgendeiner Weise zu fassen. Das Resultat dieses Prozesses ist
eine „computational description" von P, welche im besten Fall in funktionaler
Übereinstimmung mit der Verhaltensdynamik von P steht.

Aus dieser computationalen Beschreibung geht die computationale Metapher
hervor: ein Phänomen P wird so lange seiner sog. „akzidentellen Eigenschaften" und
dessen beraubt, was als „irrelevant" betrachtet wird, bis es eine „einfache" Form hat,
welche in das bekannte Paradigma der Informationsverarbeitung hineinfällt und dort
mit den bereits bestens erprobten Methoden bearbeitet werden kann. Sehr schön
wird dies etwa im Bereich des Artificial Life (vgl. Langton 1989, 1995; u.v.a.)
sichtbar: der hochkomplexe Prozess des Lebens wird in einem ersten Schritt auf
seine materiellen Eigenschaften als Interaktion von komplexen Biomolekülen
reduziert (vgl. erster Schritt in Abbildung 1). Das was aus der Perspektive der
Informationsverarbeitung von Interesse ist, sind jedoch nicht die materiellen
Eigenschaften dieser Moleküle und ihrer Interaktionen, sondern das, was an
strukturellen Prozessen passiert. Im Artificial Life wird also versucht, von den
materiellen Eigenschaften lebender Systeme zu abstrahieren und nur jene Prozesse
und Interaktionen zu simulieren, die aus abstrakter Informationsverarbeitungs-
perspektive eine Rolle spielen. I.a.W., nicht die materielle Eigenschaften der
Interaktion zwischen Molekül A und B werden simuliert, sondern, das, was an Infor-
mationsaustausch, „Kommunikation", Zustandsübergängen, etc. stattfindet.

Die Vorteile dieses Verfahrens liegen auf der Hand und wurden bereits weiter
oben angesprochen. Aus epistemologischer Sicht muss jedoch klar sein, dass es sich
bei dieser Art der Metapher um das Resultat einer zweifachen Projektion handelt,
welche das ursprüngliche Phänomen u.U. sehr stark verzerren kann. Eben aufgrund
dieser doppelten Verzerrung ist es um so bedenklicher, dieser Metapher der
Informationsverarbeitung einen solch hohen Stellenwert und eine solch starke
Autonomie und inhaltliche Ausbreitung zukommen zu lassen.

2.2.2. Aspekte und Implikationen der CM

Eine der größten Stärken (aber zugleich auch Gefahren) der Informationsverarbeitungsmetapher (CM) liegt wahrscheinlich darin, dass sie (scheinbar) über eine so
umfassende Generaliät verfügt; nahezu jeder Prozess, in dem irgendwie Zustände
und Zustandsübergänge identifiziert werden können, lässt sich als Informationsverarbeitungsprozess darstellen. Da die Physik spätestens seit der Neuzeit im größten
Teil ihrer Theorien die Beschreibungssprache der Mathematik benutzt, ist eine
Übersetzung der dort beschriebenen Phänomene in Informationsverarbeitungsprozesse sehr naheliegend und vergleichsweise einfach. Diese Sichtweise hat unser
Denken und unsere Sicht auf die Dinge der Natur/Umwelt so sehr geprägt, dass es
uns ein Leichtes ist, die Metapher der Informationsverarbeitung auf alle möglichen
(und unmöglichen) Phänomene zu übertragen und ernsthaft zu glauben, dass all
diese Phänomene Informationsverarbeitungsprozesse sind.

Die CM scheint uns zumeist sogar als die naheliegendste Erklärung - eine kollektive Erblindung oder ein Schritt näher hin zur Realität? Die Leuchtkraft und der hohe Erklärungswert scheinen ein Hinweis auf den zweiteren Fall zu sein. Jedoch sollte man sich nicht von der Effizienz, der Brillanz und dem funktionalen Erfolg einer Metapher täuschen lassen - insbesondere, wenn man all das bedenkt, was die Fragen der zweifachen Projektion betrifft (siehe 2.2.1.).

Die Methode der Simulation hat eine stark verstärkende Wirkung auf die Ausbreitung dieser Metapher, da erst durch die Informationsverarbeitung und deren Realisierung im Ablauf/Exekution eines Computerprogramms eine ansonsten statische Darstellung in einer empirischen Theorie „zum Leben erweckt" wird, wodurch unsere Bequemlichkeit im Denken unterstützt wird. Dies ist natürlich in einer Epoche der Virtualität und der schrittweisen Entfernung vom direkten Kontakt mit der Realität besonders reizvoll und attraktiv, da man die Dynamisierung nicht mehr durch eigene intellektuelle Anstrengung vornehmen muss, sonder diese für einen durch eine Maschine vorgenommen wird. Der Preis, den man dafür zahlen muß, ist freilich hoch: man ist den Beschränkungen und formalen Randbedingungen, dir durch den Computer und seine formalen Voraussetzungen gegeben sind, völlig ausgeliefert. Dies fällt natürlich nicht mehr auf, wenn man sein eigenes Denken und Erkennen bereits auf dieses Raster umgestellt hat und sich nicht mehr der Mühe unterziehen will oder kann, sich von der Realität noch wirklich be-ein-drucken zu lassen.

3. Gültigkeitsbereiche, Grenzen und Probleme der Informationsverarbeitungsmetapher (CM)

Trotz der Stärken und des weiten Verbreitungsgrades der Informationsverarbeitungsmetapher (CM) ist ihr Gültigkeitsbereich nicht beliebig ausdehnbar - in diesem Abschnitt wird daher der Versuch einer Grenzziehung unternommen. Besonderes Augenmerk wird auf CMs in der Cognitive Science und den Biowissenschaften gelegt.

3.1. Kriterien für eine gute Analogie/Metapher

Was sind die Kriterien, die eine Analogie/Metapher erfüllen muß, damit sie nicht nur dem intuitiven Verständnis nach als „passend" interpretiert wird, sondern auch für den Theorienkonstruktionsprozess und den Erklärungswert gewinnbringend ist? Folgende Punkte und Randbedingungen müssen erfüllt sein (vgl. Gormann 1998; Holyoak und Thagard 1995):

* Ähnlichkeit (der Eigenschaften): Die Ursprungsdomäne und die Zieldomäne der Metapher/Analogie müssen über ein Minimum an gemeinsamen Eigenschaften verfügen. Z.B., geht es sowohl in Flüssigkeiten als auch bei Schall um die Ausbreitung von Energie; sowohl im Gehirn als auch im Computer geht es um die Verarbeitung von Wissen/Information.

* Struktur: Zwischen Ursprungsdomäne und Zieldomäne muss eine gewisse strukturelle Ähnlichkeit vorhanden sein. Mathematisch gesprochen bedeutet dies, dass
es einen Iso-/Homomorphismus zwischen den Elementen der Ursprungsdomäne
und Zieldomäne geben muss; i.e., jedes Element (resp. jede Klasse von Entitä-
ten/Zuständen) in der Ursprungsdomäne muss mit einem (oder mehreren)
Element/en (resp. Klasse von Entitäten/Zuständen) der Zieldomäne korrespon-
dieren. So werden etwa Elemente des Computers (z.B. Prozessor, Speicher
/RAM, Symbolverarbeitung, Festplatte, etc.) als Erklärungskonzepte auf das
Denken/Verstand übertragen (z.B. Verarbeitungseinheit, Kurz/Langzeitgedächt-
nis, Sprache als Operationsmedium für das Denken, etc.). Die mind/computer-
Metapher profitiert in besonders hohem Maße von der (relativen) Unkenntnis
der Prozesse, welche im Gehirn vor allem in Bezug auf sog. „höhere kognitive
Fähigkeiten" ablaufen. Nur durch diese (neurowissenschaftlichen) Unkenntnis ist
es möglich (gewesen), dass sich ein Paradigma, wie die Symbolverarbeitungs-
metapher (z.B. Newell 1980, Fodor 1975, 1981; u.v.a.) so stark durchsetzen und
so lange halten konnte. Die völlig plausible Metapher zwischen Strukturen in
einem Computern und den Strukturen kognitiver Prozesse hat mehrere Forscher
/innengenerationen jahrelang in ihren Bann gezogen, obwohl aus neurowissen-
schaftlicher Sicht keinerlei Befunde über derartige Strukturen im Gehirn
vorlagen.
Auch konnektionistische Netzwerke (z.B. Bechtel et al. 1991; Churchland et al.
1992; Hertz et al. 1991; McClelland et al. 1986; Rumelhart et al. 1986; u.v.a.)
stellen eine ähnlich problematische Metapher des Denkens dar: sie basieren auf
der expliziten Analogie zum natürlichen Nervensystem. Hier wird freilich noch
eine weitere Analogie stillschweigend hinzugenommen (vgl. Gormann 1998):
Denken/Verstand/mind wird ident gesetzt mit dem Gehirn, welches mit künstlichen neuronalen Netzwerken gleichgesetzt wird...
* Ziel: Die Konstruktion von Analogien/Metaphern wird durch die Erklärungsziele
des/der Wissenschaftlers/in geleitet. Wie bereits weiter oben besprochen, werden
Metaphern meist dann eingesetzt, wenn ein „Erklärungsnotstand" in einer noch
nicht verstandenen Domäne auftritt. Was die Metaphernbildung leitet, ist das
Erklärungsziel - diesem Ziel entsprechend wird nach Domänen gesucht, welche
mentale Modelle für das zu erklärende Phänomen als Analogie zur Verfügung
stellen könnten. Ist man etwa an der Dynamik der Theorienentwicklung in der
Wissenschaft interessiert, so stellt z.B. die Biologie das Konzept der Evolution
als Analogie für diesen Prozess zur Verfügung (vgl. Popper 1962). Dies beinhaltet aber auch, dass Metaphern immer von der gerade verfügbaren Information
(z.B. empirische Befunde) in der Zieldomäne abhängig sind. Verändert sich der
Informationsstand, so kann es passieren, dass eine existierende Metapher plötzlich nicht mehr einsichtig oder obsolet wird und nach einer neuen Metapher
gesucht werden muss.

Es liegt im Wesen der Analogie/Metapher, dass sie eine gewisse Unschärfe in sich
birgt -genau diese Unschärfe macht ja ihre Stärke aus, die es den „Benutzern" dieser

73

Metapher erlaubt, eine neue Domäne besser zu verstehen. Aber jene Unschärfe bringt es auch mit sich, dass sich die hier angeführten Kriterien ebenso nicht in aller Schärfe und Präzision darstellen lassen.

3.1.1. Kriterien für eine CM

Bei der CM kommen folgende Kriterien hinzu:

* Die Ursprungsdomäne muss notwendigerweise aus den Informationsverarbeitungsparadigma stammen.
* Die Zieldomäne muss sich in irgendeiner Weise als Prozess darstellen lassen; i.e., gleichgültig, ob es sich um materielle oder geistige Prozesse handelt, diese müssen sich als eine Menge von (möglichst diskreten) Zuständen und Zustandsübergängen darstellen lassen, damit sie in die Domäne der Berechnungsprozesse transformiert werden können.
* Eine CM setzt zumeist auf einer bereits existierenden Metapher/Analogie auf - i.a.W., die Zieldomäne basiert bereits auf einer Metapher (z.B., die Identität zwischen Denkprozessen und er Aktivität des Gehirns).

3.2. Grenzen und Fragen der CM

3.2.1. Die CM als zweifacher Raster, durch den die Realität betrachtet wird

Das Stichwort „Theoriegeladenheit" trifft bei der CM in besonderem Maße zu: aus Abbildung 1 wird deutlich, dass dieses in allen Wissensformen auftretende Problem auch die CM nicht verschont - im Gegenteil: das beschriebene Phänomen wird zweifach „gerastert".

* In einem ersten Schritt wird das gesamte Instrumentarium der empirischen Forschungsmethode auf die Realität losgelassen. Trotz aller sicherlich sehr positiven und erkenntnisfördernden Eigenschaften wird das untersuchte Phänomen durch diese Herangehensweise an die Realität ziemlich beschnitten und verzerrt. Der Preis des Positivismus ist ein radikaler Reduktionismus auf die materielle und quantitative Dimension[2] der Realität. Wie bereits erwähnt, hat ein Experiment in den meisten Fällen eine manipulative Wirkung auf die untersuchte Dynamik - diese ist durch die angewandten Methoden, experimentellen Designs und vor allem durch die zu verifizierende Hypothese determiniert. Im Prozess der Messung kommt es zu einem fatalen - aber prinzipiell nicht vermeidbaren - Einschnitt in Bezug auf die Qualität des beobachteten Phänomens: durch das

---

[2] Hier ist kleine Einschränkung angebracht: gerade in der Psychologie und in Teilen der Cognitive Science ist die Methode der Introspektion häufig anzutreffen - die aus ihr resultierenden Theorien sind nicht notwendigerweise immer auf ein materielles Substrat angewiesen resp. sie machen keine expliziten Aussagen darüber.

Meßgerät wird die Quantität einer bestimmten physikalischen Größe/Qualität registriert. Z.B., die „Qualität" der elektrischen Spannung von 220 Volt wird in der theoretischen Beschreibung auf die Quantität „220" und auf den verbleibenden Rest einer Referenz auf die ursprüngliche Qualität („V") reduziert. Alles, was mit den benutzten Messgeräten nicht registriert werden kann, wird als für das Verstehen des Phänomens „irrelevant" und nicht existent zurückgewiesen.

* Über diese positivistische Reduktion wird in einem zweiten Schritt das Raster der Informationsverarbeitung gelegt. I.a.W., alle Einschränkungen und Randbedingungen, die durch das Paradigma der Informationsverarbeitung vorgegeben werden (z.B. der Berechenbarkeit, etc.), werden zusätzlich auf das untersuchte Phänomen projiziert. Dies impliziert, dass das untersuchte Phänomen P noch ein zweites Mal verzerrt wird: die empirische Theorie von P wird in das Korsett von Algorithmen, Objekten, Datenstrukturen, etc. gepresst. Ein zweites Mal ist es nicht das Phänomen P, welches determiniert, wie seine Repräsentation aussehen soll, sondern das Medium des Computers (und seiner formalen Soft- und Hardwarevoraussetzungen) gibt das Format der Repräsentation vor. Alleine der der Computerarchitektur zugrundeliegende formale Hintergrund (z.B., Turing Maschine, etc.) stellt eine recht engmaschiges Raster dar, das wie ein Filter nur für ganz bestimmte Eigenschaften des Phänomens P durchlässig ist. Alles, was sich z.B. nicht als Prozess von Zustandsübergängen darstellen lässt, kann in einem computationalen Modell keine Berücksichtigung finden.

Aus dieser Perspektive wird klar, dass das Informationsverarbeitungsparadigma zwar sicherlich ein sehr mächtiges Instrument zur Beschreibung von Prozessen aller Art ist, jedoch auch seine (epistemologischen) Grenzen und Schwächen besitzt. Es ist noch anzumerken, dass bei dieser Betrachtung die Einflüsse der Wahrnehmung auf das beobachtete Objekt noch gar keine Berücksichtigung finden. In Bezug auf unsere Frage der computationalen Metapher bedeutet dies, dass diese Metapher trotz ihrer Mächtigkeit und Vorteile auch mit einer Portion Vorsicht benutzt werden sollte. Vor allem wenn es um menschliche kognitive Fähigkeiten geht, ist man sehr schnell versucht, diese Metapher zu benutzten und über ihre Grenzen zu generalisieren - was dabei jedoch „unter den Tisch fällt", ist, dass sich das menschliche Denken vielleicht durch mehr als nur neuronale Prozesse konstituiert.[3]

---

[3] Aus der Perspektive der modernen Naturwissenschaft ist dies natürlich eine gewagte Aussage - in Anbetracht der beträchtlichen Schwierigkeiten, vor denen die Neurowissenschaft heute in Bezug auf das Problem des Bewusstseins und sog. Höherer kognitiven Fähigkeiten steht, wäre es vielleicht interessant vom Primat einer rein physikalistischen Hypothese abzugehen.

3.2.2. Die suggestive Wirkung der CM leitet das wissenschaftliche Denken und Suchen an - Gefahr der „intellektuellen Einbahn" durch Beschränkung der Suche nach alternativen Sichtweisen

Die Versuchung (und zugleich Stärke) der (computationalen) Metapher liegt darin, dass - unter Berücksichtigung der Punkte aus Abschnitt 3.1 - durch diese zweifache Projektion/Raster alles, was als irrelevant erachtet wird, ausgeklammert wird, um das nicht verstandene Problem auf eine bekannte Problemklasse zurückzuführen. Durch diese Übertragung wird es möglich, eine Erklärung für das nicht verstandene Problem zu konstruieren. In diesem Sinne wird es möglich, dass eine computationale Metapher das Denken und Suchen im Theorienkonstruktionsprozess anleitet. Dies ist von besonderer Bedeutung, wenn sich die wissenschaftliche Disziplin gerade in einer Phase des Umbruchs (im Sinne von T. Kuhns (1973) „wissenschaftlicher Revolution") befindet: in solchen Phasen kommen sehr häufig sog. „distant metaphors" zu Einsatz. I.e., Metaphern, die nicht aus dem eigenen wissenschaftlichen Feld stammen, sonder aus einer Disziplin, die inhaltlich weit entfernt ist. Dies wird bei der CM besonders deutlich - an sich haben Computer z.B. mit dem Denkprozess oder mit dynamischen Systemen recht wenig gemein. Durch Transformation dieser Prozesse in die Domäne von Berechnungsprozessen und Algorithmen wird es möglich, dass man Denken und dynamische Systeme (z.B. R. Port und T.v. Gelder 1995) plötzlich als Informationsverarbeitungsprozesse zu sehen beginnt. Diese Sichtweise ermöglicht es, zuvor unverstandene oder zumindest nur wenig verstandene Prozesse „intellektuell handhabbar" zu machen.

Genau dieses vermeintliches Verstehen durch Zurückführung/Übertragung in die bekannte Domäne (der Informationsverarbeitung) stellt die Voraussetzung dafür dar, dass der weitere Forschungsprozess durch dieses Bild geleitet wird. Es wird als „allgemein akzeptiert" angenommen, das Phänomen von Interesse ein Informationsverarbeitungsprozess „ist" und auf dieser Prämisse werden alle weiteren Experimente, Hypothesen, Theorien, etc. entwickelt. I.a.W., die CM bekommt eine Eigendynamik, der sich die scientific community nur mehr schwer entziehen kann, da sie durch ihre Vorhersagekraft und ihren vermeintlichen Erklärungswert ein hohes Maß an Autorität gewonnen hat.

Von der CM geht eine äußerst suggestive Wirkung aus, da sich unser Denken mit der Informationsverarbeitungsmetapher als Bild der Realität begnügt anstelle sich der Komplexität der „wirklichen" Realität zu stellen. Dies ist auch nicht verwunderlich: es ist viel einfacher und vor allem bequemer, die Realität durch eine Brille und Kategorien wahrzunehmen, mit denen man bereits viel Erfahrung im Umgang hat als sich jedes Mal neu von dem untersuchten Phänomen und seiner Komplexität und Neuheit beeindrucken lassen zu müssen. Natürlich ist es weniger kompliziert, bekannte Denkmuster auf die Realität zu projizieren, als sich erst diese Denkmuster jedes Mal neu konstruieren zu müssen.

Woher kommt diese Mächtigkeit der Informationsverarbeitungsmetapher und warum hat sie so einen starken Einfluss auf unser Denken und Wahrnehmen der Realität? In dem Moment, in dem man ein computationales Modell eines Phänomens konstruiert hat und dieses auf einem Computer exekutiert, ist man der (irrigen) Meinung, im intellektuellen Besitz des gesamten Wissens über dieses Phänomen zu stehen. Die Ursache dafür liegt in der Tatsache, dass in einem computationalen Modell potentiell alle Parameter zu jedem Zeitpunkt der Simulation zugreifbar/einsehbar, transparent und manipulierbar sind. Dies erzeugt den verführerischen Eindruck, dass man über das gesamte Wissen und die volle Kontrolle über das Modell verfügt. Aus der Sicht des computationalen Modells ist dies auch richtig, jedoch nicht aus der Perspektive der Realität. Man hat eben nur Kontrolle resp. volles Wissen über das Modell; nicht jedoch über das untersuchte Phänomen: all das, was in das computationale Modell nicht eingegangen ist und als „irrelevant" erachtet wurde, ist in dieser Simulation/CM einfach nicht vorhanden und kann daher auch keine Einfluss auf die beobachtete (Verhaltens-)dynamik des Modells haben.

Es scheint, als müssten wir akzeptieren, dass die Realität unserem Wissen (und noch viel mehr ihrer computationalen Beschreibung!) immer einen Schritt voraus ist. Unser Wissen darf sich nicht so nicht nach den Methoden und Randbedingungen des Beschreibungsmediums richten, sondern muss sich an den Gegebenheiten des untersuchten Phänomens orientieren. Die verführerische Gefahr liegt in einem ident Setzen von Realität und ihrem computationalen Modell.

3.2.3. *Informationsverarbeitung als Beschreibungsmethode vs. ontologische Gleichsetzung*

In Abschnitt 1.2.1. wurde auf den Unterschied zwischen einer Analogie und einer Metapher hingewiesen. Während eine Analogie auf der strukturellen Ähnlichkeit zwischen zwei Domänen basiert, wird geht die Metapher einen Schritt weiter und postuliert eine „seinsmäßige" Übereinstimmung – „Denken ist Informationsverarbeitung". Genau dies scheint der Punkt zu sein, an dem eine gewisse Grenzüberschreitung passiert, da eine Gleichsetzung zwischen beschriebener Realität und Beschreibung stattfindet. I.a.W., der metaphorischen Interpretation wird quasi-ontologischer Status zugeschrieben, obwohl sie sich ursprünglich nur auf einen kleinen Aspekt des Phänomens bezogen hat.
Hier passiert zweierlei:

* Überschätzung und Überbewertung des Informationsverarbeitungsparadigmas als Beschreibungsmedium: in seiner Konzeption versteht sich das Informationsverarbeitungsparadigma als universelles Beschreibungsmedium für eine sehr große Klasse von Prozessen. Der Schritt zur „Ontologisierung" der Informationsverarbeitung ist im Grunde durch nichts anderes gerechtfertigt als durch den großen Erfolg dieses Beschreibungs-/Interpretationsmodus. Es ist jedoch frag-lich, ob eine erfolgreiche Beschreibung eines Phänomens als Informationsverarbeitungsprozess rechtfertigt, dieses Phänomen seinsmäßig als Informationsverarbeitung zu deuten.
* Übergeneralisierung: aus dieser Überbewertung ergibt sich häufig das Problem, dass nicht nur das Phänomen, für das die Metapher ursprünglich entwickelt

worden war, in diesem metaphorischen Sinn zu sehen, sondern auch alle Phänomene, die nur entfernt mit dem Ursprungsphänomen etwas gemein haben. Diese Eigendynamik hat zwar oft beflügelnden Charakter für die Theorienkonstruktion oder aber auch im Bereich der Pädagogik (als „Denkmodelle"), jedoch ist es ratsam, mit solchen Verallgemeinerungen sehr vorsichtig umzugehen, da man oft Gefahr läuft, das eigentliche Phänomen aus den Augen zu verlieren.

3.3. Mögliche Auswege?

Es wäre vermessen, zu behaupten, dass man das epistemologische Problem der Theoriegeladenheit, auf dem im Grunde die meisten der zuvor angeführten Probleme basieren, umgehen könnte. Jegliche Form der Wahrnehmung und Repräsentation beruht nicht nur auf dem passiven Aufnehmen dessen, was man in der Realität vorfindet, sonder involviert zugleich auch immer eine gewisse Projektion des eigenen Wissens und der eigenen Kategorien auf die wahrzunehmende Realität. In gewissem Sinne wird man immer von der einen oder anderen Form von Metapher Gebrauch machen (müssen), wenn man es mit Beschreibungen (i.e., jegliche Form von Wissen) der Realität zu tun hat. Um ein besseres Verständnis eines Phänomens zu erlangen, scheinen Bilder, Analogien oder Metaphern die bevorzugten Medien und Operationen unseres Verstandes zu sein. Sie erlauben es, die uns umgebende Realität zu kategorisieren und in irgendeiner Weise (intellektuell) in den Griff zu bekommen.

Trotz dieser Überlegungen scheint die Metapher der Informationsverarbeitung bereits so tief in unser Denken eingedrungen zu sein, dass es für den/die heutige/n Naturwissenschaftler/in nahezu unmöglich geworden, die Realität anders zu sehen, als durch diese Brille von Zuständen, Zustandsübergängen, Prozessen, Informationsverarbeitung, etc. Jede/r, der/die schon einmal mit Programmieren zu tun gehabt hat, kennt die fatale Versuchung, alle Prozesse, denen man in der Realität begegnet, in die Strukturen und formalen Prozeduren, die einem eine Programmiersprache anbietet, hineinzugießen. Fatal ist diese Versuchung deshalb, weil einem - durch die scheinbare Mächtigkeit von Programmiersprachen als allgemeine Beschreibungswerkzeuge geblendet - einem den Blick auf die Realität verstellt wird.

Durch die vorgefertigten Kategorien der Informationsverarbeitung haben wir verlernt, was es heißt eine Realität „von innen" her zu betrachten und nicht an ihrer materiellen, messbaren und berechenbaren Hülle kleben zu bleiben. Was die Metaphysik als die Suche nach der Bedeutung, der Substanz, etc. bezeichnen würde, wird durch die Vorgangsweise des Informationsverarbeitungsparadigmas nahezu verunmöglicht. In dieser Perspektive wird man niemals das „Was" eines Gegenstandes, eines Prozesses, etc. besser verstehen lernen, sonder immer nur sein Funktionieren und sein „Wie". Als moderne Naturwissenschaftler/innen müssen wir uns also ernsthaft die Frage gefallen lassen, ob wir wirklich so naiv sein wollen und nur an der Oberfläche der Dinge haften bleiben wollen? Auch wenn unsere (naturwissenschaftlichen/positivistischen) Theorien noch so fein und noch so raffiniert sind, so scheint es, dass die fundamentalen Fragen, wie jene nach dem Bewusstsein oder jene nach dem, was der Prozess des Lebens ist, nicht wirklich befriedigend sind. Vielleicht sind gerade diese Fragen der Ausgangspunkt, um unser „informationsverarbeitungsverseuchtes" Denken aufzubrechen und in neue Bahnen zu lenken; Bahnen, welche versuchen sich mehr an der Realität zu orientieren als an den Randbedingungen des Informationsverarbeitungsparadigmas.

All das soll jedoch nicht als ein Angriff auf die Metapher der Informationsverarbeitung verstanden werden! Vielmehr sollte dieses paper ein Appell sein, sich die Stärken und Grenzen dieser Metapher wieder mehr bewusst zu machen und vor Augen zu führen, dass es sich hier nicht um ein „allmächtiges" und gegen alle epistemologischen Probleme immunes Beschreibungsmedium handelt. Erst die Methode der Simulation und die technologischen Entwicklungen in der Informatik haben die Ausbreitung dieser Metapher in großem Maße ermöglicht, da erst durch die Informationsverarbeitung und deren Realisierung im Ablauf/Exekution eines Computerprogramms eine ansonsten statische Darstellung in einer empirischen Theorie „lebendig" wird. Durch raffinierte Visualisierungstechniken und Interaktionsmöglichkeiten leistet die Simulation der Virtualität und der schrittweisen Entfernung vom direkten Kontakt mit der Realität Vorschub. Das Informationsverarbeitungsparadigma erlaubt die Konstruktion von artifiziellen und in sich geschlossenen Welten, was besonders reizvoll und attraktiv ist, da man in den Erkenntnisprozess nur mehr marginal eingebunden ist und die Dynamisierung (z.B. einer statischen Theorie) nicht mehr durch eigene intellektuelle Anstrengung vorgenommen werden muss, sonder diese für einen durch eine Maschine vorgenommen wird. Wie immer, wenn man einer Ideologie das denken überlässt, ist der Preis, der für diese Bequemlichkeit im Denken, Forschen, Kategorisieren, etc. bezahlt werden muss, nicht gering: man sperrt sein Denken und Erkennen und damit auch die Möglichkeit, Dinge ganz neu zu sehen, freiwillig in einen Raster und einen Käfig ein, welcher zwar sehr mächtig und vor allem durch seine kombinatorische Größe nahezu unendlich scheint, aber dennoch in seiner Struktur den Beschränkungen und formalen Randbedingungen der Informationsverarbeitungsparadigmas. Wie wenn man einen Tag lang eine rosa-rote Sonnenbrille aufgesetzt hat, fällt einem dieser Raster im eigenen Denken nach jahrelangen Bombardement und naturwissenschaftlicher Eintrichterungsprozeduren an den Universitäten und Schulen nicht mehr auf – vielmehr stellt man sich die Frage, warum man sich noch einmal der Mühe unterziehen soll, sich von der Realität noch wirklich beeindrucken und neu strukturieren zu lassen, wenn man doch alles ohnehin so gut im (intellektuellen) Griff hat...

Literatur

Ashby, R.W. (1964): An introduction to cybernetics. - London: Methuen.
Bechtel, W. und A. Abrahamsen (1991): Connectionism and the mind. An introduction to parallel processing in networks. - Cambridge, MA: B. Blackwell.
Boden, M.A. (Ed.) (1990): The Philosophy of Artificial Intelligence. - New York: Oxford University Press.

Chomsky, N. (1980): Rules and representations. - New York: Columbia University Press.

Chomsky, N. (1992): Aspects of the theory of syntax (7th ed.). - Cambridge, MA: MIT Press.

Churchland, P.S. und T.J. Sejnowski (1992): The computational brain. - Cambridge, MA: MIT Press.

Fodor, J.A. (1975): The language of thought. New York: Crowell.

Fodor, J.A. (1981): Representations: philosophical essays on the foundations of cognitive science. - Cambridge, MA: MIT Press.

Goldman, A.I. (1995): Readings in philosophy and cognitive science (second ed.). - Cambridge, MA: MIT Press.

Gorman, R.P. und T.J. Sejnowski (1988): Analysis of hidden units in a layered network trained to classify sonar targets. Neural Networks 1, 75-89.

Green, D.W. et al. (1996): Cognitive science. An introduction. - Cambridge, MA: B. Blackwell.

Hertz, J., A. Krogh, und R.G. Palmer (1991): Introduction to the theory of neural computation, Volume 1. - Redwood City, CA: Santa Fe Institute studies in the sciences of complexity. Lecture notes.

Hesse, M.B. (1966): Models and analogies in science. - South Bend: University of Notre Dame Press.

Holyoak, K.J. und P. Thagard (1995): Mental leaps. Cambridge, MA: MIT Press.

Kuhn, T.S. (1973): Die Struktur wissenschaftlicher Revolutionen (second ed.). - Frankfurt/M.: Suhrkamp.

Langton, C.G. (Ed.) (1989): Artificial Life. - Redwood City, CA: Addison-Wesley.

Langton, C.G. (Ed.) (1995): Artificial Life. An Introduction. - Cambridge, MA: MIT Press.

McClelland, J.L. und D.E. Rumelhart (Eds.) (1986): Parallel Distributed Processing: explorations in the microstructure of cognition. Psychological and biological models, Volume II. - Cambridge, MA: MIT Press.

Mittelstraß, J. (Ed.) (1996): Enzyklopädie Philosophie und Wissenschaftstheorie, Volume 1-4. - Mannheim: Bibliographisches Institut.

Newell, A. (1980): Physical symbol systems. - Cognitive Science 4, 135-183.

Osherson, D.N. und H. Lasnik (Eds.) (1990): An Invitation to cognitive science. - Cambridge, MA: MIT Press.

Pfeifer, R. und C. Scheier (1999): Understanding intelligence. - Cambridge, MA: MIT Press.

Popper, K.R. (1962): Conjectures and refutations; the growth of scientific knowledge. - New York: Basic Books.

Port, R. und T.v. Gelder (Eds.) (1995): Mind as motion: explorations in the dynamics of cognition. - Cambridge, MA: MIT Press.

Posner, M.I. (Ed.) (1989): Foundations of cognitive science. - Cambridge, MA: MIT Press.

Rumelhart, D.E. und J.L. McClelland (Eds.) (1986): Parallel Distributed Processing: explorations in the microstructure of cognition. Foundations, Volume I. - Cambridge, MA: MIT Press.

Sims, K. (1994a): Evolving 3D morphology and behavior by competition. In R.A. Brooks und P. Maes (Eds.), Artificial Life IV, pp. 28-39. - Cambridge, MA: MIT Press.

Sims, K. (1994b): Evolving virtual creatures. Computer Graphics. - Annual Conference Series, 15-22.

Stillings, N.A. (1995): Cognitive Science. An Introduction (second ed.). - Cambridge, MA: MIT Press.

Turing, A. (1950): Computing machinery and intelligence. Mind LIX (59)(236), 433-460. (reprinted in M.Boden (ed.), The Philosophy of Artificial Intelligence, Oxford University Press, 1990).

Wiener, N. (1948): Cybernetics; Control and communication in the animal and the machine. - New York: Wiley.

Winston, P.H. (1992): Artificial Intelligence (third ed.). - Reading, MA: Addison-Wesley.

DIE FASZINATION DES KÜNSTLICHEN
EINE TRANSKLASSISCH SYSTEM-THEORETISCHE BETRACHTUNG

Alfred Locker

1. Einleitung

1.1. Vorbemerkungen

Der Mensch als „Freigelassener der Natur" (Herder) oder als das „nicht festgestellte Tier" (Nietzsche) kann nicht umhin, die *Natur,* in die er gestellt ist, umzugestalten und sich dadurch selbst zu einem *Kultur*-Wesen zu machen. Diese Selbst-Formung dient ihm in erster Linie zur Erkenntnis, aber auch dazu, sich „in der Welt zu orientieren". Je mehr es ihm dabei gelingt, sich von drückenden Zwängen zu befreien, umso überschwänglicher wird er und schließlich betrachtet er sich als Herr und Besitzer der Welt (wozu ihm auch manch religiöse Devise, wie Gen. 1, 28, ein gutes Gewissen zu verschaffen vermag). Bald erkennt er die Unvollkommenheiten dessen, was ihm gegeben und er sucht es durch eigene Produkte, die besser als das Vorgefundene sind, auch zu ersetzen. Da mag er einen Blick auf Höheres wagen und versuchen, durch *Kunst* die Natur in eine ideale Sphäre zu heben, doch erliegt er oft der Versuchung, ihre Gegenstände seinem eigenen Gebrauch zu unterwerfen. Gelingt dies nicht ganz seiner Absicht gemäß, wird er sich dazu veranlassen, das Natürliche durch *Künstliches* auszutauschen[1], das, weil von ihm selber stammend, seinem Herrscherwillen viel uneingeschränkter gehorcht. Zwar mag er die Absicht mit Drang zu Erkenntnis gut tarnen, die eigentliche Intention bleibt aber schließlich doch der „Wille zur Macht".

Ganz besonders muß es ihm schmeicheln, selber in die Rolle des Schöpfers lebendiger Wirklichkeit eintreten zu können; doch kann er sich dem Taumel der Anmaßung nur so lange hingeben, als er jede Reflexion auf sein Tun meidet und auch die Bedingungen, denen es unterliegt und die Begrenzungen, die es überwinden muß, damit es Erfolg hat, mißachtet. Weil er offenbar zugleich auch sich selbst damit meint, d.h. sich aus eigenen Begrenzungen befreien möchte, damit aber, wie Nietzsche es von ihm erkennt, „seiner ledig werden will aus Geringschätzung", gerät er in die mißliche Lage innerer Zerrissenheit. Aus dieser befreit er sich dadurch, daß er dem, was er tut (oder erreichen möchte) den Rang und Namen einer echten Wissenschaft verleiht. So wurde schnell die Art Forschung geboren, die sich A.L., also „Artificial Life" (Gräfrath 1993; Prato 1993) nennt und sich würdig neben andere Bemühungen gleichen Kalibers, wie A.I. „Artificial Intelligence" (Dreyfus & Dreyfus 1987) stellt.

---

[1] Dabei mag daran erinnert werden, daß Kunst zweck- und interessefrei ist, während das Künstliche alles das darstellt, was vom Menschen gemacht, auch ausschließlich seinen Zwecken zu dienen gezwungen ist.

Freilich ist es auch denen, die sich ihr widmen, selbstverständlich, daß sie nur vom Verständnis des natürlichen Lebens (N.L.), das sie besitzen, zur Aufgabe kommen, ein A.L. zu erzeugen. Daher vermuten viele von ihnen, daß durch die Frage, wie solches geschehen sollte, auch die Kenntnis des N.L. selbst profitiert. Ausgangspunkt bleibt daher unweigerlich das letztere, wenngleich sofort bei ihm die weitere Frage auftaucht, ob die bisherigen Kenntnisse ausreichen, sich an dieses Projekt heranzuwagen. Dabei wird es unerläßlich, auch die *Gesichtspunkte* zu prüfen, von denen aus man es angehen kann, ehe man die *Mittel* einsetzt, um die Absicht (technisch) zu realisieren. Daß sich aber bereits gleichsam auch eine Unter-Disziplin absondert, die A.L. als gesonderte Ausdrucksform eines allgemeinen Lebens ansehen möchte und nicht bloß an die künstliche Herstellung von bereits existierenden Lebens-Formen denkt, mag der A.L.-Forschung einen Charakter sui generis verleihen. Insoferne mag es mehrere Formen von A.L, geben können, z.B. auch ein solches, das sich nur im Computer abspielt (4.2). Dann wird aber das Problem auftreten, ob sich auf Grund dieser Tatsache auch im Bereich des N.L. verschiedene Ränge voneinander abgrenzen lassen, was Anlaß dafür ist, eine wechselseitige Beeinflussung der Auffassungen über N.L. und A.L. für möglich zu halten.

Einen eigenen Bereich von *Künstlichem* überhaupt erhofft eine Forschung zu erschließen, die diesen vom Natürlichen auf besondere Weise abzusondern sucht, indem sie dem ersteren Eigenschaften zubilligt, die ihn vom letzteren scharf trennen: die „künstlichen" Phänomene zeigen gegenüber der Umwelt (bzw. der Natur) gewisse Unabhängigkeit und sind (vom Hersteller derselben) weitgehend beliebig verformbar, was sie zu natürlichen Erscheinungen in Gegensatz bringt, die durch ihre Bindung an die Naturgesetze eine Aura von Notwendigkeit haben (Simon 1973). Man glaubt, für sie eine relative Freiheit beanspruchen zu dürfen, sodaß auch Zweifel darüber bestehen könnten, ob sie überhaupt zur Wissenschaft gehören. Als vom Menschen gemachte Dinge befinden sie sich aber zugleich im fließenden *Übergang* zum *Natürlichen*, was es auch wieder sinnvoll erscheinen lässt zu erfor-schen, wie weit solche Zusammenhänge möglich und herstellbar sind und wo definitive *Grenzen* (4.3) auftreten.

Soweit werden verschiedene Vertreter dieser Forschungsrichtung miteinander übereinstimmen können. Von ihr werden sich Kritiker absondern, die einer Reali-sierung dieses Unternehmens zumindest skeptisch gegenüberstehen, wenn sie nicht auf Grund tiefschürfender Überlegungen gar die Sinnhaftigkeit dieser Bemühungen grundsätzlich bestreiten. Soweit sollte es aber vielleicht gar nicht kommen, wenn es möglich wird, einen vermittelnden Standpunkt zu erreichen.

1.2. Grund und Gang der Untersuchung

Die vorliegende Untersuchung stellt sich auf eine neue, bisher in der Behandlung von A.L. noch nicht in Erwägung gezogene Basis u.zw. die vom österreichischen Universalgelehrten Ludwig v. Bertalanffy (1901-1972) ins Leben gerufene *Allgemeine System-Theorie* (AST) (v. Bertalanffy 1968), die selbst als Meta-Disziplin anzusprechen ist und als Brückenwissenschaft vor allem zwischen Einzelwissenschaften und Philosophie, damit auch zwischen deren Methoden und Ergebnissen, zu vermitteln erlaubt (Locker 1991).[2] Sie bei der Frage nach der Möglichkeit einer A.L. anzuwenden, wird sich als sinnvolles Unternehmen anbieten, weil sich herausstellt, daß dieses nicht ohne N.L konzipiert werden kann und daher auch nach einer Verbindung zwischen beiden Sichtweisen verlangt. Diese Anwendung ist gewissermaßen historisch verbürgt, da v. Bertalanffy, bereits als Verfasser einer „Theoretischen Biologie" (v. Bertalanffy 1932/1942) bekannt, von seiner Organismus-Definition, die den Selbst-Bezug betont, zur Auffassung des Systems als eines subjekt-analogen Gebildes gelangte und bei der Frage nach dessen Begründung zur Substanz-Analogie. Zugleich wurde der System-Begriff aber auch biophysikalisch verstanden (v. Bertalanffy 1968, 1972), eine Entwicklung, die für unser Vorgehen beispielhaft sein kann, das *Trennen* nur als ersten Schritt zum *Verbinden* anzusehen.

Der Zentralbegriff des *Systems* stellt bereits eine solche Verbindung dar, indem er auf zwei Arten konzipiert werden kann, nämlich (a) in trivialer und (b) in elaborierter Weise. In der erstgenannten Sicht wird einfach gemeint, daß sich gegenständlich aufgefaßte Elemente (aus von ihnen selbst ausgehenden, aber grundsätzlich empirisch erforschbaren Gründen, wie z.B. Prozessen) zu einem Ganzen, genannt System, verbinden, ohne daß noch etwas darüber Hinausgehendes verlangt werden müßte. In der zweiten Auffassung wird aber daran gedacht, daß es für das Zustandekommen des Ganzen des Systems Voraussetzungen geben müsse, die empirisch, d.h. z.B. mit naturwissenschaftlichen Methoden, nicht erklärbar sind.

Im Sinne dieser Betrachtung wird dem System, von der Zugangsweise abhängig, jeweils verschiedene Beschaffenheit zugeschrieben, einmal Gegensatz und das andere Mal Einheit der (denkerisch erforderlichen) Voraussetzungen (V-Eigenschaften) mit den gegenständlich, d.h. wissenschaftlich fassbaren, sog. G-Eigenschaften, was auch dazu führt, das System schließlich stets als Einheit von Gegensätzen zu sehen (Abbildung 1). Diese Charakteristik wird am besten von der Denk- und Seins-Figur der *Komplementarität* (Abbildung 2) repräsentiert, die genau diese Eigenschaften aufweist. Sie demonstriert auch - im Sinne eines, die diffizilen Gegebenheiten vereinfachend darstellenden Modells (Stachowiak 1973) der sog. *Kognitiv-Domäne* - die Erkenntnissituation bzw. die Einbezogenheit des Menschen in die Wirklichkeit und legt damit dar, daß ohne die letztere weder Wirklichkeit noch Natur noch Leben verstanden werden kann. Es ist ja allein der Mensch, der sich über das ihn zum Dasein Bringende zu äußern vermag und dann zum Sprecher dessen wird, das ohne ihn keine Stimme besitzt.

---

[2] Ihre Bedeutung wurde anlässlich von L. v. Bertalanflys 25. Todestag in Wien und anderswo gewürdigt (Locker 1998, 1999c).

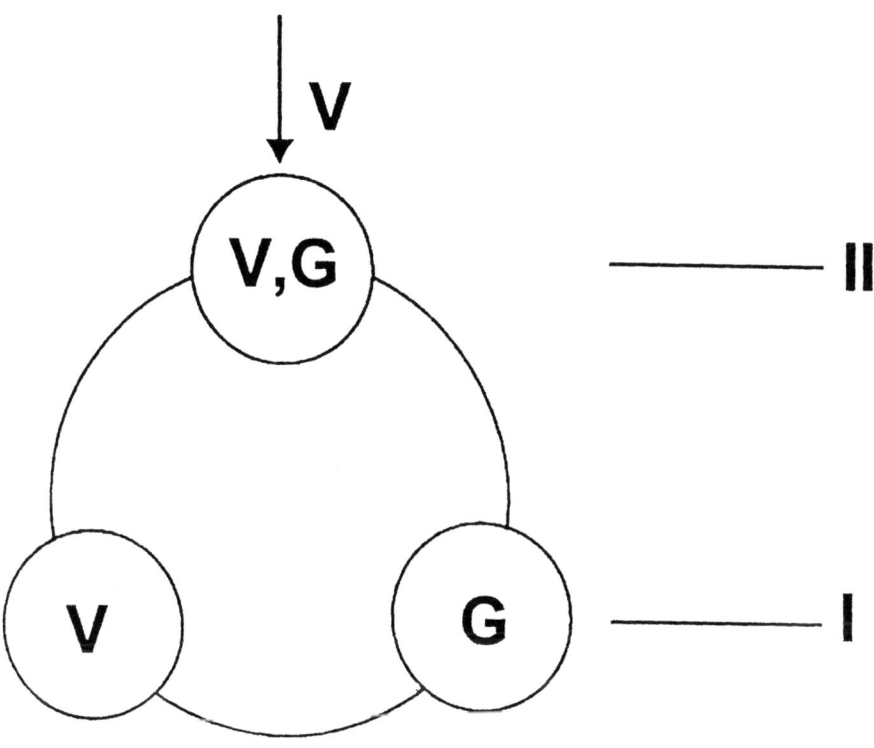

Abbildung 1: Schematische Darstellung der relationalen Verhältnisse beim System: auf einer bestimmten Betrachtungsebene (I) tritt ein *Gegensatz* von Voraussetzung (Nr)- und Gegenstands (G)-Eigenschaften zutage, auf einer höheren Ebene (II) aber die *Einheit* von denselben, welche als solche auch vom System-Entwurf (Voraussetzung V dieser Einheit) (vertikaler Pfeil) her gedacht werden muß. V-Charaktere sind u.a. Autonomie und Gestalt, G-Eigenschaften empirisch beschreibbare Struktur oder Funktion.

Unsere Aufgabe ist es, mit Hilfe des anhand von System und Komplementarität vertieften Verständnisses an das zu erörternde Problem heranzugehen, in der Hoffnung, daß es, aus einem bisher nicht angewandten Blickwinkel angeschaut, nicht

85

nur neue Facetten für den bisherigen Zugang, sondern auch grundsätzliche Einsichten, bietet. Zugleich wird die vordem noch als *klassisch* zu bezeichnende Sicht zu einer *transklassischen* erweitert und vertieft (3.2.), wenn sie in dieses Unternehmen Wirklichkeits-Sphären einzuschließen vermag, deren Behandlung gewöhnlich einer Wissenschaft nicht zugetraut werden.

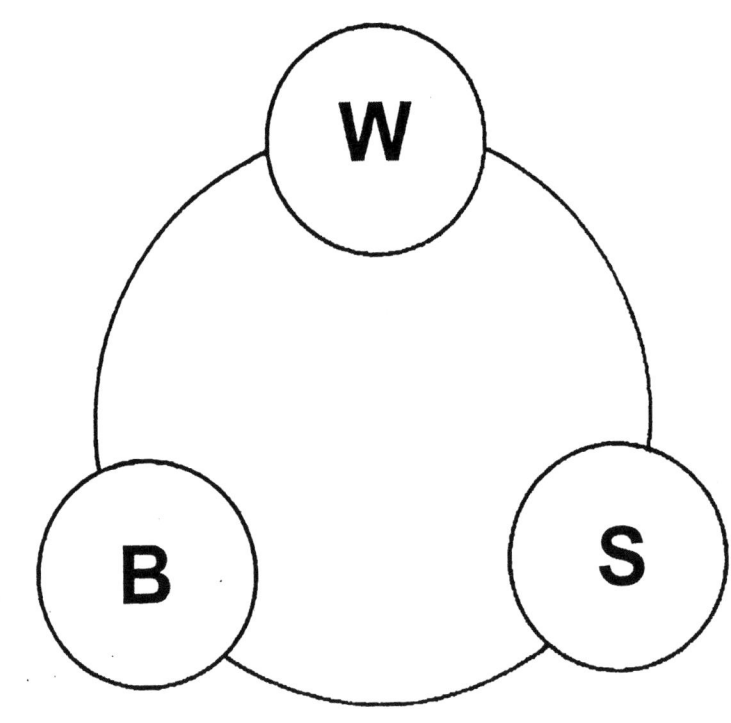

Abb. 2: Die Relationalität des Systems drückt (als Einheit des Gegensatzes) *Komplementarität* aus und ist zugleich für ein (einfaches) Modell der Erkentnis-situation brauchbar, die sog. *Kognitiv-Domäne,* dergemäß das G-lich aufzufassende System (S) (wie ein Lebewesen) zusammen mit dem Beobachter (B), der die S-Umwelt markiert, aber auch bereits die V-Voraussetzungsseite vertreten kann, in die Einheit beider, die Wirklichkeit (W), eingebunden erscheinen.

1.3. Überbegrifflicher und begrifflicher Zugang zum Thema

Zunächst sollen die Grenzen (bzw. Schwierigkeiten) eines allein *denkerischen* Zugangs zur Wirklichkeit in Form von Begrifflichkeit ganz allgemein rekapituliert werden: (a) die naive Adäquatio-Theorie, die zwischen gedanklichem Zugriff und dem so ergriffenen Ding eine Einheit vermutet, dabei aber, weil sie auf Rationalität baut, letzterem keinen Eigenstand mehr zubilligt; (b) die auf Kant bzw. schon vorher Vico zurückgehende These, daß man nur das erkennen kann, was man selber in Begriffen „zustandegebracht" hat; eine Auffassung, die ihre totalitäre Zuspitzung im sog. Radikalen Konstruktivismus erfahrt; (c) die davon nicht weit entfernte, aber zugleich das andere Extrem darstellende These Hegels, daß die Welt im „Begriff" (und nur darin) ganz zu erfassen sei. (d) Auszuschließen wäre jene Handhabung des Begriffs, die mit ihm die Dinge nicht zu unterwerfen, sondern bloß zu berühren sucht und dadurch das aufscheinen läßt, was ist; u.a. vertrat sie Schelling.

Von jeder möglichen Überschätzung des Begrifflichen ist jedoch das vor- oder überbegriffliche *Erleben* (als unmittelbare Erkenntnisweise) abzugrenzen, wenngleich zwischen beiden, dem begrifflichen und dem nicht begrifflichen Begegnen, nur eine komplementäre Vermittlung sinnvoll ist, denn es mag die Vermutung richtig sein, daß eine unbegrifflich/unbegriffene, d.h. auch nicht mehr sprachlich äußerbare Erkenntnis - infolge ihrer seelischen Singularität (und ihrer Nicht-Mitteilbarkeit) - ihre Bezeichnung nicht mehr verdient[3].

2. Erscheinungsweisen des Lebens

2.1. Leben als Erfahrungstatsache

Viel ursprünglicher als jede gedankliche Begegnung ist das Erleben, d.h. *Teilnahme* am Leben, die selber immer erst als Voraussetzung für Erkennen des Lebens angesehen werden muß . Nimmt man dies zur Kenntnis, dann erscheint auch Leben als etwas ganz Primäres, mit der Wirklichkeit Identisches (Dienst 1990), sodaß, nach dem Ausspruch Goethes, „Leben das Höchste (ist), das wir von Gott und der Natur erhalten". Dieses Vorgegebene schlechthin ist (als Wirkliches und Natürliches) unmittelbar zugänglich und benötigt zunächst keine begriffliche Vermittlung, vermag indessen das es erfahrende Bewußtsein (von Verbundenheit mit seinem Grund) zugleich ständig zu vertiefen. Für dieses ist die Einheit von Begreifen und Begriffenem (der Wirklichkeit selber) solange kein Problem mehr, als Naivität, Ursprungsfrische, vorherrscht, was sich auch auf den gleiche Nähe besitzenden Bereich der Sprache ausweiten läßt. Sobald aber Leben aus „sich

---

[3] Ein solcher komplementärer Zusammenhang findet sich z.B. auch zwischen dem Natürlichen und Künstlichen, von dem es feststeht, daß letzteres, als G-Tätigkeit, ersteres, als V-Gegebenheit, nie erreichen kann, obgleich beim Verhältnis zwischen Natur und Kunst, beide der V-Sphäre angehörend, wechselseitiges Ineinandergehen besteht. Die Natur erweist sich nämlich stets als das Überlegene (Spaemann 1973), auf dem alle Bestrebungen, sie zu ersetzen, aufruhen müssen.

selbst" - und nicht von einem ihm unangemessenen Standpunkt, z.B. dem eines mit universalen Kategorien ausgestatteten „transzendentalen" Subjekts her (Simon 1973), - verstan-den werden soll, treten Schwierigkeiten auf. Die Zugangsweise zu diesem verlangt ja, doch *Begriffe* zu verwenden, die sich aber nur gewinnen lassen, wenn das dem Leben entgegentretende menschliche Erkenntnis-Subjekt sie bereits (der Möglich-keit nach) besitzt und durch die Begegnung mit dem Leben (d.h. also wieder mit „sich selbst") bewußt aktualisiert, d.h. also verwirklicht. Dennoch herrscht hier noch eine *subjektive* Lebens-Sicht vor, die nicht unproblematisch ist, weil sie in Gefahr gerät, gewissen Vereinfachungen zu Opfer zu fallen, z.B. durch Miterleben dem „Werden" vor dem „Sein" den Vorrang einzuräumen.

Diese Auffassung muß in die Sphäre von *Objektivität* gehoben werden, soll nun das Leben so verstanden werden, daß es sich begrifflich umsetzt und damit zur Grundlage von künstlichen „Realisierungen" machen läßt. Vorbedingung dafür ist, daß man sich dazu entschließt, eine wichtige begriffliche Klärung vorzunehmen, die auf der Befolgung der sog. ontologischen Differenz beruht, dergemäß zwischen „Leben" und „Lebendigem" wohl zu unterscheiden, zugleich dieses aber auch zu verbinden ist. Ersteres hat dann als V-Eigenschaft zu gelten, letzteres als Repräsen-tation der Einheit von V-Eigenschaft und G-Eigenschaft im Organismus, womit aber bewußt bleibt, daß im Sinne von Komplementarität beide Seiten wieder zusammen-gehören. Demgemäß muß sich auch Einheit von Subjekt und Objekt (nach Schelling „Subjekt-Objekt") herstellen. Mit dieser Bemerkung kehren wir wieder zur Absicht zurück, die Behandlung des Problems nur in dauerndem Zusammenhang mit der Basis der AST vorzunehmen (1.2).

2.2. Leben begrifflich gefaßt

Wir müssen (a) einen „intensionalen" Lebensbegriff von (b) einem „extensionalen" unterscheiden, zugleich aber zusammendenken; ersteres kann als Wesens-Begriff auf die Frage „Was ist Leben?" antworten[4], letzterer ist wesentlich ein funktionaler und gibt Bescheid über die „Wie ?"-Frage. Aber auch hieraus wird sofort die Notwendigkeit des von der AST angewandten Komplementaritätsschemas ersicht-lich, denn die erstgenannte Zugangsweise zum Leben hat in erster Linie die V-Eigenschaften des Systems N.L. im Auge, die letztere aber dessen vielfältige G-Eigenschaften (1.2), also Bedingungen, unter denen Leben in Erscheinung tritt und die allein es sind, die wissenschaftlich erforscht werden können, obwohl die Gefahr besteht, daß das Phänomen dabei zerstört wird.

Bei Aristoteles findet sich die Version: „Leben ist das Sein der lebendigen Dinge" (Jeuken 1975); eine anscheinend tautologische, nichtssagende „Definition", die aber in Wirklichkeit sehr tiefgründig ist und bereits das andeutet,

---

[4] Diese Frage wurde in dem berühmten Buch von Erwin Schrödinger aufgeworfen, aber, wie aus den folgenden Ausführungen hervorgehen soll, nicht zureichend beantwortet (Schrödinger 1998), da Leben weder mit einem chemischen Stoff (wie der DNA) noch einer biophysikalischen Eigenschaft (wie einer „Neg-Entropie") gleichzusetzen ist.

was Goethe als „Urphänomen" bezeichnet, eine Gegebenheit, hinter die nicht zurückgegangen, die damit auch nicht erklärt werden kann (aber auch nicht erklärt zu werden braucht) (Chargaff 1980), wenn Erklärung Rückerinnerung auf schon Bekanntes heißen soll. Anstelle von Tautologie wird in der AST von Autologie gesprochen (Locker 1991) und damit der auf Unendlichkeit beruhende Selbstbezug des Lebens bzw. des Organismus charakterisiert.

Neuerdings wird Leben auch als Gegenstand einer „Bio-Semiotik" angesehen (Emmeche 1998), wobei von rein naturwissenschaftlich objektivierbaren Relationen im Organismus, die ja meistens als kausal-mechanische bzw. bio-physikalische Prozesse verstanden werden (worüber noch zu sprechen ist) abgegangen und zu *symbolischen* Relationen weiter geschritten wird. Demgemäß wird der Organismus im Sinne der Zeichentheorie als ein zeichenverarbeitendes System angesehen, bei welchem durch Kommunikation mit Zeichen das Gebäude der Relationen, das ihn ausmacht, bedeutungsmäßige Bestimmung erfährt.

Dazu gehört auch ein Codierungs- und Decodierungssystem (für den Umgang vor allem mit der Umwelt), das aber, ebenso wie das Zeichensystem selbst, die problematische Tatsache mitführt, daß die (organismuseigene) „Originalbedeutung" eines Vorgangs adäquat erkannt werden muß und nicht an ihre Stelle eine ihr vom (externen) Beobachter zugeschriebene Bedeutung tritt (3.1). Gleichzeitig muß für das Verständnis und in Weiterführung des genannten Ansatzes die Zeichen-Interpretant-Relation zu einer „Semiose" im Sinne von Ch.S. Peirce (1839-1914) erweitert werden (Stachowiak 1989), die sinnvoll nur als innerorganismische aufzufassen ist, wobei „der Dritte im Bunde" (gegenüber dem Original also das Modell) durch die Interpretation keine wesentliche Veränderung erleiden darf[5]. Von da her würde eine Verbindung hergestellt werden können (a) zur Wichtigkeit des Subjektbedingtheit des Lebens (2.1) und (b) zur „dialogischen" Beziehung aller Lebewesen untereinander (3.2).

2.3. Experimentell/naturwissenschaftlicher Zugang

Nach bestimmten Kriterien gehorchenden Aufstellungen (Bedau 1996; Emmeche 1994) kann man in der einschlägigen Forschung diverse Richtungen unterscheiden, nach denen sich Erscheinungen des Lebens erkunden und (partiell) definieren lassen, wie die folgenden: (a) eine physiologische Definition, dergemäß das lebende System nach seinen Funktionen beschrieben wird, (b) eine Stoffwechsel-Definition, wie sie z.B. in der Theorie des Organismus als eines offenen, im Fließgleichgewicht stehenden Systems gegeben wird (v. Bertalanffy, Beier & Laue 1977), daran anschließend (c) eine thermodynamische Definition, die mit der Theorie „dissipativer Systeme" (Nicolis & Prigogine 1977) und der „Selbstorganisation" (im naiven Sinn)[6] in Verbindung steht. Nur vermeintlich näher an das Leben kommen (d) eine

---

[5] Es mag bemerkt werden, daß von der „Semiose" eine relationale Analogie zur System- bzw. Komplementaritäts-Vorstellung hergestellt werden kann, wie sie hier vertreten wird.
[6] Selbstorganisation im elaborierten Sinn würde die Vorgängigkeit des „Selbst", d.h. des Subjekts, erforderlich machen (Locker 1992).

biochemische bzw. molekularbiologische und (e) eine genetische Definition heran. Zwar ist es ein Faktum, daß alle Organismen aus chemischen Stoffen aufgebaut sind, doch wäre eine Definition wie „Alles Leben ist Chemie" nicht nur von der Gefahr eines Totalitarismus bedroht, sondern würde die Vorstellung nahelegen, daß es nur auf die Komplexität der den Organismus aufbauenden Stoffe ankäme, damit Leben „entsteht".

Gegenüber der Vorstellung der Molekularbiologie, mit (in Nukleinsäuren gespeicherter) „genetischer Information" sei gewissermaßen das Rätsel des Lebens gelöst, zeigen einfache Überlegungen, daß der mit dieser Rolle bedachte chemische Stoff nur einer unter vielen ist und das - was wir V-Eigenschaft nennen - nicht mit ihm identifiziert werden darf (Rehmann-Sutter 1993/94).

Die genannten Definitionen berühren nicht nur Teilaspekte des Organischen, sondern sind fast alle dahingehend unspezifisch, als sie auch auf menschengemachte Gebilde zutreffen, wie z.B. die Def (a) auf das Auto, die Def (b) auf Wirbelbewegungen im Wasser, usw.

Hinzugefügt werden muß aber auch, daß sie eben nur *Aspekte*, ausgehend von jeweiligen Vorannahmen (sachlicher und methodischer Art), des Herangehens an das Lebens-Problem, bedeuten und daher das Ganze - das immer „mehr als die Summe der Teile" ist, hier also der verschiedenen Zugangsweisen -, prinzipiell nicht erreichen können. Dazu ließe sich zwar vermuten, daß erst ein ganz anderer Ansatz, etwa jener, welchen die AST liefert, in die Lage käme, die verschiedenen Gesichtspunkte in einen konsistenten Zusammenhang zu bringen. Doch ist diese Vermutung gleichfalls unzutreffend, da die erwähnten Zugangsweisen ja empirischer und nicht theoretischer Art sind, daher auch ganz zufällig und betreffs ihrer nie eine Erwägung darüber angestellt wurde, welchen Stellenwert sie im Rahmen eines Ganzen - also des Systems N.L. - haben könnten.[7]

3. Subjektivität des Lebens

3.1. Die Beobachter-Rolle

Die Subjekt-Behaftetheit des Organismus erfährt neuerdings nicht so sehr eine Bestätigung durch Einbringung in die philosophische Problematik der Subjektivität, sondern vor allem durch die Übernahme der Thematik des *Beobachters* (Chargaff 1980). In üblicher Weise wird dieser zunächst als der externe, distanzierte Beobachter gesehen, aber diese Rolle muß - zumindest metaphorisch - zu der eines Repräsentanten der Einheit von Subjekt und System ergänzt werden, der die Bezeichnung eines innerer Beobachters verdient und durch seine Selbst-Beschreibung das System beschreibt.

Nähere Bedachtnahme von dessen Tätigkeit lässt erkennen (Locker & Coulter 1977; Pattee 1973), daß er auch für die Dynamik des Systems (qua Organismus)

---

[7] Der Lebensbegriff wäre also wirklich verfehlt, würde man sich allein nur auf das beziehen, was von der Naturwissenschaft geliefert wird. Der Verführung zum Künstlichen würde man dann vielleicht hilflos erliegen.

verantwortliche, alternative Beschreibungen (als Vorschreibungen und zugleich Einschränkungen für die System-Funktionen) ausführt, wodurch bisher nicht eingetretene Gliederungen zustandekommen und sich in der System-Struktur hierarchische Ordnungen ausbilden, was die Erfüllung von Kontrollaufgaben erlaubt. Freilich muß „hinter ihm", d.h. seiner Tätigkeit, eine *Meta-Organisation* nicht-strukturaler (bzw. nicht-relationaler) Art stehen und das, was sich von ihm sagen läßt, ist daher wieder Ausdruck der Vermittlung zwischen dem Substanz- oder Wesenhaften am Organismus (die wir als V-Eigenschaften bezeichnen) und den beobachtbaren (oder erschließbaren) G-Eigenschaften, die uns zugänglich werden, wenn wir uns selbst in die Beobachter-Rolle versetzen. Diese Sicht, die zur „semiotischen" Ähnlichkeit besitzt (2.2), ist für ein Gebilde der A.L. unmöglich, weil bei diesem der Mensch immer außerhalb steht! Hier liegt ein Bereich vor, der dem N.L. ausschließlich zukommt.

3.2. Der Wahrhehmungs- und Teilnahme-Aspekt

Diese Ausschließlichkeit verdichtet sich, sobald wir von Beobachtung zu *Wahrneh-mung* weiterschreiten (Locker 1999a). Für die externe Beobachtung gilt besonders, daß sie sich (a) von ihrem Beobachtungs-Gut innerlich distanziert und paradoxer-weise dadurch in die Lage kommt, es zu beherrschen, indem sie ihre eigenen Vorstellungen auf dieses überträgt, wobei das Beobachtete seinen Eigenstand ver-liert. Vor allem aber gilt (b), daß sie am letzteren immer nur dessen G-Natur trifft, niemals aber seine V-Seite.

Im Umgang mit der Natur begegnet der Mensch Wesen, deren Lebendigkeit er unmittelbar erkennt; dies verdankt er jedoch nicht der Beobachtung, sondern jener grundlegenden Fähigkeit, die Goethe und in seiner Nachfolge der österreichische Denker Rudolf Kassner (1873-1959) „produktive Einbildungskraft" nennen. Eine solche muß allen natürlichen Lebewesen zukommen, wenn sie einander erkennen (Gen 2,23); die Beobachtung beruht demgegenüber allein auf Rationalität, die freilich für eine von ihrem Hersteller besorgte Kontrolle des künstlich erzeugten Organismus ausreichen würde.

Zuletzt (und zuerst) wird Leben durch *Teilnahme* an ihm (2.1) einsichtig, die jene Stufe des Verbundenseins vollendet, die durch Wahrnehmung eröffnet wird. Bei dieser findet nicht nur eine erotische Begegnung statt, die sich auf alles Wahr-genommene erstreckt (v. Gizycki 1981), sie stellt auch etwas zum Dialog zwischen den Lebewesen Ähnliches her, weshalb sich z.B. im Hinblick auf die vorwiegend optische Erfassung der Welt von „Dioptik"" (Locker 1983) sprechen läßt. Daß diese Weise von Lebensführung sich künstlich verwirklichen ließe, ist ebenso undenkbar wie die zum Leben gehörende Seite des Leidens (Locker 1999b), das, wieder paradox erfaßt, selber Heilkraft erschließt.

4. A.L. als „sekundäres" Leben

4.1. Organismus und Maschine

Selbstverständlich enthält der Organismus Teile, deren Bau und Leistung an eine Maschine[8] denken läßt, wo alles nach fixer, starrer, strenger Gesetzmäßigkeit abläuft und sozusagen die Cartesische Idee der „res extensa" vorherrscht, doch stellt der beim Lebewesen vorkommende Maschinencharakter nur einen Teilaspekt dar. Vergleicht man ein Gebilde dieser Art - und sei es so komplex wie ein Computer - mit dem Lebendigen selbst, so fällt auf, daß es (a) nicht selbständig (autonom) agiert, weil es (b) keine „Wesens"-Eigenschaften, d.h. keine Subjektivität und Substanzialität, besitzt. Schon allein vom Zweckgedanken her lässt sich der Unterschied zwischen beiden bestimmen: ersterer gehört „sich selbst" und bei ihm ist alles wechselseitig Zweck und Mittel; letztere ist „fremdbestimmt", ihre Zwecke werden ihr vom sie herstellenden Menschen vorgeschrieben. Sie ist Werkzeug für diesen und hat ein sekundäres, abhängiges Sein, das ein primäres und originäres Sein vorausgesetzt (Hartmann 1973).

Auch bezüglich der involvierten Seinsschichten ist die Unterscheidung von Maschine und Organismus dahingehend vorzunehmen, daß erstere nur *zwei* Seinsschichten berührt, nämlich (a) die der Naturvorgänge und (b) der menschlichen absichtsgeleiteten Tätigkeit, welche die vorgenannten zu einer bestimmten Funktion zwingt, aber den Zweck außerhalb des Lebewesens beläßt. Der Organismus umfaßt hingegen *drei* Seinsschichten, da er gerade (c) diese Zweck- oder Sinn-Schicht in sich enthält und sie mittels seiner (zu einer System-Gesetzlichkeit zusammengezogenen) Tätigkeiten verwirklicht (Polanyi 1968).

Nirgendwo lässt sich bei einer Maschine von echter *Leiblichkeit* (Locker 1983) sprechen. Wenn gar nur die „Form" - und nicht Gestalthaftigkeit, die das Wesen biologischer Gesetzlichkeit ausmacht (Meyer-Abich 1949) - als für das Leben entscheidend angesehen wird, ist dagegen zurecht zu monieren, daß hierbei die Rolle der „Materie" zu kurz kommt, denn beim Lebewesen sind beide innigst miteinander verschränkt (Emmeche 1992). Da jedoch der Organismus immer etwas Konkretes darstellt, genügt es nicht einmal, ihn bloß als Verbindung von „Form" und „Materie" anzusehen - indem wir hier immer noch G-Eigenschaften vor uns hätten -, muß er doch vielmehr als höchste Ausprägung von ‚V-Eigenschaften' als begrifflich und zugleich überbegriffliche Manifestation von Ganzheit und Gestalt (Locker 1996), angesprochen werden. Auch höchste Exaktheit der „Form" in Form einer Biomathematik reicht bei ihm nicht aus.

4.2. „Leben" auf dem Computer

Schon die Vorstellung, daß man Leben (etwa in Form „bioider" Organismen) produzieren könnte, die sich in Raum und Zeit wie echte Lebewesen verhalten, muß das erfahrungsmäßig Zugängliche am Leben ignorieren. Häufig kommt es dabei zum naiven Überspielen der sich zwischen *Simulation* und *Realisation* auftuenden

---

[8] Die Etymologie sagt hier schon alles; die idg. Wurzel davon ist *mach, d.h. machen.

Differenz (Locker 1989; Pattee (1973). Erstere kann freilich nur mit Verhalten oder Funktionen, also Partialansichten des Organismus, in Zusammenhang gebracht werden und bereitet hierfür keine prinzipiellen Schwierigkeiten. Für Realisierung müßte aber Sicherheit darüber bestehen, das Lebewesen nicht bloß äußerlich nachzuahmen, sondern auch seine „Innenseite" mitzubereiten, was man nur dann für durchgeführt halten könnte, wenn sich das artifizielle Gebilde wie ein echtes Lebewesen verhielte, also z.B. nicht bloß übliche Fluchtreaktionen bei Überschreiten eines kritischen Abstandes zeigte - deren simulatorische Nachbildung immer noch vorstellbar ist -, sondern eindeutig als subjektiv hervorgerufene Reaktionen, d.h. selbständige, deutlich Subjekt-Charakter erweisende und (vom Außen-Beobachter (3.1)) nicht erwartete, Äußerungen erkennen ließe.

Das selbst in der (halbwegs kritischen) A.L.-Forschung für diese Seite nicht beachtete Problem des *Transfers* (der Subjektivität oder der seelischen „Innenseite") (Locker 1989) wird allerdings von Vertretern der A.I.-Ideologie durch ein Gedankenexperiment für prinzipiell lösbar (oder gar schon gelöst) erklärt. So wird gemeint, daß die Erschaffung eines „neuen Menschen" - der sowieso nur ein Roboter ist (Simons 1986) - gelingen werde, wenn man seinen „Geist" durch eine Operation vom Gehirn auf einen Computer bringe (Fjermedal 1986). Dasselbe könnte man hirnverbrannt auch von der Erzeugung eines A.L. erwarten, wozu man in der Lage sein muß, das „Leben" einem Organismus zu entnehmen und es auf die Maschine - die vielleicht den Vorteil hat, nicht aus „wetware" zu bestehen und dadurch dauerhafter als ein wirkliches Lebewesen zu sein - operativ zu übertragen.

Ein Eingehen auf diese dezidiert zu lösende Problematik wird vermieden, wenn man sich damit begnügt, „Leben" auf dem Computer zu erzeugen. Einer neueren Zusammenstellung zu folgen (Emmeche 1994), mag hierzu genügen: In diversen Programmen, die lebensähnliche Eigenschaften „realisieren", d.h. auf dem Bildschirm simulieren, werden „Organismen" hergestellt, die sich in einem künstlichen Milieu bewegen und fortpflanzen können. Man kann sie mit Fug und Recht „virtuelle" Organismen nennen. Gewissen *Kriterien* für echte lebende Organismen mögen sie sogar genügen, wie einer Selbstreproduktion oder einer Selbstrepräsentation, in der das künstliche Lebewesen mit seiner Beschreibung koinzidiert (und sich dadurch von einer vom inneren Beobachter ausgehenden Selbstbeschreibung des echten Organismus (3.1) essentiell unterscheidet). Die künstlichen Gebilde zeigen auch eine gewisse Stabilität, aber bleiben bloß formal, völlig wesenlos und existieren nur in der Mensch-Maschine-Interaktion.

Ausgehend von einem auf diese Weise hergestellten „Tertiär"-Leben - wenn bei in 3D und in Echtzeit existierenden künstlichen Organismen von „Sekundär"-Leben gesprochen wird -, ließe sich sogar noch an ein „Quartär"-Leben denken, wenn auf dem realen Computer ein virtueller Computer simuliert wird, der das Existenz-Milieu für die Computer-Organismen erstellt (Emmeche 1994). Mehr als bloße Spielerei wird man hieraus wohl nicht erwarten können und keineswegs, wie es immer gerne gesagt wird, wird man durch diese „Experimente" Neues über das Leben lernen.

4.3. Grenzen einer A.L.-Forschung

Ganz allgemein ist von diesem „Computer"-Leben zu sagen, daß es zwar einen „Lebensraum" 2. oder 3. Ordnung erschließt, aber vor den Forderungen des eigentlichen Lebens nicht zu bestehen vermag: denn eine Beschreibung - exakter eine Vorschreibung oder ein Handlungs-Rezept für die Nachbildung - einer Sache stellt dieselbe natürlich noch nicht her, was an der computer-simulierten Wetterprognose am deutlichsten in die Augen fällt. Damit ist eine *Grenze* dieser Art des Zutritts zum Lebensphänomen vom Computer her aufgezeigt. Eine weitere zeigt sich immer dort, wo man glaubt, das Phänomen in seiner Fülle realisieren zu können, sobald man die materiellen Bedingungen dafür möglichst komplett und auch genug komplex bereitstellt. Man mißachtet dabei den Umstand, daß Leben nicht ein zufälliges „Epiphänomen" materieller Konstellationen ist, sondern ein wesensmäßiges, auf einem nicht natürlichen Weg unverwirklichbares „Ur-Uphänomen" (1.2) darstellt.

Aus diesem Grunde mag es für die A.L. -Forschung sinnvoll sein, zwischen unsinnigen und mehr oder minder vertretbaren Forschungsprojekten zu unterscheiden. Zu den ersteren kann die nur vordergründig plausible Vorstellung (Langton 1989) gezählt werden, daß vom *konkreten* Leben, das als kontingentes Phänomen dem Prozeß der Evolution entsprungen ist, ohne weiteres zu einem *abstrakten* Leben übergegangen werden könnte, das seinen Ursprung der Tätigkeit des Menschen verdankt. Auf diese Weise würde man über das kontingent verwirklichte Leben hinausgehen und jene nicht genützten Möglichkeiten aktualisieren, die sich anscheinend noch ungehoben in der Wirklichkeit vorfinden, weshalb die Leitidee hier lautet, vom Leben, wie es *ist,* zu dem weiter zu schreiten, wie es *sein sollte.*

Ein solches Ansinnen steht aber auf zwei Vorbedingungen, die bedacht werden sollten: 1. nimmt es hypothetisch an, daß die Wirklichkeit (die wohl von Realität, der Summe aller vom Menschen hergestellten Modelle, einschließlich der A.L.-Gebilde, nicht unterschieden wird) eine ungehemmte Potentialität für die, wenn auch bloß menschenmediierte, Hervorbringung lebendiger oder wenigstens „lebensähnlicher" Formen besitzt. 2. würde es aber - vielleicht ungewollt - auf das allgemein für erledigt erachtete Dogma der Biologie „Leben entsteht nur aus Leben" zurückkommen und damit philosophische Relevanz für das *Ursprungs-Problem* haben. Unabhängig davon, was auf dem natürlichen oder über den Menschen führenden Weg direkt oder indirekt gezeugt oder erzeugt werden kann, sei es N.L. oder A.L., ließe sich dieses Dogma dann gewissermaßen verifizieren. Durch Öffnung ansonsten feststellbarer Schranken würde sich damit ein unerwarteter Ausblick ergeben und von definitiven Grenzen zu sprechen wäre sonach übertrieben.

5. Schlussbemerkung

5.1. Doch sinnvolle Aufaben für eine A.L.-Forschung?

Einen weiteren Ausblick, wenngleich nicht ganz auf dieser Linie liegend, bieten uns einige für A.L.-Weiterführung vielleicht sinnvolle Projekte. Indem sich z.B. (a) zeigen läßt, daß Außen- und Innenbeobachtung beim lebenden System nicht gleichwertig sind, indem erstere eher Prozesse im Auge hat, letztere aber bewegungslose Formen, - was der Forderung nach einer „neuen Ontologie" (Kampis 1994) entspricht, die einerseits (zeitlose) Zustände und Eigenschaften, andererseits (zeitabhängige) Relationen und „Konfluenzen" (d.h. vorwiegendes Verschwimmen von Unterschieden) hervorhebt - und (b) diese plausible Erkenntnis doch auf rational ausgerichteten Untersuchungen beruht, würde die oben (1.1) gemachte scharfe Trennung zwischen Gebilden des N.L und des A.L. aufgeweicht. Daraus würde zu schließen sein, daß (in wohl definierten Bereichen) auch vom „sekundären" (oder weiter abgeleiteten) Leben her doch auf „primäres" sinnvoll zurückgeschlossen werden könnte.

Des weiteren verspricht die Heranziehung neuer Methoden im Verstehen organismischen Verhaltens, wie die vom schon genannten (2.2) Ch. S. Peirce inaugurierte „Abduktion" - eine Weise des Erkenntnisgewinns, die aus dem Resultat einer Untersuchung und einem generellen Satz eine Spezialisierung auffindet (z.B. aus der Kenntnis einer Wirkung und einer Hypothese auf die Ursache der Wirkung schließt) - , die dem Organismus ein autonomes Lösen von Problemen erlaubt, seine Herausführung aus der geläufigen Computer-Analogie.

Die ihm zugeschriebene (und vielleicht im A.L.-Zugang realisierbare) Fähigkeit wird, als Verbindung von Abduktion mit Emergenz (Auftreten neuer Eigenschaften), Enaktion (Kraftverleihung) genannt (Bourgine & Varela 1992); wie sie realisiert werden kann, wird sich zeigen müssen. Bei Erfolg könnten auch diese Ansätze als Brücke zwischen N.L. und A.L. fungieren.

5.2. Vermittelndes Schlußwort

So möge zwar mit dem Wort eines Kritikers der heutigen Wissenschaft (Chargaff 1980) geschlossen werden, der die Vermutung ausspricht, daß das A.L. immer künstlicher und damit immer weniger *Leben* darstellen wird, sich damit die beiden Disziplinen, die sich mit N.L. und A.L. befassen, immer mehr voneinander entfernen. Feststeht, daß es ein rein wissenschaftlichen Verständnis des Lebens nicht geben kann, denn das Bauen eines *Modells,* das vielfach als das einzige methodische Prinzip zugelassen wird - nach dem eine Sache verstanden ist, wenn man sie selber herstellen kann (Stachowiak 1973) - darf nie übersehen machen, daß man mit ihm immer nur einen Ausschnitt des Gegebenen erreicht, der durch besondere Annahmen bereits vorgeformt ist, niemals aber das Gegebene selbst. Nach dem Wort des großen Mannes sollten wir daher lernen, mit Unlösbarkeiten zu leben und die Anbetung der Natur dem Kampf gegen sie vorzuziehen.

Aber im Umgang mit ihr die rechte Einstellung zu finden, wird erst gelingen, wenn sich auch die A.L.-Forschung - im Vertrauen auf das bleibende N.L. - die Weite und Tiefe der sog. Transklassischen System-Theorie (Locker 1996b) zu Herzen nimmt. Diese scheut, der Vielfalt widersprüchlicher, ja paradoxer Erscheinungen der Welt entgegenkommend, nicht davor zurück, auch Poesie und Prophetie – damit „produktive Einbildungskraft" gegenüber unreflektierter Rationalität hochhaltend - in die Begegnung mit der lebendigen Wirklichkeit einzubeziehen. Ja, wenn Wahrheit nicht einfach zutage tritt, sondern (über

Verwirrung) errungen werden muß, oft auch nur im Unbestimmten verborgen bleibt, dann vermag der transklasssische Zugang zum Wirklichen weiter helfen. Da die mit ihm verbundene Theorie, ausgehend von der AST, eine noch weiterreichende Brücke schlägt, wird auf dem von ihr betretenen Weg die Erforschung der Natur auch in vollem Einklang mit der Natur gelingen.

Literatur

Atmanspacher, H. & G.J. Dalenoort (Eds.) (1994): Inside Versus Outside. Endo- and Exo Concepts of Observation and Knowledge in Physics, Philosophy and Cognitive Science. - Berlin/Heidelberg/NewYork: Springer.

Bedau, M.A. (1996): The Nature of Life. - In: Boden l.c.Nr.7, p.332-357.

Bertalanffy, L. v. (1932/1942): Theoretische Biologie, 2 Bde. - Berlin: Bornträger.

Bertalanffy, L. v. (1968): General System Theory. - NewYork: G.Braziller.

Bertalanffy, L. v. (1972): The Model of Open System: Beyond Molecular Biology. - In: Breck A.D., Yourgrau W. (Eds): Biology, History and Natural Philosophy. - NewYork/London: Plenum, p.17-30.

Bertalanffy, L. v., W. Beier & R. Laue (1977): Biophysik des Fließgleichgewichts. Braunschweig: Vieweg, Berlin: Akademie-Verl..

Boden, M. A. (Ed.) (1996): The Philosophy of Artificial Life. - Oxford/NewYork: Oxford Univ. Press.

Bourgine, P., Varela F.J. (1992): Towards a Practice of Autonomous Systems, in V.J.F., B.P. (Eds): Towards a Practice of Autonomous Systems. - Proceedings of the First European Conference on Artificial Life, MIT Pr.: Cambridge/Mass,. p.XI-XVII.

Chargaff, E. (1980): Versuch über das Lebendige, in: Ch.E.: Unbegreifliches Geheimnis. Wissenschaft als Kampf für und gegen die Natur. - Klett-Cotta, p.7-50.

Dienst, K. (1990): Leben, ibw-journal 28 (2) p.22-24.

Dreyfus, H.L., Dreyfus St.E. (1987): Künstliche Intelligenz. Von den Grenzen der Denkmaschine und dem Wert der Intuition. - Reinbek: Rowohlt.

Emmeche, C. (1992): Is Life as an Abstract Artificial Life Possible ? - In: Varela, Bourgine l.c. Nr.8, p.466-474.

Emmeche, C. (1994): Das lebende Spiel. Wie die Natur Formen erzeugt. -Reinbek: Rowohlt.

Emmeche, C. (1998): Defining Life as a Semiotic Phenomenon. - Cybern.& Human Knowing 5(1), p.3-17.

Fjermedal, G. (1986): The Tomorrow Makers. The Brave New World of the Living-Brain Machines. - New York: MacMillan.

Gizycki, H. v. (1981): Aus dem Entwurf einer erotischen Farbenlehre. - Scheidewege 11(2), 270-274.

Gräfrath, B. (1993): Reflexionen über „Künstliches Leben" - In: G.B.: Ketzer, Dilettanten und Genies. Grenzgänger der Philosophie, - Hamburg: Junius, 217-239.

Hartmann, O.J. (1973): Mensch, Maschine, Lebewesen. - Scheidewege 1(4), 533-544.

Jeuken, M. (1975): The Biological and Philosophical Definitions of Life. - Acta Biotheor. XXIV (1/2), 14-21.

Kampis, O. (1994): Biological Evolution as a Process Viewed Internally. - In: Atmanspacher/Dalenoort, l.c.Nr.1, 85-110.

Krings, H., Baumgartner H.M., Wild Chr. (1973): Handbuch philosophischer Grundbegriffe, 6 Bde. - München: Kösel.

Langton, Chr.G. (Ed.) (1989): Artificial Life. Proceedings of an Interdisciplinary Workshop on the Synthesis and Simulation of Living Systems (Santa Fe Inst. Stud. in the Sciences of Complexity Vol VI). - Redwood City/Calif: Addison-Wesley.

Locker A. (Ed.) (1973): Biogenesis-Evolution-Homeostasis. - Berlin/Heidelberg/ NewYork: Springer.

Locker, A. (1983): Leiblichkeit als Sakrament. - paderborner studien '83 (1/2), 40-45.

Locker, A. (1989): Is AI-Research Pretentiousness or Serious Scientific Work? - 5th Austrian AI-Meeting, Igls/Tirol, March 1989 (unveröffentlicht).

Locker, A. (1991): Kybernetik und Systemtheorie als metatheoretische Brücken zwischen Einzelwissenschaften und Philosophie. - In: v. Goldammer, E., H. Spranger & S. Fuchs (Hrsg): Kybernetik und Systemtheorie. Wissensgebiete der Zukunft? – Greven: Wessels, p. 23-43.

Locker, A. (1992): Systemtheoretische Aspekte von Selbstorganisation und Autologie. Vorstoß zu einer Theorie, in: Niegel W., Molzberger R. (Hrsg); Aspekte der Selbstorganisation. - Berlin/Heidelberg/NewYork: Springer; 153-169.

Locker, A. (1996): „Synologie" und „Chaologie" oder die widersprüchliche Einheit von Ganzheit, Gestalt und System. - In: Tichy G.E., H. Matis & F. Scheuch (Hrsg): Wege zur Ganzheit. Fs für J.Hanns Pichler zum 60.Geburtstag. Berlin: Duncker & Humblot, 71-101.

Locker, A. (1998): The Present Status of General System Theory, 25 Years after Ludwig von Bertalanffy's Decease. - In: Lasker O. (Ed.): Advances in Artificial Intelligence & Engineering Cyb. The Intern.Inst.f Advanced Stud. in Syst.Res.& Cybern.: Windsor/Ontario, Vol. IV, 8-16.

Locker, A. (1999a): A System-Theoretical Approach towards Perception (Beyond the Representionalist/Phenomenalist Controversy). - Vortrag März 1999, Tagung "Nature of Man", Europäische Akademie, Neuenahr (noch unveröffentlicht).

Locker, A. (1999b): Healing of Mankind's Predicaments by Means of Sufferings. A Paradoxical View, Based on Transclassical Systems-Theory, paper to be presented at the 3rd Intern.Yoko Civilization Conf., Tokyo, August 18-22, 1999.

Locker, A. (1999c): Der Ansatz Ludwig v. Bertalanffys zum Organismus-Konzept im Rahmen einer Transklassischen System-Theorie. - Vortrag Mai 1998 Tagung: „Das Organismuskonzept" (in Ausarbeitung).

Locker, A.& N.A.Coulter jr. (1977): A New Look at the Description and Prescription of Systems. - Behav. Sc. 22(3), 197-206.

Meyer-Abich, A. (1949): Biologische Gesetzlichkeit. - In: Das Problem der Gesetzlichkeit (hrsg. v.d. Joachim-Jungius.Ges.), Bd.2 Hamburg: R. Meiner, 73-116.

Nicolis, G., Prigogine 1. (1977): Self-Organization in Nonequilibrium Systems. From Dissipative Structures to Order through Fluctuations. – New York/ London/Sidney: Wiley:.

Pattee , H.H. (1973): Physical Problems of the Origin of Natural Controls. - In: Locker, A. (Ed.) l.c. Nr.23, p.41-49.

Pattee , H.R. (1989): Simulations, Realizations and Theories of Life. In: Langton lc.Nr.22, p.63-77.

Polanyi, M. (1968): Life's Irreducible Structure. - Science 160 p.1308-1312.

Prato, St. (1993): Künstliches Leben. – München: te-wi Vlg.

Rehmann-Sutter, Chr. (1993/94): Was ist ein Lebewesen ? Zur philosophischen Herausforderung durch die Molekularbiologie. - Scheidewege 27 (I), 142-159.

Schrödinger, E. (19982): Was ist Leben? Die lebende Zelle mit den Augen des Physikers betrachtet. – München: Piper.

Simon, J. (1973): Leben. - In: Krings/Baumgartner/Wild, l.c.Nr.21, Bd.3, p.844-859.

Simon, H.A. (1990): Die Wissenschaft vom Künstlichen. – Berlin: Kammerer & Unverzagt.

Simons, O. (1986): Is Man a Robot? - Chichester/NewYork: Wiley..

Spaemann, R. (1973): Natur. - In: Krings/Baumgartner/Wild, l.c.Nr.21, Bd.4, p 956-969.

Stachowiak, H. (1973): Allgemeine Modelltheorie. - Wien/NewYork: Springer.

Stachowiak, H. (1989): Erkenntnis als Semiose. - In: Weingartner P. & O. Schurz (Hrsg): Grundfragen von Philosophie und Kulturwissenschaft, 13. Intern. Wittgenstein-Symp., 14.-21. VIII. 1988, Hölder/Pichler/Tempsky: Wien, 228-235.

Abkürzungen

Im Text wurden häufig wiederkehrende Ausdrücke und Termini aus Ökonomiegründen abgekürzt. Die Abkürzungen haben generell folgende Bedeutungen:

A.L.:"Artificial Life"
AST: Allgemeine System-Theorie
G: Gegenstands-...
N.L.: "Natural Life"
V: Voraussetzungs-...

Zu den verwendeten Rechtschreibregeln:

Der Autor lehnt aus verschiedenen, hier nicht erörterten Gründen, in Übereinstimmung mit mehreren prominenten deutschen Zeitungs- und Buchverlagen die anläßlich der letzten Rechtschreibreform erlassenen Vorschriften ab. Sein Beitrag folgt dan bislang gültigen Rechtschreibregeln.

KÜNSTLICHES LEBEN, REDUKTIONSMUS, PHYSIKALISMUS: IRONISCHE WISSENSCHAFTEN?

Karl Edlinger

> *Leute nennen wir rasend, wenn sich die Ordnung ihrer Begriffe nicht mehr aus der Folge der Begebenheiten in unserer ordentlichen Welt bestimmen läßt. Deswegen ist gewiß eine sorgfältige Betrachtung der Natur oder auch die Mathematik das sicherste Mittel wider Raserei. Die Natur ist sozusagen das Laufseil, woran unsere Gedanken geführt werden, daß sie nicht ausschweifen.*

G. Ch. Lichtenberg, Aphorismen

Einleitung

Schon seit vielen Jahrhunderten tauchten im europäisch-abendländischen Kulturkreis immer wieder Spekulationen über die Machbarkeit und Erzeugbarkeit von Leben durch den Menschen auf. Im Mittelalter und in der frühen Neuzeit erfreute sich dieser Gedanke vor allem in hermetisch-alchimistischen Kreisen großer Beliebtheit. Als literarische Zeugnisse dafür mögen Meyrinks Erzählung vom Golem, Goethes Faust, in dem Famulus Wagner den Homunculus erzeugt und schließlich auch Mary Wollstonecraft-Shelleys Roman Frankenstein erwähnt sein.

In philosophisch-wissenschaftlichen Kreisen gewann der Gedanke der Vergleichbarkeit natürlichen Lebens mit menschlichen Erzeugnissen vor allem in der Aufklärungszeit zunehmend Gestalt und schlug sich schließlich auch in verschiedenen Automatentheorien nieder (Sutter 1988). Die tatsächliche Nachahmung von Lebensfunktionen allerdings blieb Utopie.

Mit der Entwicklung der experimentell ausgerichteten Naturwissenschaften, die zu einer radikalen eine Entzauberung der Welt (Löwith 1969) und gleichzeitig auch zu einem grenzenlosen Optimismus über mögliche technische Entwicklungen führte, begann dieser Gedanke auch in den Überlegungen ernstzunehmender moderner Naturwissenschaftler und Techniker eine gewichtige Rolle zu spielen. Man meinte z. B., verschiedene Körperfunktionen des Menschen technisch nachvollziehen zu können und dabei auch die ehedem scheinbar scharfen Grenzen zwischen den flexiblen lebenden Systemen und den als starr begriffenen Maschinen überwinden zu können. R. Wagner (1961) stellte fest, dass man die Anpassung der Skelett-Muskelkraft an äußere Gegebenheiten am besten mit den physikalisch-mathematischen Methoden der Regelung beschreiben könnte.

Die nun tatsächlich immer rasantere Entwicklung der Technik, vor allem das Aufkommen der mit der Etablierung der Kybernetik und Informatik verbundenen datenverarbeitenden Systeme, aus denen schließlich die modernen Rechner hervorgehen sollten, rückte sie schließlich in scheinbar greifbare Nähe.

So stellte der Kybernetiker Karl Steinbuch unmissverständlich fest, er hege die begründete Erwartung, dass geistig-mentale Prozesse in absehbarer Zeit von

„Maschi-nen" in ähnlicher Weise vollzogen werden könnten wie von Lebewesen, im Speziellen vom Menschen. Steinbuch (1969) schreibt dazu:

„Durch die Erkenntnisse der Kybernetik ergibt sich nunmehr eine ganz neue wissenschaftliche Situation zur Frage: Können geistige Prozesse objektiviert werden? Können Denkakte in technischen Systemen ablaufen? Können sich in Artefakten psychische Vorgänge abspielen? Die heutige wissenschaftliche Situation erlaubt es, hierzu konkrete Aussagen zu machen, die noch vor einer Generation unbekannt waren.
Ich möchte versuchen, im folgenden einige Gründe darzulegen, weshalb ich vermute, dass geistige Vorgänge auch in technischen Systemen verwirklicht werden können. Ich möchte zugestehen, dass diese Argumente anfechtbar sind. Wenn ich mich trotzdem zu ihnen bekenne, so deshalb, weil für die gegenteilige Auffassung m. E. kaum Argumente außer dem geistigen Beharrungsvermögen sprechen. Der wissenschaftliche Fortschritt setzt jedoch voraus, dass man bereit ist, alles und jedes in Frage zu stellen." (s. 375).

Diesen Optimismus dehnt Steinbuch (1971) auf Bewusstseinsfunktionen aus:

„Jedes subjektive Erlebnis entspricht einer physikalisch beschreibbaren Situation des Organismus, vor allem des Nervensystems, z.T. auch der humoral usw. wirkenden Organe. Hierbei ist es irrelevant, daß die Gesetzmäßigkeit der Zuordnung zwischen Bewußtseinsinhalt und physikalischer Situation im Augenblick meist noch unbekannt ist[...]Eine zwangsläufige Konsequenz der obigen Vermutung ist die Annahme, daß künstlich aufgebaute technische Systeme ein Bewußtsein haben können." (s. 207).

Bei Steinbuch handelte es sich allerdings noch um einen vor allem technisch, an Aufbau und Funktion von Apparaten orientierten Kybernetiker, der sich vor allem mit Problemen der (damals noch nicht allgemein so bezeichneten) „Hardware", also mit den apparativen Aspekten von Rechnern im weitesten Sinne befasste. Auch seine Vergleiche mit lebenden Organismen, die er sehr häufig zog, (Steinbuch 1971), stellten diesen Gesichtspunkt in den Vordergrund. So etwa bei der Darstellung von Lernmatrizen, verschiedenen Regelkreisen u.v.a.m.
Steinbuch wurde so zu einem Vorläufer der „Künstlichen Intelligenz". Bei dieser handelt es sich allerdings bis heute um ein technisch bestimmtes und daher auch technischen und damit auch naturwissenschaftlich fassbaren Zwängen unterworfenes Unternehmen. Eine gängige Definition der Künstlichen Intelligenz betont dies ausdrücklich:

„Künstliche Intelligenz, Abk. KI, engl. Artificial intelligence [......] Abk. AI, auch maschinelle Intelligenz genannt, Bez. für gewisse Methoden und Verfahren der prakt. Informatik (Wissensverarbeitung, wissensbasierte Systeme) und der Kognitionswissenschaften (kognitive Psychologie, kognitive Linguistik u. a.) mit unterschiedl. Zielsetzungen, von denen die maschinell-komputationale Nachbildung für den Menschen typ. Fähigkeiten, bes. solcher der menschl. Intelligenz, auch unter dem Aspekt der völligen Ersetzung des Menschen durch die Maschine, die am weitesten gehende ist; in diesem Sinne ist die KI auch Programm."[1]

Der angesprochene technische Aspekt, der auch wissenschaftliche Stringenz impliziert, setzte sich bis in die Gegenwart fort. Noch in dem Kultbuch von R. Kurzweil (2000) und in einem spektakulären Interview mit Gerhard Vollmer und Gerhard

---

[1] Brockhaus Enzyklopädie, 1990, Bd. 12 F. A. Brockhaus Mannheim, S. 612.

101

Roth spielte er eine prominente Rolle.[2] Zunehmend aber sollte ein anderer Aspekt an Bedeutung gewinnen: Durch die geradezu explosionsartige Entwicklung auf dem Computersektor trat eine immer stärkere Differenzierung zwischen Technikern im herkömmlichen Sinne auf der einen Seite, den Entwicklern und Anwendern der „Software" auf der anderen ein. Die Software trat in den Vordergrund des Interesses und begann auch überall dort, wo durch Vergleich Beziehungen zwischen lebenden Organismen und Schöpfungen der Computerwissenschaften hergestellt wurden, in den Vordergrund.

Lebende Organismen und ihre Aktionen wurden also nicht mehr mit der technisch-apparativen Basis von Rechnern verglichen, schon gar nicht mehr mit anderen Steuerungsmechanismen, womöglich einfacher Beschaffenheit, sondern zunehmend mit den virtuellen Erzeugnissen durchaus kompetenten Programmierens.

Das, was metaphorisch als künstliche Gehirne und künstliche Intelligenz bezeichnet wurde, bildete also die technisch mit einer gewissen Strenge beschreibbare Basis für Verrechnungs- und Verarbeitungsprozesse, die den Beschränkungen ihrer apparativen Grundlage nicht mehr unterworfen waren. Technisch-physikalischen Grundmechanismen konnten in ihrer Struktur variable und, da von menschlichem Willen bestimmt, fast unbegrenzt beliebige Inhalte aufgesattelt werden.

Künstliches Leben

Gerade auf dieser Grundlage etablierte sich aber in den letzten Jahren unter der Bezeichnung „Künstliches Leben", Artificial Life, eine Bewegung, deren Vertreter versuchen, über die schon lange bekannten Simulationsmodelle von Lebensprozessen hinauszugehen und Leben, was immer darunter verstanden wird, neu zu kreieren. Dies allerdings nicht im Labor, wie frühere Utopien nahe legten, sondern im Computer. Damit ergaben sich im Vergleich zu den Apparatevergleichen Steinbuchs und anderer ungeahnte neue Möglichkeiten. Doch im Unterschied zu den ersteren, bei denen die physikalischen und technischen Grundlagen des Vergleichs präzise angegeben werden mussten, und die dadurch naturwissenschaftlich stringent waren, sollte die wissenschaftliche Seriosität vieler dieser neuen, am Computer entworfenen Modelle nicht von vorne herein feststehen. Prüfstein für sie wäre die Nähe zu natürlichen Lebensprozessen und vor allem die Möglichkeit einer sprachlichen Erfassung in der Terminologie einer seriösen biologischen Wissenschaft. Ob diese Voraussetzungen gegeben sind, soll untersucht werden.

Artificial Life ist durch den Anspruch charakterisiert, Leben neu, wenn auch weitgehend auf anderer Basis und mit anderer Strukturierung zu schaffen als das vorfindbare natürliche Leben. Den Erkenntniswert solcher Versuche drückt Ch. Langton so aus:

„Das Künstliche Leben wird uns viele neue Erkenntnisse auf dem Gebiet der Biologie, verschaffen - die uns die Erforschung der natürlichen Produkte der Biologie allein nicht

---

[2] „Es geht ans Eingemachte", Interview mit G. Vollmer und G. Roth von Reinhard Breuer und Carsten Könnecker. Spektrum der Wissenschaft Oktober 10/2000, S. 72-75.

verschaffen - die uns die Erforschung der natürlichen Produkte der Biologie allein nicht verschaffen würden-, doch das Künstliche Leben wird letzten Endes über die Biologie hinaus in ein Gebiet vorstoßen, für das wir heute noch keinen Namen besitzen, das aber unsere Kultur und Technologie in einer erweiterten Sicht der Natur einschließen muß. Ich will kein rosarotes Bild der Zukunft des Künstlichen Lebens malen Es wird nicht all unsere Probleme lösen. Es mag sogar durchaus neue Probleme schaffen. [...] Vielleicht läßt sich dieser Punkt an einfachsten mit dem Hinweis verdeutlichen, daß Mary Shelley prophetischer Roman *Frankenstein* nicht länger als Science-fiction betrachtet werden kann."[3]

Die Beziehung zur Biologie umreißt Langton (1998) folgendermaßen:

„However as was the case with synthetic chemistry, we need not restrict ourselves to attempting merely to recreate biological phenomena that originally occurred naturally. We have the entire space of possible biological structures and processes to explore, including those tat never did evolve here on earth. Thus, Artificial Life need not merely attempt to recreate nature as it is, but is free to explore nature as it could have been-as it could still be if we realize artificially what did not occur naturally. Of course, we must constantly be aware of which of our endeavors are relevant to biology, and which break ground that is ultimately outside of the domain of biological relevancy. However, much of the latter will be of interest on its own right, regardless of whether or not it teaches us anything about biology as it is understood today. Artificial Life will teach Us much about biology-much tat we could not have learned by studying the natural products of biology alone-but Artificial Life will ultimately reach beyond biology, into a realm that we do not yet have a name for, hut which must include culture and our technology in an extended view of nature." (s. X)

Ähnlich äußert sich dazu Tom Ray, Biologe und prominenter Vertreter des Künstlichen Lebens:

„Künstliches Leben (AL) erweitert den Bereich der Biologie, indem es uns das Studium lebendiger Formen ermöglicht, die anders als jene sind, die natürlicherweise auf der Erde vorkommen. In diesem Sinn steht Al im selben Verhältnis zur Biologie wie die synthetische Chemie zur Chemie. Einige der wichtigsten Fortschritte im AL wurden im Feld der synthetischen Evolution innerhalb von Computer geleistet. Ein großer Trend war die Bewegung in Richtung von Systemen, die sich frei innerhalb des digitalen Mediums entwickeln, ähnlich wie die Evolution durch natürliche Selektion im Kohlenstoffmedium, die Leben auf der Erde entstehen ließ. Das primäre Ziel dieser Arbeit ist die Auslösung einer digitalen Evolution, um im digitalen Medium eine Komplexität zu erzeugen, die in ihrem Umfang mit der des organischen Lebens vergleichbar ist."[4]

Noch radikaler folgende These von Ray:

„Der relativ neue Bereich des "Künstlichen Lebens" (AL) erforscht die Möglichkeiten, unabhängige Varianten des Lebens oder des Lebensprozesses zu schaffen. AL versteht das Leben durch dessen Erschaffung und nicht, indem es dieses zerlegt. Es ist eher ein synthetischer als ein reduktionistischer oder analytischer Ansatz."

---

[3] Zit. aus Horgan 1997.
[4] Tom Ray, Webseite http://www.ctmagazin.de/tp/deutsch/special/bio/2158/1.html, 2. 8. 1997.

Trotz dieses Anspruchs, der auch als Zugeständnis gewertet werden kann, dass mit dem Begriff „Künstlichen Leben" eben doch etwas signifikant Anderes bezeichnet wird, als Leben schlechthin, oder, begrifflich weniger verfänglich, Organismen, muss die Frage aufgeworfen werden, woher die Berechtigung abgeleitet wird, die Gebilde, die in der virtuellen „Welt" der Digitaltechnik vorgeführt werden, in den Rang von Organismen zu erheben. Ray ist die Problematik durchaus bewusst, wenn er schreibt:

„Normalerweise wird die Definition von Leben über den Text einer Reihe von Merkmalen begründet. Das Problem entsteht aus der fehlenden Übereinstimmung, was zu dieser Liste gehört. Die Fähigkeiten der Replikation, der Evolution, des Metabolismus, der Reaktion auf Stimuli und der Reparatur von Schäden befinden sich als Merkmale auf vielen Listen. Die meisten Beispiele des "Künstlichen Lebens" werden an jedem derartigen Test scheitern, wenn die Merkmalsliste nicht sehr kurz ist[...] Der Forscher ist ganz allgemein an jedem Aspekt des Lebens wie Evolution, Intelligenz, Sprache, soziales Verhalten, Entwicklung etc. interessiert. Er baut dann ein System, das, wenn es erfolgreich ist, Merkmale des Lebens in seinem Interessengebiet zeigt. Aber das System kann keines oder nur wenige der anderen Merkmale des Lebens besitzen. So werden sie in gewisser Weise zu entkörperten Beispielen des Lebens."

Diese „Entkörperung" wird wenige Zeilen weiter auch präziser ausgeführt:

„In der extremsten Form werden die Bestandteile einer AL-Softwaresynthese als eigenständige Objekte und nicht als Symbole für etwas anderes untersucht. Weil sie digital sind und aus Bits und Bytes bestehen, sind die Biologen, die gewöhnt sind, Leben nur als kohlenstoffbasiert zu denken, daran nicht immanent interessiert. Falls die Bits jedoch in einem Computer Lebensprozesse zeigen, sollten sie zum Gebiet der Biologie gerechnet werden."[5]

Wenn nun Bits und Bytes Lebensprozesse zeigen sollen, wirft dies die Frage auf, wodurch sich diese „lebenden" Bits und Bytes von den nichtlebenden etwa eines Buchhaltungsprogramms unterscheiden. Die Antwort folgt auf dem Fuß:

„Der AL-Forscher versteht den Computer nicht als Werkzeug zur Modellierung des organischen Lebens, sondern als eine Umgebung, die von nicht kohlenstoffbasierten Leben bewohnt werden kann. Die AL-Forschung besteht darin, diese Umgebung mit Lebensformen zu impfen und das System so zu pflegen, dass in ihm immer reichhaltigere digitale Lebensformen entstehen können."[6]

Mit dieser Feststellung ist, sicher nicht mit Absicht, das Problem des Kontextes angesprochen, die Frage, unter welchen Umständen bestimmte Gegenstände oder Prozesse eine ganz spezifische Deutung, Funktion und Bestimmung erhalten und unter welchen Umständen das Attribut „lebendig" vergeben werden kann. Whiteheads (1988) Beispiel vom Elektron, das für sich zwar immer ein Elektron ist und bleibt, doch je nachdem, in welcher Umgebung es gerade existiert, ob in einem lebenden Organismen oder anderswo, sehr unterschiedliche Funktionen und damit

---

[5] ebd.
[6] ebd.

Bedeutungen erlangt, kann hier auf die Informationseinheiten bzw. ihre digitalen Pendants übertragen werden. Im Klartext: Unter welchen Umständen sind bestimmte Einheiten, seien sie materiell oder (wenn auch auf den materiellen Strukturen der sog. Hardware gespeichert) digital-virtuell, als lebendig anzusprechen? Die Antwort kann hier nur lauten: Wenn sie integrale Teile einer lebenden „Ganzheit", eines Organismus sind.

Der Reduktionismus

In einem Vergleich von fünf Begründungen ein und des selben Vorgangs, dem Sprung eines vor einer Schlange flüchtenden Froschs in Wasser, die auf verschiedenen Komplexitätsebene erfolgen. Ein Physiologe begründet des Sprung mit durch das Netzhautbild der Schlange entstehenden Nervensignalen und der durch diese Nervensignale stimulierten Kontraktion von Muskeln. Ein Ethologe begründet den Sprung schlicht mit dem Sehen der Schlange und seinem Willen zur Flucht. Ein anderer Biologe begründet den Sprung mit der Ontogenese des Froschs, während der Muskeln und Nerven so organisiert („verkabelt") wurden, dass sich sein Sprung in der Situation quasi von selbst ergibt. Der Evolutionsforscher schließlich führt den Sprung auf stammesgeschichtliche Anpassung zurück, während ihn ein Biochemiker schlicht mit den Eigenschaften der Muskeln, hier mit den Funktionen von Aktin und Myosin erklärt. Dieser Ansatz ist eindeutig reduktionistisch.

Seine Problematik liegt hier nicht etwa in fehlender Exaktheit der Beobachtung und Beschreibung, sondern im konsequenten Übersehen des organismischen Kontextes, in dem die reduktionistisch beschriebenen chemischen und neuronalen Prozesse ablaufen. Solche Beschreibungen, die im Wissenschaftsbetrieb den Regelfall darstellen, führen aber völlig konsequent zur Verwechslung basaler Prozesse mit dem Ganzen des Organismus selbst.

Dass damit zahlreiche neue Probleme entstehen, liegt an der Entwicklung und Situation der biologischen Wissenschaften, vor allem an der Tatsache, dass die Biologie des universitären Normalbetriebs keinen Organismusbegriff anbietet und anbieten kann, der für die Komplexität der Lebenserscheinungen eine annähernd akzeptablen Rahmen bietet und andererseits mit naturwissenschaftlicher Unabweisbarkeit überzeugt.

Folgerichtig ist auch bei den Ansätzen für Künstliches Leben kein Organismusmodell auffindbar, auf dessen Grundlage die Diskussion über die von manchen Autoren behauptete Lebendigkeit ihrer Erzeugnisse möglich wäre. Denn wenn auch behauptet wird, Künstliches Leben repräsentiere wenigstens auf seiner materiellen Basis etwas substanziell anderes als das natürliche, so fällt doch eine starke Ähnlichkeit zu herkömmlichen Simulationsmodellen und -programmen auf, die von Physikern und Mathematikern entwickelt wurden und vor allem die Entstehung von komplexen Phänomenen und deren teils eigenständige Weiterentwicklung demonstrieren sollen. Bonabeau & Theraulaz (1998) betonen nun gerade den reduktionistischen Charakter des Künstlichen Lebens, wenn sie schreiben:

"…. it is clear tat AL, although synthetic, is 100% reductionist. It is often believed that reductionism goes together with analysis: The sciences of complex Systems in general, and AL in particular, offer beautiful counterexamples. Hence, being reductionist is not necessarily a bad thing! The reductionist nature of AL manifests itself in combination with its synthetic nature under some peculiar forms we shall describe.
Artificial life's synthetic exploration procedure is partly motivated by the reductionist hope tat simple (most offen formal) elements in interactions will generate a sufficient richness of behaviors peculiar to life. Yet, as was pointed out in papers warning against computational reductionism [see, e.g., 7,8], one may miss important phenomena because some external variables or conditions, accidental from the point of view of the model (i.e., not taken into consideration by the model), may turn out to be crucial to the generation of behaviors constituting the essence of life…." (s. 309).

In reduktionistischen Modellen wird die geringe Zahl von Ausgangselementen und Regeln die Sicht der den Lebenserscheinungen analogen fiktiven Strukturen und Prozesse bzw. was in ihrem Kontext darunter verstanden wird, auf wenige Aspekte oder einen fokussiert. Dadurch gerät aber die schier unerschöpfliche Vielfalt der Lebenserscheinungen der „realen Organismen" und der ihnen zugrundeliegenden Strukturen und Prozesse aus dem Blickfeld. Es ergibt sich ein oft fast zur Unkenntlichkeit reduziertes Bild des Lebens bzw. der Organismen. Einmal etabliert und akzeptiert, werden diese Bilder entweder für sich ausgebaut wie im Falle des molekularbiologischen Reduktionismus (s. Edlinger im selben Band!), mit natürlichen Prozessen, die aus der Physik oder der Chemie bekannt sind, oder mit experimentell erzeugten Abläufen, meistens der Entstehung von bestimmten Mustern und genau definierten Rahmenbedingungen.

Man ignoriert, dass ihre Gleichsetzung mit lebenden Prozessen oder Strukturen ist nur unter Absehen von zahlreichen indispensablen Eigenschaften lebender Organismen möglich ist. Dennoch, und gerade wegen ihrer meist relativ wenigen Grundvoraussetzungen werden reduktionistische Darstellungsweise und Metapher Bestandteil der Lebenswissenschaften und dienen ihnen angesichts gravierender organismustheoretischer Defizite in der Biologie als theoretische Unterfütterung.

Den daraus resultierenden Mangel an wissenschaftlicher Stringenz führt Ray ungewollt am Beispiel von AI-Modellen vor, wenn er ein Programm näher be-schreibt, das durch einen anderen Wissenschaftler ausgearbeitet wurde:

„Larry Yaeger installierte ein auf genetischen Algorithmen basierendes System mit dem Programm "PolyWorld", das sich frei durch natürliche Selektion evolutionär entwickelte. Der GA legte die Eigenschaften der "Organismen" fest, die auf einer simulierten flachen Oberfläche leben, auf der sich Barrieren befinden können. Auch "Nahrung" wird auf der Oberfläche verteilt.
Die Organismen besaßen bunte polygonale Körper, visuelle Systeme und neuronale Netze, die an ihren Synapsen durch den Hebbschen Mechanismus lernten. Der Output der neurona-len Netze determiniert das Verhalten der Organismen durch vorneweg spezifizierte Neuronen völlig, deren Output die Aktivierung von sieben Verhaltensweisen festlegten: Fressen, Paaren, Kämpfen, Bewegung, Drehen, Aufmerksamkeit und Leuchten. Alle Verhal-tensweisen, einschließlich der Aktivität des neuronalen Netzes, verbrauchen Energie, die durch Nahrungsaufnahme wieder aufgefüllt werden kann.

106

Der GA-Bitstrang definiert die strukturellen und einige funktionellen Eigenschaften der Organismen durch Werte für Größe, Stärke, maximale Geschwindigkeit, den grünen Farbwert, die Mutationsrate, die Lebensspanne, die zur Reproduktion nötige Energiegröße und elf Eigenschaften der neuronalen Netze. "PolyWorld" kann zu Beginn mit zufällig generierten Genomen geimpft werden. Manchmal können diese sich nicht effektiv reproduzieren. Dann stirbt die Welt. Manchmal etablieren sich stabile Populationen, und es entsteht eine Vielfalt von Verhaltensweisen und Ökologien."

Wenn Christopher Langton[7] meint,

„...die meisten Wissenschaftler seit Newton hätten Systeme erforscht, die sich durch Stabilität, Periodizität und Gleichgewicht ausgezeichnet hätten, doch er und andere Forscher am Santa Fe Institute wollten die »Übergangsregime« erkunden, die zahlreichen biologischen Erscheinungen zugrunde lägen. Denn, so sagte er, »sobald ein lebender Organismus den Gleichgewichtspunkt erreicht, ist er tot«."

dann bewegt er sich in den traditionellen Denkschienen der Thermodynamik und jener physikalistischen Ansätze, die auch die theoretische Biologie derzeit sehr stark prägen. Diese Entwicklung wurde bereits durch Gutmann & Weingarten (1987) und Edlinger (2000) kritisch beleuchtet. Gutmann und Weingarten schreiben:

„Nimmt man die aufgezeigten höchst einfachen, aber physikalisch unabweisbaren Prinzipien der lebenden Organisation ernst, so zeigt sich die Überzogenheit der Postulate von Synergetik und Thermodynamik der offenen Systeme. Die Begrifflichkeit der Selbstorganisation in Synergetik und der Thermodynamik der offenen Systeme steht nur für einen ideologischen Anspruch, der auf einer neuen Ebene der Argumentation die Biologen in die Physik eingemeinden möchte; wir begegnen dem Physikalismus, der auch den Reduktionismus bestimmt hatte, in einer neuen Drapierung."(s. 232)

Da aber der Biologie, in ihrer dominierenden, darwinistisch geprägten Form ein eigenes organismustheoretisches Gerüst abgeht, kann sie den kritisierten „Eingemeindungsversuchen" keinen Widerstand entgegensetzen. Gutmann und Weingarten:

„Die heute mit Selbstorganisations-Beschwörungen daherkommenden physikalistischen Theorien können jedoch deswegen so weit Boden gewinnen und von Biologen ernst genommen werden, weil im Bereich der Biologie, die sich mit der Organisation beschäftigt, enorme theoretische Defekte bestehen." (s. 233).

Als Ausweg wird eine Neuorientierung vorgeschlagen, die in der Organismischen Konstruktionslehre vorgezeichnet ist:

„Erst eine Biologie, die ihre Objekte, die Organismen als Konstruktionen und Energiewandler nach eigenen, gegenstandsadäquaten physikalischen Prinzipien beschreibt, kann sich selbst behaupten, den physikalistischen Übergriffen Widerstand leisten und so ihren Gegenstandsbereich selbständig eingrenzen. Eine solche Biologie ruft die Hilfe der Physik und deren Erklärungsmechanismen nach biologischen Gesichtspunkten ab, läßt sich aber

---

[7] Zitiert aus einem Interview mit J. Horgan (1997).

von der Physik nicht bevormunden, auch nicht von der Synergetik oder der Thermodynamik offener Systeme." (s. 233).

Die Biologie modernen Zuschnitts ist reduktionistisch und bezieht einen Großteil ihrer meist wenig befriedigenden organismustheoretischen Unterfütterung, soferne von einer solchen überhaupt die Rede sein kann, aus biologiefremden Disziplinen. Sie beschränkt Organismen auf wenige Aspekte, die oft sogar in falschem Kontext gesehen werden (s. auch Edlinger im selben Band). Dieses Problem hat eine lange Vorgeschichte.

Schon in der Renaissancezeit gab es, vor allem um den Iatromechaniker Borelli und in weiterer Folge viele andere Versuche, Eigenheiten lebender Organismen, etwa den Bau und die Funktionsweise des Bewegungsapparats, durch Vergleiche mit Maschinen zu begründen. Diese Versuche und Modellbildungen wurden mit fortschreitendem Erfolg sowohl der Biologie, als auch der Physik, Chemie und Technik immer differenzierter und weiter ausgefeilt (Sutter 1988).

Auch wo nicht direkt der Vergleich mit Maschinen hergestellt wurde, entstanden z. T. Organismusmodelle und -theorien, die von sehr komplexen Ganzheiten ausgingen, in die sehr viele verschiedene Aspekte und Organisationsebenen integriert werden konnten. Diese Ansätze, für die Namen wie Cuvier, Goeffroy de Saint Hilaire, Wilhelm Roux oder des Vitalisten Hans Driesch stehen, und die eher eine kontinentale europäische Tradition verkörpern, befinden sich allerdings in krassem Gegensatz zu einer Tendenz, die mit der Etablierung der Darwin/Wallaceschen Evolutionstheorie Platz zu greifen begann und die durch eine allmähliche Auflösung des Organismus in Merkmalsaggregate bzw. aus Einzelteilen zusammengesetzte Systeme (Edlinger 2000) gekennzeichnet sind. Diese durch Darwin und Wallace initiierte Entwicklung wurde durch die Entwicklung der Keimplasma- und Keimbahntheorie von August Weisemann sowie durch die Etablierung der modernen Genetik auf der Basis der Arbeiten v. a. von T. H. Morgan (Mayr 1984) verstärkt. Die Entwicklung legte den Grundstein zu einer neuen Sicht der Biologie und der Organismen (soweit sie als solche im Diskurs noch eine Rolle spielten).

Das Kürzel Reduktionismus bezeichnet also den Versuch, komplexe Erscheinungen, die in ihrer Gesamtheit mit den Methoden herkömmlicher empirischer Wissenschaft nicht mehr ausreichend erfassbar sind, auf für grundlegend erachtete Teilphänomene zurückzuführen bzw. durch sie zu begründen.

Der Reduktionismus in der Biologie hat eine lange Entwicklungsgeschichte. Im Grunde tritt er in seinen ersten Vorstufen mit der Etablierung einer materialistischen Sicht der Lebensprozesse auf, die schon früh, im 19. Jahrhundert und vor allem im 20., mit der allmählichen Erforschung des Stoffwechsels und der chemischen Aspekte der Vererbung die Frage einer Einordnung des wachsenden Faktenwissens in einen konsistenten theoretischen Rahmen aufwarf.

Es kann vermutet werden, dass bestimmte platonische oder platonisierende Denkweisen bei dem Versuch Pate standen, die essenziellen Bestandteile des Lebens schlechthin namhaft zu machen. Wesentlichen Anteil an dieser Entwicklung sollte schließlich die Keimbahntheorie August Weismanns und in ihrem Gefolge die Fokussierung der Molekularbiologie und molekularbiologischen Genetik auf die Chemie der Erbsubstanz haben. Diese führte zu einer Denkweise, die durch eine weitgehende Vernachlässigung des Kontexts geprägt war, innerhalb dessen genetische Prozesse erst ablaufen können und möglich werden. Letztlich verschwanden damit die zugegeben komplexen lebenden Organismen aus dem Blickfeld der Biologen und Biotheoretiker.

Im Zusammenspiel mit der seit mehr als einem Jahrhundert wohletablierten darwinistischen Evolutionstheorie, die Organismen ebenfalls nicht als komplexe Entitäten, sondern als Arrangements von Merkmalen betrachtet, ergab dies schließlich eine theoretische Basis, auf der man glaubte, den immer wieder rätselhaften *Phänotyp* (den Organismus in seiner sichtbaren und erforschbaren, von zahlreichen verschiedenen Aspekten geprägten Erscheinungsform) irgendwann zugunsten des Genotyps, einer irgendwann vollständigen genetischen Konstitution ignorieren zu können.

Diese Situation geht letztlich bis auf Darwin zurück, dessen spezielle Form der Evolutionstheorie, heute im biologischen Normalbetrieb noch immer nahe zu unangefochten dominierend, nur auf nach einer weitgehenden Demontage des Organismus als Ganzheit und seiner Ersetzung durch Merkmalsarrangements etabliert werden konnte. Julius Schaxel (1922) charakterisiert diese spezielle Situation folgendermaßen:

„Es entspricht DARWINS traditionsloser und aphilosophischer Unbekümmertheit, daß er die begrifflichen und geschichtlichen Grundlagen der organischen Art außer Betracht läßt. Für ihn ist der Organismus nur mehr die Summe seiner Merkmale, das Aggregat der Eigenschaften. Was Erkennungszeichen zu klassifikatorischen Zwecken gewesen ist, wird zum Dinge selbst und von seinem Wesen ist nicht mehr die Rede. Diese gewaltige Wandlung der grundlegenden Auffassung, die sich unbemerkt vollzogen hat, behält ihre Wirkung bis in die heutige Biologie[...]Der Organismus ist ein Aggregat gehäufter Anpassungen[...]An die Stelle der Konstanz der Spezies ist der fluktuierende Komplex getreten. Auf Einzelheiten ist der Blick gelenkt: auf einzelne Eigenschaften, die auf ihren Selektionswert angesehen, auf einzelne Individuen, deren Anpassungscharaktere erwogen werden. In Einzelereignisse ist die organische Welt aufgelöst wie die anorganische." (s. 12f.)

Die Entwicklung eines solche schon früh angelegten und in der neodarwinistischen Synthetischen Theorie weiter ausgebauten Reduktionismus kulminierte schließlich in einigen zeitgenössischen Ansätzen, die den „Genen" die einzige prominente Position im Leben zuwiesen und, wie etwa bei Dawkins (1974, 1996a,b) die Organismen nur mehr als Vehikel zur Erhaltung und Vermehrung von Genen betrachteten. Eine Abbildung in Dawkins (1996b) letztem Buch wird die Evolution sogar als Strom von Genen ohne „umgebenden Organismus" dargestellt. Letztlich kann eine derart verkürzte Sicht auch bei Daniel Dennett (1995) beobachtet werden, nur dass Dennett seine extrem darwinistische Sicht universeller fasst als Dawkins.

Dass die Hoffnung gerade jetzt im Zuge der erfolgten Analyse des menschlichen Genoms (eigentlich eines bestimmten menschlichen Genoms) zu der enttäuschenden Einsicht führte, dass damit von einer Entschlüsselung, wie es enthusiastisch von vielen Stellen verkündet wurde, keine Rede sei, und dass nun, nach diesem Resultat mit dem Genom auch das sog. Proteom[8] (die Ausstattung mit Proteinen, deren Funktionen und Zusammenspiel) als Forschungsobjekt ansteht, soll zum besseren Verständnis der folgenden Ausführungen erwähnt werden (s. auch Edlinger im selben Band).

Die Tatsache, dass die molekulare Genetik und der von Rose (2000) so bezeichnete Ultradarwinismus für sich allein also nicht imstande sind, schlüssige Erklärungen für die zahlreichen Eigenschaften und Aspekte lebender Organismen wie etwa Formbildung und Entwicklung zu geben, wurde zwar von Theoretikern wie Dawkins übersehen oder von solchen wie Dennet mit einem wenig begründeten, auf einer universellen Wirkung darwinistischer Anpassung basierenden Optimismus wegdiskutiert, bei anderen Autoren findet sich aber durchaus die Einsicht, dass bei der Lösung solcher Probleme offenbar noch andere Mechanismen eine gewichtige Rolle spielen dürften.

Erwin Schrödinger

Diese wurden aber, wie die letzten Jahrzehnte zeigten, in der Mehrzahl von Nichtbiologen, vor allem von Physikern, Mathematikern und Vertretern so exotischer Disziplinen wie der Chaosforschung in die Debatte eingebracht. Als einer der wichtigsten geistigen Ahnherren und Katalysatoren dieser Entwicklung kann Erwin Schrödinger gelten. Er beschäftigte sich in seinen berühmten Dubliner Vorlesungen (Fischer 1987) vor neben genetischen allem mit physikalischen Problemen des Lebens, mit den Fragen, was Vererbung ausmache, wie die Stabilität von Erbmolekülen einerseits, ihre mutativen Veränderungen andererseits quantenmechanisch erklärt werden könnten und wie Leben als thermodynamisch eher unwahrscheinlicher Zustand zu seiner bemerkenswerten Stabilität komme.

Die Thermodynamik mit ihren wohlbekannten, in popularisierten Formen auch auf kosmologische, allgemein evolutive und biologische Prozesse angewandten Sätzen wurde im Zuge der naturwissenschaftlich-technischen Entwicklung des 19. Jahrhunderts ausgearbeitet, v. a. durch Clausius, Boltzmann und Helmholtz. Dass eine wichtige Entdeckung dabei von dem Mediziner Robert Mayer (Simonyi 1990) gemacht wurde, fällt dabei nicht ins Gewicht. Wichtig ist, dass die Thermodynamik ursprünglich Probleme des Energie- und Wärmetransports in technisch hergestellten Aggregaten beschreiben sollte, wie z. B. bei Carnotschen Maschinen und dass sie auch Grundlagen für die Klärung von Fragen der Energieausnutzung liefert. Dabei ist aber das scheinbar selbstverständliche Faktum zu betonen, dass damit Abläufe in der Maschine, bzw. Wechselwirkungen der Maschine mit der Umwelt erfasst werden, dass aber keinerlei Aussagen über den Herstellungsprozess der Maschine und ihre Erhaltung gemacht werden. Das heißt, der Rahmen, in dem die thermodynamischen Prozesse ablaufen, die Zuführung von Energie und Material

---

[8] Ulrich Bahnsen: Im Dickicht der Proteine. Die Gene sind entziffert, nun beginnt die schwierige Jagd auf ihre Produkte, die Proteine. – Die Zeit 29, 13. Juli 2000. s. 33. Hamburg.

sowie die ersten Zwangsführungen sind aus der Erörterung ausgeklammert. Bei der Diskussion thermodanamischer Prozesse ist von offenen oder geschlos-senen (bzw. abgeschlossenen) Systemen die Rede, innerhalb derer sich thermodynamische Prozesse ereignen. Die Systeme selber, vor allem ihre Abgrenzungen bzw. Berandungen aber fallen aus der Erörterung heraus. Gerade diese Abgrenzungen aber sind es, die bei der Definition und Erklärung organismischen Geschehens im Zentrum stehen.

Die Dissipationsvorgänge in Zell- oder Leibeshöhlenflüssigkeiten und anderen organismischen Strukturen gleichen denen in anorganischen Umgebungen. Sie lassen sich auch im Labor nachvollziehen. Dies gilt auch für kompliziertere, enzymgesteuerte Abläufe. Was sich aber prinzipiell unterscheidet, ist der einerseits durch „natürliche" anorganische Umgebung oder durch die Laborbedingungen, andererseits durch die organismische Konstruktion hergestellte Rahmen. Diese Konstruktion zeichnet sich eben dadurch aus, dass sie, aus sich selber aktiv, auf die thermodynmaischen Prozesse, die sie durch Material- und Energiezufuhr und durch Entsorgung unterhält, zugreift und sie zur Aufrechterhaltung sowie individuellen Entwicklung benutzt.

Für die Biologie erlangt die Thermodynamik also einerseits Bedeutung durch ihre Anwendbarkeit bei der Klärung des Wirkungsgrades der durch Photosynthese oder Nahrung zugeführten und gewonnenen Energie sowie beim Verständnis vieler Stoffwechselprozesse. Vor allem können manche physiologische Prozesse besser verstanden werden. Dies aber prinzipiell nur im Kontext des Organismus.

Schrödinger, der sich mit dem Werk Max Delbrücks auseinandergesetzt hatte (Schrödinger 1944, 1987), übernahm in vieler Hinsicht dessen Sichtweise der Erbsubstanz. Delbrück hatte mit einfachen Organismen gearbeitet, mit Viren, bei denen sich auf Grund ihrer im Vergleich zu „höheren" Organismen einfachen Struktur der „nichtgenetischen" Teile sehr schnell der Eindruck einer stark dominanten Rolle der Erbsubstanz ergeben kann.

Er versuchte nun, sowohl die Stabilität als auch die mutativen Veränderungen der schon damals, lange vor den weiteren Arbeiten durch Chargaff, Watson, Crick u.a., als Erbsubstanz eruierten DNS quantenmechanisch zu erklären und zu interpretieren.

Vor allem stellte er Beziehungen zur Thermodynamik her (Schrödinger 1944, 1987) und prägte die später oft wiederholte Wendung, Organismen perpetuierten ihren hohen Ordnungsgrad weitab vom thermodynamischen Gleichgewicht dadurch, dass sie sich von „negativer Entropie" ernährten, bzw. durch ihren Stoffwechsel unter ständiger Energieaufnahme die Entropie von sich fernhielten, solange sie lebten.

Die Ordnung, welche die Organismen kennzeichnet, komme wieder aus Ordnung und entstehe nicht spontan. Organismen hätten also insofern mechanische Eigenschaften.

Schrödinger führte durch seine Betrachtungen den Nachweis, dass Leben physikalischen Gesetzlichkeiten gehorcht und sich auch in zahlreichen Aspekten physikalisch (mit dem physikalischen Wissen und der physikalischen Theorienbildung seiner Zeit) erklären lässt. Durch die mathematische Behandlung der unterschiedlichen Kombinationsmöglichkeiten von Bestandteilen der Erbsubstanz kam zusätzlich ein informationstheoretisches Moment in seine Theorie ein. Schrödinger schreibt:

„Es wurde oft gefragt, wie dieses winzige Stückchen Substanz, der Kern des befruchteten Eies, einen ausgeklügelten Schlüssel enthalten kann, der die ganze zukünftige Entwicklung des Organismus in sich birgt. Eine wohlgeordnete Verbindung von Atomen, die genügend Widerstandskraft besitzt, um sich dauernd in ihrer Ordnung zu erhalten, scheint das einzig denkbare stoffliche Gefüge zu sein, das eine Vielfalt möglicher (»isomerer«) Anordnungen bietet, die groß genug ist, um ein kompliziertes System von »Bestimmungselementen« innerhalb eines eng begrenzten Raumes aufzunehmen. In der Tat braucht die Zahl der Atome in einer solchen Struktur nicht sehr groß zu sein, um eine beinahe unbegrenzte Zahl möglicher Anordnungen zu gestatten. Man stelle sich zur Erläuterung den Morsecode von Die zwei verschiedenen Zeichen, Punkt und Strich, gestatten in Vierergruppen bereits dreißig verschiedene Abwandlungen. Wenn man neben Punkt und Strich noch ein drittes Zeichen benützt und Zehnergruppen zuläßt, kann man 29524 verschiedene »Buchstaben« bilden; mit fünf Zeichen und Gruppen bis zu 25 beträgt die Zahl 372529029846191405. Man mag einwenden, daß der Vergleich hinke, weil unsere Morsezeichen verschieden zusammengesetzt sein können (z. B. .-- und ..-) und damit ein schlechtes Analogon zur Isomerie bildeten. Um diesem Einwand zu begegnen, greifen wir aus dem dritten Beispiel nur die Kombinationen von genau 25 Zeichen heraus und auch davon nur jene, welche genau 5 von jedem der angenommenen 5 Zeichentypen (5 Punkte, 5 Striche usw.) enthalten. Eine kurze Rechnung ergibt 62330000000000 Kombinationsmöglichkeiten. Die Nullen stehen für Zahlen, die zu berechnen ich mir nicht die Mühe genommen habe. Selbstverständlich wird in Wirklichkeit keineswegs »jede« Anordnung der Atomgruppe ein mögliches Molekül darstellen. Weiterhin kommt es nicht in Frage, einen Code willkürlich anzunehmen, da die Codeschrift selber der wirksame Faktor sein muß, der die Entwicklung hervorruft. Andererseits aber ist die im Beispiel gewählte Zahl (25) noch sehr klein und wir haben nur die einfachen linearen Anordnungen berücksichtigt. Wir möchten lediglich aufzeigen, daß es mit dem molekularen Bild des Gens nicht mehr unvereinbar ist, wenn der Miniaturcode einem hochkomplizierten und bis ins einzelne bestimmten Entwicklungsplan genau entspricht und irgendwie die Fähigkeit hat, seine Ausführung zu bewerkstelligen." (Schrödinger 1987, s. 111/112)

Dieser Ansatz, sollte in seiner Tendenz, vor allem nach der Klärung der DNS-Struktur, die weitere Entwicklung jenes eingangs erwähnten radikalen Reduktionismus kennzeichnen, welcher der Erbsubstanz als „Genotypus" die dominierende Rolle in den Organismen zuwies.

Aus der von Schrödinger vorgestellten Sicht des Lebens ergab sich nun eine Konsequenz für die Biologie, die auch in zunehmendem Maße gezogen wurde: Das organismustheoretische Defizit, das u. a. zu einer neuen Form des Vitalismus geführt hatte (Driesch 1921), schien durch physikalische Ansätze im Sinne einer materialistischen Naturwissenschaft behebbar.

Dies zeigt sich v. a. in den systemtheoretischen Ansätzen v. Bertalanffys (1968, 1990), die vor allem auf dem Begriff des Fließgleichgewichts basierte.

Stand aber bei Bertalanffy die Notwendigkeit des ständigen Bezugs zu den biologischen Wissenschaften im engeren Sinne außer Streit, so sollte dieser in der weiteren Entwicklung bei vielen neuen Ansätzen verloren gehen.

Dieser Verlust des lebenden Organismus, die Tendenz zu völlig abstrakten, nur mehr ganz wenige Grundbedingungen und -regeln zu akzeptieren, setze sich in weiteren Ansätzen fort, die v. a. aus der Physik kommen.

Die Informationsmetapher

Das Problem zeigt sich in seiner vollen Schärfe bei der Querverbindung zur Informationstheorie, die u.a. durch L. v. Bertalanffy (1968) gezogen wurde.

Dadurch dass man die Ordnungszustände in der Wahrscheinlichkeit ihres Auftretens quantitativ erfasst, und zwar jeweils in Potenzen von zwei, bedient man sich desselben formalen mathematischen Apparats wie die Informationstheorie bei der Quantifizierung des Informationsgehalts von Zeichen oder Zeichenfolgen. Bertalanffy schreibt:

"...This measure of information happens to be similar to that of entropy or rather negative entropy, since entropy also is defined as a logarithm of probability. But entropy, as we have already heard, is a measure of disorder; hence negative entropy or information is a measure of order or of organization since the latter, compared to distribution at random, is an improbable state." (s. 42)

Damit ist für Bertalanffy, aber auch für andere Theoretiker der weitere Argumentationsweg vorgezeichnet. "Negative Entropie oder Information" wird zum Maß für Organisation. Organisationshöhe bzw. Komplexität von Lebewesen stellen sich dann als hochgradig "negentropische" Zustände dar.

In der Informationstheorie aber wird grundsätzlich auf die Bedingungen rekurriert, unter denen Zeichen eine semantische Bedeutung zukommt. Diese setzt immer eine Zweiheit von Informationserzeuger und -empfänger voraus. Der Informationsgehalt einer Zeichenfolge oder eines Zeichens resultieren aus einem grundsätzlichen Einverständnis über dessen Bedeutung und Wert, so dass sich die Eigenschaft, Information zu sein, je nach dem Vorhandensein von Sender und Empfänger ergibt.

Die Analogie mit menschlichen Verhältnissen soll nur flüchtig angesprochen werden. Die Frage, die sich aber aus einer Reflexion informationstheoretischer Gesichtspunkte ergibt, ist, wieweit diese genannten Anforderungen für eine informationstheoretische Definition von Organismen gegeben ist.

Diese Frage wird vor allem angesichts jener Ansätze akut, die Information außerhalb des kybernetischen Kontextes als Entität per se auffassen und auf dieser Basis die Geschichte des Lebens als Entstehung von Information nachzuzeichnen versuchen, wie etwa bei Küppers (1986), der die Entstehung informationstragender hochkomplexer Moleküle (Nukleinsäuren) aus einfacheren Strukturen „ohne Informationsgehalt", ohne dezidiert herauszuarbeiten, dass zur konsistenten Anwendung des Informationsbegriffs eben auch der Kontext dargestellt werden muss, in dem bestimmte Strukturen einen bestimmten Informationsgehalt haben können. In dem Sinne wie Küppers Information vorstellt, könnte man genauso über die Entstehung der menschlichen Sprache reflektieren und die sie tragenden Systeme bzw. die sie nutzenden Organismen als spätere Entwicklungen darstellen.

In einem anderen Zusammenhang formuliert Dally (1985) eine naturalistische Auffassung der Information, indem er auf die von vielen darwinistischen Biologen, etwa K. Lorenz (1941) benutzte Abbildmetapher zurückkommt und schreibt:

„Insofern ist also selbst der Evolutionsprozeß Information, als die Anpassungen der Arten an ihre Lebensbedingungen gewissermaßen Abbildungen von den Strukturen der Umwelt auf die organismischen Strukturen sind." (s. 44)

Wenig später wird allerdings vom selben Autor der organismische Kontext angesprochen:

„In Auswahl der Nachricht, Codierung, Übertragung und Decodierung schlüsselt die Neurokybernetik die Informationsprozesse auf. Doch wo und wie ereignen sich Auswahl, Codierung und vor allem Decodierung? Wo ist das „innere Ende der Leitung", an der sich das empfindende und Willkürlich waltende Subjekt befindet? - Eine bündige Theorie der Decodierung müßte zugleich eine naturwissenschaftlich stichhaltige Theorie der Sprache und des Bewußtseins der Menschen abgeben." (s. 49)

Bei P. Janich (1992) schließlich setzt eine fundamentale Kritik der Naturalisierung von Information ein. Janich arbeitet in einer Kritik an Küppers (1986) präzise heraus, in welchen Kontexten überhaupt in Übereinstimmung mit dem informationstheoretischen Vorlauf von Shannon und Waever von Information gesprochen werden kann:

„Zunächst einmal ist dem Mißverständnis entgegenzutreten, daß die „stringente Analogie", von der Küppers exemplarisch für eine in der Biologie verbreitete Betrachtungsweise spricht, eine Analogie zwischen *Naturgegenständen* und menschlicher Sprache ist. Denn die Analogie kann nur gezogen werden zwischen *beschriebener* Natur und (übrigens selbst wieder sprachlich beschriebener) Sprache. [....] Diese *naturalistische Auffassung von Information* findet dort die klarste Ausprägung, wo sie mit dem Entropiebegriff in Verbindung gebracht wird. Diese Versuche haben einen mathematisch-ingenieurwissenschaftlichen Vorlauf in der „mathematischen Theorie der Kommunikation" die wörtliche Übersetzung des englischen Originaltitels) von C. E. Shannon (1949) und einem darauf bezogenen Aufsatz von W Weaver („Ein aktueller Beitrag zur mathematischen Theorie der Kommunikation").[....] Praktisch unberücksichtigt bleibt aber, wie bei Shannon und Weaver „Kommunikation" verstanden wird, nämlich *primär als menschliche Kommunikation durch Sprache,* durch Handlungen und dann, in einer Erweiterung, durch informationsverarbeitende Maschinen Dabei ergibt sich ein Verständnis von „Information", das, ausgehend vom Ansatz einer statistischen Sprachuntersuchung, eine von den beiden Autoren klar gesehene und deutlich betonte Abkehr von intuitiven alltagssprachlichen Verständnissen von „Informieren" darstellt." (s. 143/144).

Dieses Problem verschwindet aber sofort, wenn vom energetischen Standpunkt her der Organismus nur als Gesamtheit, in seinen Eigenschaften als maschinenhafte und energiewandelnde Struktur gesehen wird.
Organismustheoretische Erwägungen spielten in dieser Diskussion kaum eine Rolle. Die Vertreter der physikalistischen, also jener Anasätze, die von jeweils wenigen physikalischen Gesetzlichkeiten ausgingen, sahen keine Notwendigkeit in der Verbindung mit der eigentlichen Biologie und glaubten, Leben generell auf physikalische Prozesse und Gesetzlichkeiten reduzieren zu können. Dem kam die

Theorienlosigkeit der empirisch ausgerichteten Biologie weitgehend entgegen. Dies führte so weit, dass der Physik und teilweise auch der Chemie als mehr oder weniger biologiefremden Disziplinen fast freiwillig das Feld überlassen wurde. Zum Teil verschwand sogar der Begriff Leben aus der Diskussion und wurde durch den neutraleren Terminus „Komplexität" ersetzt. Komplexität wird so zu einem allgemeinen Phänomen, unter das Leben neben anderen Erscheinungen subsummiert werden kann.

Gleichgewichtsferne Zustände und Dissipative Strukturen

Von der Thermodynamik beeinflusste Ansätze gibt es in großer Zahl. Zur größten Bedeutung gelangte jener der dissipativen Strukturen. Nobelpreisträger Prigogine (1979) und Prigogine & Stengers (1985) gehen ins ihren Ansätzen von der Thermodynamik und hier von gleichgewichtsfernen Zuständen aus, in denen Systeme entstehen können, die für bestimmte Zeiträume eine gewisse Stabilität aufweisen. Diese Systeme stehen aber in ständigem Material- und Energieaustausch und können dadurch auf Zustände zusteuern, in denen neue rasante Entwicklungsschübe erfolgen. Diese können verschiedene Richtungen nehmen, weshalb Prigogine von Bifurkationen spricht, Spaltungen der bisherigen Entwicklungswege in jeweils zwei neue, vom bisherigen Gang und voneinader unterscheidbare Möglichkeiten, die zu verschiedenen neuen temporär stabilen Zuständen führen

Mit diesen mathematisch durchdachten und konzipierten Modellen soll einerseits die thermodynamische Gleichgewichtsferne des Lebens angesprochen werden, an-dererseits sollen Analoga zu evolutiven Veränderungsprozessen, vor allem zu rasch eintretenden, konstruiert werden. Von ihnen führt ein Weg zur Chaostheorie.

Chaos – Komplexität

Die chaostheoretischen Ansätze verfahren ebenso biologiefern. Über den in der naturphilosophischen Spekulation oft diskutierten Begriff des "Chaos" herrschen teilweise sehr verschwommene Vorstellungen. In der Cha-ostheorie wird unter Chaos nicht hochgradige oder vollkommene Unordnung und reine Zufälligkeit verstanden, sondern eher eine hochgradige Komplexität umrissen, welche die Erfassbarkeit mit nicht computer-unterstützten Methoden praktisch unmöglich macht.

Als chaotisch werden komplexe dynamische Systeme verstanden, die durch nichtlineare (aus quadratischen Termen oder Termen höherer Ordnung bestehende) Bewegungsgleichungen beschrieben sind. Die Komplexität ist dabei so hoch, dass, obwohl das Verhalten der Systeme an sich deterministisch ist, nur kurzfristig Voraussagen möglich sind. Kleine Veränderungen und Einwirkungen können zu großen Auswirkungen führen.

Die bei der Berechnung entwickelten Trajektorien entwickeln im sog. Phasenraum ein in mancher Hinsicht schwer vorhersehbares Verhalten. Mit der Anzahl der Variablen steigt die Komplexität rapide an und der Grad der Prognostizierbarkeit sinkt.

Allerdings kann es bestimmte Bereiche im Phasenraum geben, auf den sich Trajektorien zubewegen und die sie nicht mehr verlassen zu können. Existieren mehrere Attraktoren in einem und demselben Phasenraum, dann kann dieser in verschiedene Anziehungsbereiche (der Attraktoren) unterteilt werden, die man auch Attraktionsbassins nennt.

Attraktoren können punktförmig sein oder aus geschlossenen Kurven bestehen. Haben solche Kurven komplizierte , chaotische Formen, werden wir sie als "seltsame Attraktoren" bezeichnet.

Als natürliches Pendant eines einem seltsamen Attraktor ähnlichen Phänomens wird sehr oft das Wetter vorgestellt, das zwar nicht voraussagbar ist, aber dennoch in seinen Parametern innerhalb bestimmter Bereiche, z. B. Temperaturbereiche) bleibt.

Anknüpfend das Verhalten von Punkten auf der komplexen Zahlenebene können Punktfolgen unterschieden werden, die bei wiederholter Transformation auf den Nullpunkt hin tendieren und andere, deren Attraktor im Unendlichen liegt.

Die Ausgangspunkte für beide Tendenzen liegen in scharf voneinander getrennten Bereichen der komplexen Zahlenebene. Die Grenze zwischen diesen Bereichen wird durch eine Punktmenge (Cantor-Menge) oder Kurve gebildet, deren Punkte bei Transformation eine chaotische Dynamik entwickeln, sich also nach beiden Richtungen hin bewegen können. Sie werden als Julia-Mengen (Dufner, Roser & Unseld 1998) bezeichnet.

Fraktale

Daran knüpft nun B. Mandelbrot (1987) an und bildet seinerseits aus jenen Punkten, deren Julia-Mengen bestimmte Kontrollparameter enthalten, bzw. nicht ins Unendliche tendieren, die Mandelbrot-Mengen, die graphisch dargestellt werden können und eine grundlegende Eigenschaft haben, nämlich Selbstähnlichkeit in alle Dimensionen hinein. Durch Iterationsprozesse werden nämlich, wenn auch in unterschiedlichen Größenordnungen, immer Formen und Figuren produziert, die große Ähnlichkeit miteinander haben. Die bekannteste daraus resultierende Figur ist das sog. „Apfelmännchen".

Fraktale, - Mandelbrots Apfelmännchen sowie andere ähnlich produzierte „Formen" fallen in diese Kategorie - werden nun allgemein als Figuren mit gebrochener Symmetrie sowie einer nicht-ganzzahligen, gebrochenen Dimensionalität vorgestellt.

Kompliziertere Linien, Berandungen oder Flächen in einer Ebene haben so allgemein eine Dimensionalität zwischen 1 und 2, unregelmäßige Flächen eine zwischen 2 und 3 usw.

Sie können in geeigneten Koordinatennetzen auch räumlich dargestellt werden und ergeben, je nach der verwendeten Formel, bizarrste Formen und Reliefs, die täuschende äußere Ähnlichkeiten mit Gebirgen, Verzweigungsformen, die Flussdeltas oder Pflanzen ähneln u.v.a.m.

Diese Ähnlichkeiten werden, analog zu Tendenzen, die auf den Arbeiten von Prigogine und Mitarbeitern aufbauen, zu realen Gegenständen der natürlichen

Umwelt, zu Verhaltensweisen von Tieren, Populationsentwicklungen und anderen Prozessen in Beziehung gesetzt (Briggs & Peats 1993), wobei die implizite mittransportierte Annahme dahin läuft, dass man für jede der beobachteten Formen nur die entsprechende, zugrundeliegende Formel erstellen müsse, um davon ausgehend zu einer Theorie der Gestaltentstehung zu kommen. Dass bei der Formentstehung sowohl bei geolo-gischen als auch bei biologischen Ereignissen ganz spezielle Mechanismen wirk-sam sind, die durch die erwähnten Formeln keineswegs wiedergegeben sind, wird dabei übersehen.

Konsequent veranlasste die Nichtlinearität chaotischer Systeme, die auch Rückkoppelungsprozesse einschließt, eine Reihe von Autoren, direkte Beziehungen zu lebenden Organismen und ihrer Evolution herzustellen. Briggs & Peats (1993) schreiben dazu:

„Das Auftauchen der RNS und das ihres wichtigen Abkömmlings, der DNS, waren dramatische neue Schritte im Verlauf der Geburt von Selbstähnlichkeit aus dem Chaos. Durch RNS und DNS wurde die Fähigkeit des Hyperzyklus, sich zu iterieren und fortzupflanzen, erheblich vergrößert. Da der Kopierprozeß der DNS auch Variationen erzeugt, reproduzierten die Wechselwirkungen nicht immer genau die gleichen Formen, sondern auch zahllose neue. Die Mikroben, die aus dem RNSHyperzyklus hervorgingen, waren unter den rauhen Bedingungen auf der frühen Erde phantastisch anpassungsfähig [.....] Eine bakterielle «Abstammungslinie» läßt sich einfach dadurch ändern, daß man in ihr genetisches Material einige neue Stücke von DNS hineinnimmt oder einige alte wegläßt. Indem sie diese Methode anwandten, veränderten die Bakterien die Erde. Die Methode erlaubte es verschiedenen Stämmen von Bakterien, sich aneinander zu koppeln, so daß der Abfall der einen Sorte zur Nahrungsquelle der anderen wurde. [....] Unter den Wissenschaftlern wächst die Zustimmung zu einer revolutionären Rückkoppelungstheorie der Evolution, die von der Mikrobiologin Lynn Margulis von der Boston University vorangetrieben wird. Margulis glaubt, daß die »neuartige Zelle«, die vor 2,2 Milliarden Jahren erschien und zum Ausgangspunkt der Zellen aller heute existierenden vielzelligen Pflanzen und Tiere wurde, nicht das Ergebnis einer genetischen Mutation war, sondern das Ergebnis von Symbiose [....] Obwohl die meisten Biologen dieser Idee zunächst skeptisch gegenüberstanden, stimmen sie nun Margulis darin zu, daß die Evolution einen plötzlichen Sprung machte, als sich Mikroben symbiotisch zusammenkoppelten, um damit auf den »Holocaust« zu antworten, den die weltweite Freisetzung eines Abfallprodukts der Zyanobakterien darstellte, das die meisten bakteriellen Lebensformen, einschließlich der Zyanobakterien selbst, zu vergiften begann. Dieses Umweltgift war der Sauerstoff. Dieser »Sauerstoff-Holocaust«, wie man ihn nennt, führte zu einem Bakteriensterben und erzwang Mutationen, die neue Abstammungslinien hervorbrachten. Einige Bakterien gingen in den Untergrund, um sich vor dem tödlichen Gas zu schützen; andere entwickelten die Fähigkeit, den Sauerstoff zu »atmen«; andere ließen sich auf Rückkoppelungsbeziehungen ein, die zu einem ganz neuen evolutionären Schritt führten.
Margulis spekuliert, daß die Symbiose vorbereitet wurde, als eine der Zyanobakterien, die den Sauerstoff-Holocaust hervorriefen, auf der Suche nach Nahrung in ein anderes Bakterium eindrang. Die Gastgeberzelle ging daran, sich vor der plötzlichen Gegenwart von Sauerstoff zu schützen, indem sie eine Kernmembran um ihre DNS bildete - und so entstand die erste Zelle mit einem Zellkern ....." (s. 232/233).

Abgesehen davon, dass durch dieses Zitat eine eher wenig strenge, saloppe Interpretation von Lynn Margulis' in vieler Hinsicht plausiblen Hypothesen denn durch eine seriöse stammesgeschichtliche Rekonstruktion gegeben wird, wird auch der Bezug zwischen vermuteten ökologischen und phylogenetischen Wandlungsprozessen zu den mathematischen Modellen der Chaostheoretiker nicht begründet. Es wird im Zuge einer oberflächlichen Analogisierung übersehen, dass Organismen immer Systeme von hochgradiger Ordnung sind, deren Struktur sich nur in langwierigen Wandlungsprozessen verändern kann. Diese Wandlungsprozesse könne schon wegen der ständigen Notwendigkeit geordneter Material- und Energieversorgung niemals chaotische Phasen durchlaufen. Auch allzu schnelle umfassende Wand-lungsprozesse, wie sie von Briggs & Peat (1993) an anderer Stelle in Anspielung an Goulds „punctuated equilibria" (Gould 1980, 1982) gefordert werden, sind ebenso auszuschließen wie die plötzliche spontane Entstehung hochgradig geordneter, komplexer organismischer Strukturen aus „chaotischen" Zuständen.

Sog. Selbstorganisation von präbiotischen Stukturen setzt immer schon ganz spezifische chemisch-physikalische Bedingungen, auf die bei den chaostheoretischen Ansätzen der Bezug schlichtweg fehlt.

„Selbstorganisation"

Er fehlt auch zahlreichen anderen Anätzen, die zwar die Simulation, Erklärung und Begründung von Selbstorganisation bezwecken, sich dabei aber auf Komplexitätsniveaus und physikalisch-chemische Eigenschaften beschränken, die mit lebenden Organismen schlichtweg nichts gemein haben. Sie führen auf allen Ebenen, auf denen sie beobachtet werden können, stets zu flüchtigen Aggregaten und Ordnungszuständen der an ihnen beteiligten und sie unterhaltenden Elemente, die nur durch Eingriffe von außen her wie etwa Schaffung bestimmter Rahmenbedingungen, eines bestimmtes Kontextes, um mit H. Primas (1990)zu sprechen, stabilisiert werden können. Man denke etwa an die in diesem Zusammenhang berühmt gewordene Belusov-Zhabotinsky-Reaktion (Jantsch 1982), bei der unter ständiger Zugabe bestimmter Ausgangssubstanzen chemische Prozesse unterhalten werden, welche regelmäßige farbige Muster in der Lösung erzeugen. Solche Muster werden dann auf Grund einer oberflächlich registrierten Gestalähnlichkeit mit Musterbildungen in organismischen Strukturen oder Aggregaten von Organismen wie etwa Myxomyceten (Schleimpilzen) in Beziehung gesetzt.

Diese Art von „Selbstorganisationsprozessen hat aber, wie zu zeigen sein wird, mit tatsächlich existierenden Organismen außer vagen Formähnlichkeiten und der Tatsache, dass für beide so wie für die ganze Welt auch eben bestimmte physikalische Gesetze gelten, nichts gemein. Die zu ihrer Entstehung nötigen Rahmenbedingungen können in Form von Experimentalanordnungen, von Maschinen, oder bestimmten Umweltsituationen wie etwa geologisch entstandenen Berandungen oder Biotopbeschaffenheiten vorliegen. Die beiden letzten Formen sind im gegebenen Zusammenhang irrelevant und unterscheiden sich von den ersten drei durch eine gewisse Starrheit, die eine Reaktion auf innere Fluktuationen durch die enthaltenen Einzelelemente und dadurch mögliche Entgleisungen unmöglich macht.

Die ersterwähnten Formen aber zeichnen sich dadurch aus, dass sie die in ihnen ablaufenden Selbstorganisationsprozesse nicht nur limitieren, sondern durch besondere Kanalisierungen (bei Experimentalanordnungen und technischen Maschinen) in bestimmte Richtungen zwangsführen.

Und dies ist wohl auch die einzige Eigenschaft, die sie tatsächlich mit lebenden Organismen gemein haben dürften. Lebewesen, die sich von groben Experimentalanordnungen und Maschinen schon durch ihre Komplexität unterscheiden, haben im Unterschied zu diesen die Möglichkeit, auf interne Fluktuationen, die zu Dysfunktionalität führen könnten, kompensatorisch zu reagieren.

Damit aber kommt ein Moment ins Spiel, das bei selbstorganisierenden Prozessen ansonsten nicht auftritt, nämlich die Wiederholung, Regelmäßigkeit und in der Folge Rhythmizität, die sich auf Dauer nur durch strikte Einhaltung bestimmter Rahmenbedingungen aufrechterhalten lässt.

Die lebenden Organismen gelangen damit aus dem Blickfeld der physikalistischen Selbstorganisationstheorien. Physikalisch-chemische Prozesse in den Organismen, die so gern für das ganze der Lebewesen genommen und mit bestimmten experimentell herbeigeführten Abläufen analogisiert werden, erweisen sich als von den Organismen zwangsgeführte und limitierte Ereignisse.

Dies bedeutet letztlich, dass die Analogien zwischen lebenden und nichtlebenden Prozessen, die in physikalistischen Ansätzen hergestellt werden, eigentliche Lebwesen gar nicht betreffen, sondern im besten Fall nur Teilprozesse, die niemals für das Ganze stehen können. In vielen Fällen stehen sie so wie die oben beschriebenen physikalistischen Theorien und Modelle für Fiktionen, die mit natürlichen lebenden Organismen in keinem Zusammenhang stehen.

„Natürliche" Organismen

Die heute existierenden Organismen sind in der Sicht der modernen Naturwissenschaften Produkte einer langen stammesgeschichtlichen Entwicklung. Obwohl darüber in der „Scientific Community" Übereinstimmung herrscht, divergieren die Meinungen über die Mechanismen, die den allmählichen Wandel von relativ einfach gebauten Vorläufern zu den teilweise hochkomplexen Lebensformen bewirkten und antrieben (Mayr, 1984; Wuketits 1995; Edlinger, Gutmann & Weingarten 1989, 1991). Als gesichert kann und muss aber gelten, dass der Wandel Objekte betraf, die nach naturwissenschaftlich begreifbaren Gesetzlichkeiten strukturiert bzw. konstruiert sind. Damit unterliegen die Möglichkeiten der Konstruktion, des Aufbaues von Organismen strikten physikalischen, chemischen und konstruktiven Regeln, die nun um den Preis verminderter Lebensfähigkeit oder überhaupt der Vernichtung verletzt werden können. sind sowohl. Diese „Constraints" (Gutmann 1990) bestimmen und limitieren sowohl die Beziehungen, die zur Außenwelt eingegangen werden, als auch die Möglichkeiten der Veränderung im Laufe der Stammesgeschichte.

Organismen werden dadurch zu Forschungsobjekten, die, da sie eindeutigen und strikten Konstruktionsprinzipien folgen, jede Beliebigkeit im Aufbau und in der Veränderung ausschließen. Die Vielfalt und scheinbare Zufälligkeit von Merkmalen, die das Leben für viele erst interessant macht und ihm in den Augen „ironischer Wissenschaftler" seine „Poesie" verleiht, ist, um mit Josef Reichholf (1993) zu sprechen, nur „Oberflächengekräusel". Sie ist indispensablen konstruktiven Prinzipien aufgesattelt, die für Organismen generell gelten.

Konsequenzen für das „Künstliche Leben"

Die Konsequenzen dieser Situation liegen auf der Hand. Soweit das Künstliche nicht gleich den Anspruch erhebt, unter Verzicht auf jeden Bezug zu natürlichen Lebensformen Neues zu schaffen, gehen seine Vertreter in die Falle der oben kritisierten Theorienabstinenz der Biologie.

Wenn kein bezug zu einer stringenten Theorie über Leben bzw. lebende Organismen hergestellt wird, und darunter konnten bis zum Aufkommen des Künstlichen Lebens ausschließlich die natürlich gegebenen Lebensformen verstanden werden, entstehen schon von der Begrifflichkeit her größte Schwierigkeiten, denn wie sollte die Kunstform einer natürlichen Entität bestimmt und beschrieben werden, wenn diese begrifflich und theoretisch nicht ausreichend erfasst ist?

Zusätzlich schafft die Distanz, die das Künstlich Leben auch zu den Theoriefragmenten hat, die in der Biologie oder in physikalistischen Ansätzen immerhin vorhanden sind, weitere Schwierigkeiten, Beziehungen herzustellen und das Künstliche Leben damit für die biologische Forschung, die theoretische Biologie oder für die Rekonstruktion der Stammesgeschichte fruchtbar zu machen. Peter Schuster (1997) charakterisiert diese Probleme treffend, wenn er schreibt:

"Nevertheless, the extension of molecular biology into organic and biophysical chemistry as described here is predestined to be part of the still heterogeneous discipline artificial life. Principles are still taken from the living world, but the material carriers the essential properties are new and unknown in the biosphere."

In einer radikaleren Form bekennt sich Ch. Langton geradezu zur Differenz zwischen natürlichem und künstlichem Leben:

„Je länger Langton sprach (in einem Interview mit J. Horgan, K. E.), um so unmissverständlicher schien er die Tatsache zuzugeben - ja sogar zu begrüßen-, daß Künstliches Leben niemals die Grundlage einer wirklich empirischen Wissenschaft bilden würde. Er sagte, KL-Simulationen »zwingen mich dazu, über meine Schulter zu blicken und mir die Annahmen, die ich über die Wirklichkeit mache vor Augen zu führen«. Anders gesagt: Simulationen können als eine Art »negativer Spiegel« fungieren; sie können dazu dienen, Theorien über die Wirklichkeit in Frage zu stellen Zudem müssen sich die Wissenschaftler, die auf dem Gebiet des Künstlichen Lebens forschen, möglicherweise mit weniger als dem »umfassenden Verständnis« zufriedengeben, das sit mit den alten, reduktionistischen Methoden anstrebten. »Für gewisse Kategorien natürlicher Phänomene können wir bestenfalls eine Erklärung in Form einer historischen Rekonstruktion erreichen." (Horgan 1997)

Künstliches Leben: Eine ironische Wissenschaft?

Der amerikanische Wissenschaftspublizist John Horgan (1997), der Langton zu den Problemen mit dem künstlichen Leben interviewte, prägte im selben Band den

120

Begriff der „Ironischen Wissenschaft". Als er der Entwicklung verschiedener naturwissenschaftlicher Disziplinen in den letzten Jahren nachspürte, bemerkte vor allem bei den sich mit kosmologischen Fragen beschäftigenden Physikern eine zunehmende Tendenz, sich von den durchaus theoriengeleiteten, doch in der Praxis empirisch ausgerichteten Methoden der Physik abzukoppeln und Spekulationen in den Mittelpunkt der Diskussion zu rücken, die den Vorteil haben, mit naturwissenschaftlichen Methoden nicht falsifizierbar und wegen ihrer Unverbind-lichkeit auch der vielfachen Legitimierungsprobleme des Wissenschaftsbetriebs enthoben zu sein. Horgan schreibt:

„Der Praktiker ironischer Wissenschaft hat einen klaren Vorteil gegenüber dem »starken Dichter«, denn die Öffentlichkeit hungert geradezu nach wissenschaftlichen Revolutionen. Je mehr die empirische Wissenschaft erstarrt, um so stärker geraten Journalisten wie ich, die den Hunger der Gesellschaft stillen, unter Druck, Theorien anzupreisen, die vermeintlich über die Quantenmechanik oder die Urknalltheorie oder die Theorie der natürlichen Selektion hinausgehen. Schließlich sind Journalisten in hohem Maße für den weitverbreiteten Eindruck verantwortlich, Gebiete wie die Chaos- und Komplexitätsforschung stellten völlig neue Wissenschaften dar, die den altmodischen reduktionistischen Methoden Newtons, Einsteins und Darwins überlegen seien. Journalisten, ich schließe mich da ein, haben auch dazu beigetragen, daß Roger Penrose' Theorie des Bewußtseins eine viel größere öffentliche Resonanz gefunden hat, als sie in Anbetracht ihrer skeptischen Beurteilung durch sachkundige Neurowissenschaftler verdient hat.
Ich möchte damit nicht sagen, daß die ironische Wissenschaft wertlos ist. Das ist keineswegs so. Im günstigsten Fall versetzt uns die ironische Wissenschaft wie bedeutende künstlerische, philosophische oder auch literaturwissenschaftliche Werke in Staunen; sie flößt uns ehrfürchtige Scheu vor dem Geheimnis des Universums ein. Doch ihr Ziel, die gesicherten Erkenntnisse die wir bereits besitzen, zu überbieten, kann sie nicht erreichen. Und sie kann uns auch nicht *Die Antwort* liefern - also die Wahrheit schlechthin, die so überzeugend wäre, daß sie unsere Neugierde ein für allemal stillte -, vielmehr schützt sie uns geradezu davor. Schließlich verfügt die Wissenschaft selbst, daß wir Menschen uns stets mit Teilwahrheiten begnügen müssen[...]Ein paar Dickschädel, die stärker der Wahrheit als der technischen Anwendbarkeit verpflichtet sind, werden die Physik weiterhin auf eine nicht-empirische, ironische Weise betreiben, die magische Welt der Superstrings und andere Esoterika ergründen und über die Bedeutung der Quantenmechanik brüten. Die Konferenzen dieser ironischen Physiker deren Kontroversen sich nicht durch Experimente entscheiden lassen, werden schließlich immer mehr literaturwissenschaftlichen Tagungen gleichen."

Die Frage, ob das Künstliche Leben als ironische Wissenschaft bezeichnet werden kann, wirft Langton mit folgender Äußerung nicht nur selber auf, sondern er beantwortet sie in gewisser Weise bereits:

„Wir hätten allen Grund, uns einer poetischeren Sprache zu befleißigen[....]Die Dichtkunst basiert auf einer dezidiert nichtlinearen Verwendung des Sprache wobei die Bedeutung des Ganzen mehr ist als die Summe seiner Teile. Dagegen fordert die Wissenschaft, daß es. nichts gibt, das mehr als die Summe der Teile ist. Und die bloße Tatsache daß es in der Natur Dinge gibt, die mehr sind als die Summe ihrer Teile bedeutet, daß der traditionelle Ansatz, die Teile und die Beziehungen zwischen diesen zu beschreiben nicht genügt, um das Wesen zahlreicher Systeme zu erfassen die man gern analysieren würde. Das soll nicht heißen, daß es keine Möglichkeit gäbe, dies auf eine wissenschaftlichere Weise zu tun als in

121

der Dichtung, aber ich habe einfach der Eindruck, daß es in kultureller Hinsicht in der Zukunft der Wissenschaft mehr Poesie geben wird."[9]

Ohne den Wert der Poesie in Frage zu stellen, kann sie wissenschaftliche Triftigkeit nicht ersetzen. Nach den Kriterien, die Horgan namhaft macht, handelt es sich auch beim Künstlichen Leben im derzeitigen Mainstream um eine solche ironische Wissenschaft, und dies, wie bereits ausgeführt, aus zwei Gründen:

Erstens: Es wird kaum ein Bezug zur Biologie hergestellt.

Zweitens: Auch wenn dieser bezug hergestellt würde, stünden im dominierenden Wissenschaftsbetrieb nur fragmentarische, hochgradig defekte Theorienansätze und Organismuskonzepte zur Verfügung, so dass abermals kein fruchtbarer interdisziplinärer Diskurs zustandekäme.

Diese Situation sollte aber nicht zu einer radikalen Abwendung von den durch die Vertreter des Künstlichen Lebens entwickelten und Methoden abzuwenden, sondern nach der kritischen Überprüfung ihrer theoretischen Prämissen eine Neubesinnung einleiten. Durch die Organismische Konstruktionslehre (Gutmann & Bonik 1981, Edlinger Gutmann & Weingarten 1991, Gutmann 1989, Edlinger 2000, Edlinger & Gutmann im Druck) ist eine Basis dafür gegeben, dass nicht nur das überwältigende Faktenwissen der empirischen biologischen Disziplinen in einen theoretischen Rahmen eingefügt werden können. Die Organismische Konstruktionslehre trägt auch allen physikalischen Gesetzlichkeiten und Prozessen Rechnung, die für das Lebensgeschehen relevant sind.

Damit wäre die Grundlage für eine fruchtbare Auseinandersetzung und letztlich für eine neue theoretische Unterfütterung des Künstlichen Lebens gegeben. Dieses würde aber durch Beachtung einer konsistenten naturwissenschaftlichen Organismustheorie nicht nur wissenschaftlich stringenter, sondern sie könnte auf der Grundlage der zahlreichen Freiheitsgrade und Entwicklungsoptionen, welche die Organismen innerhalb ihrer konstruktiven Zwänge und Limitierungen zulässt, eine neue Seriosität mit einer hochgradigen schöpferischen Vielfalt und Freiheit

Ausblick

Die radikale Kritik an den Ansätzen des Künstlichen Lebens gilt nicht der Idee an sich, in vieler Hinsicht organismusanaloge digitale Gebilde zu schaffen, deren Entwicklung und Veränderungen vielleicht tatsächlich wenn schon nicht Einblicke in den Aufbau und die Lebensaktivität biologischer Organismen doch wertvolle Denkanstöße auch für Biologen geben können. Sie betrifft allerdings die Beliebigkeit, die viele Sparten des Künstlichen Lebens kennzeichnet.

Zur begrifflichen Erfassung Künstlichen bedarf es einer Theorie des natürlichen Lebens, die sich durch Striktheit und Unabweisbarkeit ihrer Prinzipien und Überprüfungsmöglichkeiten in der realen Lebewelt auszeichnet. Nur auf einer solchen Basis kann überhaupt bestimmt werden, welche Grundeigenschaften natürliche oder virtuelle Entitäten haben müssen, um sie mit Leben in Beziehung zu bringen.

---

[9] Zit. aus Horgan 1997.

Nachdem solcherart eine neue Klarheit erreicht ist, kann ein neuer Anlauf in der Entwicklung künstlichen Lebens erfolgen.

Literatur

Adami, Ch: (1998)Introduction to artificial life . - Springer New York, NY.

Bertalanffy L. v. (1968): General System Theory: - New Yrk: Goerge Braziller.

Bertalanffy, L. v. (1990): Das biologische Weltbild. - Wien/Bern: Böhlau.

Bonabeau, E. W. & G. Theraulaz : Why Do We Need Artificial Life ? - In: Langton, Ch. G. (Ed.) (1998):Artificial life. An overview. - Cambridge, Mass.: MIT Press., 303-325.

Briggs, J. & F. D. Peat (1993): Die Entdeckung des Chaos. - München: Dtv.

Dally, A. M. (1985): Die Natur der Information in biologischen Systemen. - Diplomarbeit, Universität Kaiserslautern.

Dawkins, R. (1974): Das egoistische Gen. - Heidelberg: Springer.

Dawkins, R. (1996a): Der blinde Uhrmacher. - München: Dtv.

Dawkins, R. (1996b): Und es entsprang ein Fluß in Eden. Das Uhrwerk der Evolution. - München: C. Bertelsmann.

Dennett (1995): Darwins dangerus idea. - New York: Simon & Schuster.

Emmeche C. (1994): The garden in the machine the emerging science of artificial life. - Princeton, NJ: Princeton Univ. Press

Dreyfus H.L., Dreyfus St.E. (1987): Künstliche Intelligenz. Von den Grenzen der Denkmaschine und dem Wert der Intuition. - Reinbek: Rowohlt.

Driesch, H. (1921): Philosophie des Organischen. - Leipzig: Engelmann.

Dufner, J., A. Roser & F. Unseld (1998): Fraktale und Julia-Mengen. - Thun: Deutsch.

Ebeling , W. (1989): Chaos, ordnung und Information. - Leipzig/Jena/Berlin: Urania-Verlag.

Ebeling, W & R. Feistel (1985): Physik zur Selbstorganisation und Evolution. - Berlin: Akademie Verlag.

Edlinger, K. (2000a): Evolution und Integration lebender Systeme: Aggregation oder Binnendifferenzierung? - In: Edlinger, K., W. Feigl & G. Fleck (Eds.) (2000): Systemtheoretische Perspektiven. P. Lang Verlag d. Wissenschaften, Frankurt/M., s. 51-73.

Edlinger, K., W. Feigl & G. Fleck (Hrsgb.) (2000): Systemtheoretische Perspek- tiven. - P. Lang Verlag d. Wissenschaften, Frankurt/M.

Edlinger, K. & W. F. Gutmann(im Druck): Organismus, Evolution, Erkenntnis - Grundzüge und Konsequenzen der Organismischen Konstruktionslehre.

Edlinger, K., W. F. Gutmann & M. Weingarten (1989). Biologische Aspekte der Evolution des Erkenntnisvermögens Spontaneität und synthetische Aktion in ihrer organismisch-konstruktiven Grundlage. - Natur u. Museum 119(4). 113- 128.

Edlinger, K., W. F. Gutmann & M. Weingarten (1991). Evolution ohne Anpas- sung..- In: W. Ziegler (Hgb.). Aufsätze u. Reden Senckenb. Naturforsch. Ges. 37.

Ellen T. (1994): Künstliches Leben – eine spielerische Entdeckungsreise. Einführung in Theorie und Praxis einer neuen Wissenschaft. - Bonn: Addison-Wesley.

Emmeche, C. (1994): Das lebende Spiel. Wie die Natur Formen erzeugt. - Reinbek: Rowohlt.

Fry, I. (1995): Are the Different Hypotheses on the Emerence of Life as Different as they Seem?. - Biology & Philosophy 10(4), 389-417.

Gould, St. J. (1980): Is a new and general theory of evolution emerging? - Paleobiology 6, 119-130.

Gould, St. J. (1982): The meaning of the punctuated equilibrium, and its role in validating a hierarchical approach to macroevolution. - In: Milkman, R. (Ed.) Perspectives on Evolution. Sunderland/Mass: Sinauer, 83-104.

Gerbel, K: (Hrsg.) (1993): Genetische Kunst - künstliches Leben. - Linz: Genetic art.

Gleick, J. (1988). Chaos- die Ordnung des Lebens. München: Droemer-Knaur.

Gutmann, W. F. (1988). The hydraulic principle. - Amer. Zool. 28. 257-266.

Gutmann, W. F. (1989): Die Evolution hydraulischer Systeme. - Frankfurt/M. W. Kramer.

Gutmann, W. F. (1990) Energie-Kanalisierung und Zwangsführung als Grundlage der modernen Morpologie, - Natur u. Museum 120(10), 325-335.

Gutmann, W. F. & K. Bonik (1981): Kritische Evolutionstheorie - Ein Beitrag zur Überwindung altdarwinistischer Dogmen. - Hildesheim: Gerstenberg.

Gutmann, W. F. & M. Weingarten (1987): Die Autonomie der organimischen Biologie und der Versklavungsversuch der Biologie durch Synergetik und Thermodynamik von Ungleichgewichtsprozessen. - Dialektik 13, 227-239.

Haken, H. (1990). Synergetik und die Einheit der Wissenschaft.- In: Saltzer, W.: Zur Einheit der Naturwissenschaften in Geschichte und Gegenwart, 61-78. Darmstadt: Wiss. Buchges.

Haken, H. & A. Wunderlin (1986). Synergetik: Prozesse der Selbstorganisation in der belebten und unbelebten Natur.- In: Dress, A., H. Hendrichs & G. Küppers (Hgb.). Selbstorganisation. Die Entstehung von Ordnung in Natur und Gesellschaft. München-Zürich: Piper. 81-101.

Janich, P. (1992): Kleine Philosphie der naturwissenschaften. - München: C. H. Beck.

Jantsch, E. (1982): Die Selbstorganisation des Universums - Vom Urknall zum menschlichen Geist. – München: Dtv.

Kinnebrock, W. (1996): Künstliches Leben. Anspruch und Wirklichkeit. - München/Wien: Oldenbourg.

Küppers, B. O. (1986): Der Usprung biologischer Information. - München/Zürich: Piper.

Kurzweil, R. (1990): das Zeitalter der Künstlichen Intelligenz. - München/Wien: Hanser.

Kurzweil, R. (2000): Homo s@piens - Leben im 21. Jahrhundert - Was bleibt vom Menschen? – München: Econ.

Langton, Ch. G. (Ed.) (1998):Artificial life. An overview. - Cambridge, Mass.: MIT Press.

Langton, Ch. (1988): Editors introduction. In: Langton, G. (Ed.) (1998):Artificial life. An overview. - Cambridge, Mass.: MIT Press, X.

Lorenz,K. (1941): Kant's Lehre vom Apriorischen im Lichte gegenwärtiger Philosophie. - Blätter dt. Philosophie 15, 94-125.

Löwith, K. (1965): Die Entzauberung der Welt durch Wissenschaft. - In: Szczesny, G. (Hrgb.): Club Voltaire. Jahrbuch für kritische Aufklärung ll, - München: Szczesny Verla,.135-155.

Levy, St. (1993): KL - Künstliches Leben aus dem Computer. - München: Droemer Knaur.

MANDELBROT, B (1987): Die fraktale Geometrie der Natur. Basel: Birkhäuser.

Mayr, E. (1984): Die Entwicklung der biologischen Gedankenwelt. - Berlin: Springer.

Meinhardt, H. (1978). Models for the ontogenetic development of higher organisms - Rev. Physiol. Biochem. Pharmacol. 8, 48-104.

Meinhardt, H. (1987). Bildung geordneter Strukturen bei der Entwicklung höherer Organismen.- In : Küppers, B. O. (Hgb) : Ordnung aus dem Chaos Prinzipien der Selbstorganisation und Evolution des Lebens. München: Piper. 215-242.

Prigogine, I. (1979): Vom Sein zum Werden - Zeit und Komplexität in den Naturwissenschaften. - München/Zürich: Piper.

Prigogine, I. & I. Stengers (1981): Dialog mit der Natur. Neue Wege naturwissenschaftlichen Denkens. - München: Piper.

Primas, H. (1990): Biologie ist mehr als Molekularbiologie. - In: Fischer, E. P. & K. Mainzer (Hrsgb.): Die Frage nach dem Leben. München/Zürich: Piper, 63-92.

Riegler, A. (1994). Constructivist Artificial Life: The constructivist anticipatory principle and functional coupling. - Proceedings of the 18th German Conference on Artificial Intelligence (KI-94), Saarbrücken, Sept. (HTML). 21-24.

Riegler, A. (1995). CALM - eine konstruktivistische Kognitionsarchitektur für Artificial Life. - In: Dautenhahn, K. et al. (Eds.) Proceedings des Workshops"Artificial Life" at the German National Research Center for Information Technology (GMD), Sankt Augustin, Germany, Oct. GMD-Studien Nr. 271 (HTML). 12-13

Rose, St. (2000): Darwins gefährliche Erben. Biologie jenseits der egoistischen Gene. - München: Ch. Beck.

Reichholf, J. (1993): der schöpferische Impuls - Eine neue Sicht der Evolution. Stuttgart: DVA.

Schaxel, J. (1922): Grundzüge der Theorienbildung in der Biologie. – Jena: G. Fischer.

Schrödinger, E. (1944): What is Life? & other scientific essays. - Cambridge/London/New York/Melbourne: Cambridge Univ. Press.

Schrödinger, E. (1987): Was ist Leben? - München/Zürich: Piper.

Schuster, P. (1998):Extended Molecular Evolutionary Biologa: Artificial Life Bridging the Gap Between Chemistry and Biology. - In: Langton, Ch. G. (Ed.) (1998):Artificial life. An overview. - Cambridge, Mass.: MIT Press, 39-60.

Simonyi, K. (1990): Kulturgeschichte der Physik. - Leipzig/Jena/Berlin: Urania

Steinbuch, K (1969): Gedanken über Kybernetik. In: In: Szczesny, G. (Hrgb.): Club Voltaire. Jahrbuch für kritische Aufklärung 1, - Reinbek: Rowohlt, 372-384.

Steinbuch, K. (1971): Automat und Mensch. - Berlin/Heidelberg/New York: Springer.

Sutter, A. (1988): Göttliche Maschinen. Die Automaten für Lebendiges bei Descartes, Leibniz, La Mettrie und Kant. - Frankfurt/M. Atheäum.

Wagner. R. (1961): Rückkoppelung und Regelung: Ein Urprinzip des Lebenden. - Naturwiss. Rdsch. 48, H3, 235-246.

Wuketits, F. M. (1995) : Evolutionstheorien - Historische Voraussetzungen, Positionen, Kritik. – Wiss. Buchges. Darmstadt.

Whitehead, A. N. (1988): Wissenschaft und moderne Welt. - Frankfurt/M. Suhrkamp.

WENN DAS LEBEN NEU ERFUNDEN WIRD

Elfriede Maria Bonet

Für einen an der Biologie orientierten Philosophen und Wissenschaftstheoretiker stellen Forschungsrichtungen wie „Artificial Intelligence" und „Artificial Life" eine Herausforderung dar. Obwohl selbst weder in der Lage noch willens, an solchen Unternehmen mitzuarbeiten, sind sie, als Teil der Ideen- und Kulturgeschichte, von großem Interesse. Die Fragestellungen sind dementsprechend dann auch anderer Art: es geht nicht um Beteiligung am „internen" Diskurs, mit den Fragen, ob nun Computer tatsächlich „Intelligenz" besäßen oder bestimmte Gebilde so etwas wie „Leben". Die Betrachtungsweise erfolgt von „außen" und nimmt das spezielle Geschehen mitsamt seinem kulturellen Kontext, den soziologischen und psychologischen Auswirkungen, „unter die Lupe".

Unter diesem Aspekt ist vor allem festzustellen, dass es sich, ungeachtet gewisser Unterschiede, um ein und dasselbe Unterfangen handelt. Sowohl was die Intentionen der Beteiligten betrifft als auch die Folgen für eine Kultur, die dabei ist, ihr Denken, und daher auch ihr Handeln, diesem neuen Paradigma zu unterwerfen. Daher werden hier vor allem die Gemeinsamkeiten Thema sein.

Meine erste Begegnung mit der AI („Artificial Intelligence") fand vor mehr als zehn Jahren statt, als in Graz ein Symposion darüber abgehalten wurde. Selbst Vortragende bei einer anderen Veranstaltung, wechselte ich nach getaner Arbeit vom „Meerscheinschlössl" in die nüchterneren Säle der Universität; sodass dieses erste Zusammentreffen ein eher zufälliges war. Und ich kam gerade zurecht, als Joseph Weizenbaum, einer der „Gründungsväter" der AI, seinen Vortrag hielt. Ehrfürchtig begrüßt, betrat er das Rednerpult - und begann, über den Holocaust zu sprechen. Und das ging minutenlang so. Ich fand das deplaziert und war verärgert, so dass ich mir schon überlegte, wie ich möglichst unauffällig den Raum verlassen könnte. Und während ich noch Ausschau nach einer solchen Möglichkeit hielt, sagte er plötzlich:

"Und das ist noch gar nichts gegen das, was jetzt in der AI passiert: Es soll nicht nur eine Rasse abgeschafft werden, sondern die ganze Menschheit."

In Kürze erzählte er, dass an der Entwicklung der AI am MIT keine einzige Frau beteiligt war und meinte, Freud hätte unrecht gehabt mit seiner Annahme, dass Frauen alle an einem Penisneid litten. Hingegen, so seine Aussage, litten Männer - und vor allem jene, die hier beteiligt waren - an einem ausgeprägten Gebärmutterneid. Und der wäre bei weitem schlimmer als ein etwa vorhandener Penisneid.

Als er fertig war, war es mucksmäuschenstill, und der Chairman fühlte sich offensichtlich sehr unbehaglich. Nach einer Weile sagte er: „Nun erwarte ich mir Stellungnahmen aus den Reihen der AI-Leute." Aber es blieb still. Nicht einer meldete sich Wort, und nach einer unangenehmen Weile wurde die Tagung fortgesetzt. Und niemand, so mein Eindruck, hatte sich wirklich beeindrucken lassen.

Mir aber ging diese Begebenheit immer wieder durch den Kopf, und als ich gefragt wurde, ob ich zum Thema „Künstliches Leben" etwas zu sagen hätte, fiel sie mir spontan wieder ein. Der nächste Gedanke aber war: Was hat das mit „Künstlichem Leben" zu tun? Gibt es da eine Verbindung, und wenn ja, welche? Meine Vermutung, dass hier eine Verbindung besteht, war zunächst rein intuitiv.

Eine Bestätigung meiner Annahme brachte dann das Buch „Die Wunschmaschine. Der Computer als zweites Ich" der amerikanischen Soziologin und Psychologin Sherry Turkle.[1] Obwohl dem Thema „Künstliche Intelligenz" gewidmet, stellten sich schon nach kurzer Lektüre eine Reihe von Bezügen ein.

Was beiden Richtungen gemeinsam ist, ist vor allem, dass für jene Eigenschaften bzw. Merkmale, die den jeweiligen „Geschöpfen" zugesprochen werden, es sei „Intelligenz" oder „Leben", Schutz moniert wird. Und es sind nicht Argumente, welche die Hauptlast der Beweisführung tragen, sondern es werden offen Drohungen ausgesprochen.

So glaubt Gary Drescher vom MIT, dass es ein - zwar von der AI noch nicht realisiertes, aber seiner Meinung nach ohne Zweifel zu realisierendes - letztes Kriterium für Leben gibt, und das ist Bewusstsein. Und er baut vor: „Wir haben das Recht, dieses Leben zu erschaffen", sagt er, „aber wir haben nicht das Recht, das, was wir da machen, auf die leichte Schulter zu nehmen." Daher beschäftigt er sich auch mit einer „neuen Ethik", die das Zusammenleben von intelligenten Wesen, sowohl menschlicher als auch maschineller Herkunft, regeln soll. War es für Isaac Asimov noch ein Anliegen, „Roboter-Gesetze" aufzustellen, welche die Menschen vor den Robotern schützen sollten, geht Gary Drescher weiter und fordert die gleichen Rechte für alle Beteiligten. Und hier schlägt die Argumentation in Drohung um. Denn: Wenn Bewusstsein Leben ist, dann ist die Auslöschung von Bewusstsein Mord. Im Originalton liest sich das folgendermaßen:

„Die Leute reden immer davon, dass sie den Computern den Stecker rausziehen werden, als würden sie damit die Welt retten, die höchste moralische Handlung begehen. Aber das ist Science-fiction. Im wirklichen Leben wird es vielleicht genau umgekehrt sein. Wir sind dabei, Bewusstsein zu erschaffen, Leben zu erschaffen, und dann wollen die Leute vielleicht einfach den Stecker rausziehen, wenn eines dieser intelligenten Wesen nicht derselben Meinung ist wie sie." [2]

Für Gary Drescher - und mit ihm andere - ist klar: Die Menschen werden die erschaffenen Lebewesen töten wollen, und man fragt sich, was ihn zu dieser Annahme führt, und woher diese Angst kommt; wenn es eben diese Lebewesen, deren Schutz so lautstark propagiert wird, noch gar nicht gibt, und sie zur Zeit lediglich als die im obigen Zitat lächerlich gemachte „Science-fiction" existieren. Es erfolgt eine Umwertung der Utopie: sie wird zum „wirklichen" Leben erklärt. Das Muster ist alt und wohlbekannt: Man besetzt eine zukünftige Realität mit einer bestimmten Utopie und erklärt sie zur „wahren". Die aktuell existierende Realität wird zu deren

---

[1] Rowohlt Taschenbuch Verlag GmbH, 1986. Originalausgabe: "The Second Self. Computers and the Human Spirit", Verlag Simon and Schuster, Inc., New York.
[2] (2) a.a.O., S. 324.

Gunsten hintangestellt, sie ist dann eine lediglich „mindere" Vorstufe. dass Utopien solcher Art sich noch nie be,,wahrheit"et haben, scheint sich noch nicht bis zum MIT[3] herumgesprochen zu haben.

Und ohne dass dafür eine reale Grundlage bestünde, wird eine Moral eingefordert, die da lautet:

„Kein Bewusstsein ohne Verpflichtung, ohne die moralische Verpflichtung der Menschen gegenüber dem Leben, das wir erschaffen haben."

Man beachte: „Die" Menschen, also wir alle, ob wir das wollten oder nicht, ob wir damit einverstanden sind oder nicht, müssen schon heute eine moralische Verpflichtung eingehen; gegenüber dem „Leben", das jemand sich vielleicht anschickt, in einer fernen Zukunft zu erschaffen.. Wer aber ist gemeint mit diesem „wir"? Ganz einfach: Auch wenn Drescher nicht daran glaubt, dass Gott die Menschen geschaffen hat, so ist er nichtsdestotrotz der Meinung, dass Menschen zu Göttern werden, wenn sie ein Bewusstsein erschaffen. Also: „wir", die Götter der AI.

„Den Stecker rausziehen", eine an sich banale Handlung, wird damit zum „Gottesfrevel", denn eines ist klar: mit den jeweiligen Geschöpfen wird auch deren Schöpfer ausgelöscht; was dieser selbstverständlich nicht zulassen kann. Ein Schöpfer ohne Geschöpfe verliert ja zwangsläufig seinen Status als ein solcher. Vor allem aber verliert er seine finanziellen Mittel.

Die mythische Dimension wird vollends dann erreicht, wenn man einen Blick in die Biographien der Protagonisten der AI wirft. Von Anfang an haben sich viele von ihnen als Erschaffer von Leben begriffen, und zwar nicht einfach von „Leben" überhaupt, sondern was die Phantasie beflügelt, sind Träume, oft Träume, die aus der Kindheit ins Erwachsenenleben hinübergerettet wurden. So erzählt Donald Norman, ein Psychologe, der innerhalb der AI-Tradition arbeitet:

„Ich habe einen Traum, mir meinen eigenen Roboter zu bauen. Ihn mit meiner Intelligenz auszustatten. Ihn zu meinem Ebenbild, zu meinem Geist zu machen. Mich selbst in ihm zu sehen. Schon immer, schon seit meiner Kindheit."[4]

Sein Kollege Roger Schank wirft ein:

"Wer tut das nicht? Ich wollte immer schon einen Geist erschaffen. Irgend etwas in der Art. Das ist das Aufregendste, was man machen kann. Das Wichtigste, was man machen kann."

Doch es geht nicht nur um die Kindheitsträume Einzelner, in vielen Fällen geht es um viel mehr. So sind einige AI-Forscher in einer Familientradition aufgewachsen, die in ihnen das Gefühl erweckte, Abkömmlinge des Rabbi Löw zu sein, der einer Sage zufolge den geheimnisvollen, aus 72 Buchstaben zusammengesetzten Namen Gottes kannte und damit die Macht hatte, den Golem, eine menschenähnliche Figur aus Lehm, zu beleben. Zu diesen Wissenschaftlern gehören Gerald Sussman, Marvin Minsky und Joel Moses. Und Joel Moses erzählte der ihn interviewenden Sherry Turkle, dass sich noch einige andere amerikanische Wissenschaftler, darun-

---

[3] Massachussetts Institute of Technology; eines der größten AI-Labors der USA.
[4] a.a.O., S. 322.

129

ter John von Neumann und Norbert Wiener, als Nachfahren des Rabbi Löw betrachten.

Eine andere, subtilere Möglichkeit, etwaige Widerstände - und zwar ante factum - auszuräumen, ist die der Schuldzuweisung; eine indirekte Form der Drohung. Wer nicht bereit ist, den Enthusiasmus zu teilen oder gar versucht, das Unternehmen zu sabotieren, wird des „intellektuellen Frevels" bezichtigt. Er behindert nicht nur die Menschheit in ihrem Fortkommen, denn nach Edward Fredkin vom MIT ist „die künstliche Intelligenz .. die nächste Stufe der Evolution" - und wer könnte schon dafür die Verantwortung übernehmen, das zu verhindern? Mehr noch: er verhindert den Ablauf eines „natürlichen" Prozesses. Zum „natürlichen Prozess" erklärt, gerät diese Entwicklung aber ohnehin außerhalb die Entscheidungsfähigkeit Einzelner, und man kann ihnen die „lange Nase" zeigen. Denn: „natürliche Prozesse" lassen sich bekanntlich nicht aufhalten.

Mit ähnlich schweren Geschützen fahren die Vertreter jener Richtung auf, die es sich zum Ziel gemacht hat, „selbstreplizierende Maschinen" zu konstruieren.[5] Basierend auf den Überlegungen des Mathematikers John von Neumann, entwarf Edward F. Moore in den 50er-Jahren „künstlich lebende Fabriken", die im Meer schwimmen und sich selbst replizieren können sollten. „Sollten" deshalb, weil sie reine Phantasiegebilde waren, für deren Entwicklung niemand Geld aufwenden wollte. Zudem sah man die Gefahr einer echten Umweltkatastrophe, wenn Tausende von Fabrikwracks an die Küsten gespült würden.

Was also tun? Wie immer, wenn etwas hienieden nicht so richtig funktioniert, lagert man es in die coelestischen Gefilde aus. Daher verlagerte z.B. Freeman Dyson vom Institute for Advanced Study seine Gedankenspiele in den Weltraum. Er schlug vor, einen selbstreproduzierenden Automaten zum schneebedeckten Saturnmond Enceladus zu schicken. Die Vision ging dahin, dass diese Maschine mit Hilfe von Sonnenenergie Fabriken herstellen würde, die ihrerseits solargetriebene Raumsegler bauen sollten, die dann, mit einem Eisblock bestückt, zum Mars gleiten würden. Während der Fahrt durch die Atmosphäre des Mars würden die Eisblöcke schmelzen, die sich anreichernde Feuchtigkeit würde die Atmosphäre des Mars erwärmen und diesen Planeten so zu einem mollig warmen Treibhaus für Lebewesen und (natürlich Nutz-) Pflanzen machen.

Im Jahre 1980 stellte die NASA Mittel für ein zehnwöchiges Projekt zur Verfügung, das die Rolle von hochentwickelten Automaten und Robotern in künftigen Weltraumunternehmungen prüfen sollte. 18 Universitätsprofessoren und 15 Programmierexperten wurden verpflichtet, die in vier Gruppen arbeiteten. Leiter jener Gruppe, die unter dem Namen Self-Replication Systems Concept Team bekannt wurde, war Richard Laing. Er entwickelte von Neumanns Ideen über Automaten weiter und stattete sie mit weiteren Eigenschaften aus.

---

[5] Einen guten Überblick gibt das Buch: „KL- Künstliches Leben aus dem Computer" von Steven Levy, dem die folgenden Zitate und Anregungen entnommen sind. Droemersche Verlagsanstalt Th. Knaur Nachf., München 1993. Originalausgabe: "Artificial Life". Pantheon Books (Random House, Inc.), 1992.

Selbstreplizierende Systeme sollten folgende Verhaltensweisen aufweisen: Produktion, Replikation, Wachstum, Evolution und Eigenreparatur.

Konkret, soweit hier von Konkretion gesprochen werden kann, sah die Konstruktion so aus, dass eine „Keimzelle" im Gewicht von 100 Tonnen auf den Mond gebracht wurde. Das „Ei" bricht auf und entlässt seine Roboterbrut, die hurtig daran geht, ein Solaraggregat zur Energieversorgung zu bauen, den besten Standort für die Fabrik ausfindig zu machen. Andere Roboter hätten ein Kommunikationsnetzwerk zum Aufbau des Kontrollsystems zu installieren, Tiefbauroboter den Boden des Standorts zu planieren und Betonwerker die Fundamente zu legen. Nachdem die Station fertiggestellt war, wurde im Mittelpunkt der Zentralcomputer installiert. Die Errichtung eines riesigen Sonnensegels hätte der Energieerzeugung für die nächsten Elemente der Fabrik zu dienen, dem Chemielabor, der Herstellung, Fertigung und dem Controlling. Für diesen Aufbau wurde ein Jahr veranschlagt. Dann konnte die Fabrik mit der Produktion beginnen, an ihrem Standort expandieren, aber sie konnte auch robotergefüllte Keimzellen für weitere Fabriken produzieren und Raketen herstellen, mit denen diese an andere Orte des Sonnensystems befördert werden würden.[6]

Damit nicht genug, sollte die Invasion der von-Neumannschen Organismen nicht auf das Sonnensystem beschränkt bleiben. Da kein vergängliches Material beteiligt war, war es ein Leichtes, die interstellaren Räume zu überbrücken. Salopp ausgedrückt:

"Reproduktive Sonden könnten es möglich machen, eine Million der am nächsten gelegenen Sterne innerhalb von 10.000 Jahren und das gesamte System der Milchstraße in weniger als einer Million Jahren zu erforschen, wobei der Menschheit nur die Kosten für ein einziges, selbstreproduzierendes Raumschiff entstünden."

Damit tauchten natürlich auch Bedenken auf. Beispielsweise, dass diese Kreaturen zu unseren Konkurrenten werden könnten, möglicherweise würden sich sogar Arten entwickeln, die es mit der Menschheit „aufnehmen" könnten. Und so wurde die Möglichkeit der „Populationskontrolle" erwogen - mittels einer „Anti-Baby-Pille". Auch „artspezifische" Fressfeindmaschinen wurden zu diesem Zweck erwogen, ebenso „universelle Raubtiere", um die Populationen am Explodieren zu hindern. Anderseits bestand aber die Gefahr, dass all diese Mechanismen nicht funktionieren würden, da man, um das eigene Dogma zu erfüllen, diesen Kreaturen eine gewisse „evolutionäre" Angepasstheit bzw. Entwicklungsfähigkeit zugestehen müsste, die eben den Nachteil hätte, eventuell nicht zu funktionieren, da jede Kreatur bekanntlich nur auf ihren eigenen Vorteil achtet und sich in dieser Richtung entwickelt.

Worum es der Gruppe aber vor allem ging, war, diese Maschinen nicht einfach als Maschinen anzusehen, sondern als lebende Organismen. Es wurde postuliert, sie seien gleichgestellte Partner, die symbiotisch an uns gebunden wären und sich neben uns in alle Ewigkeit weiterentwickeln würden. Was die Frage nach dem Status der Menschheit virulent werden ließ.

---

[6] (6) a.a.O., S. 52ff.

Das fiktive Szenario musste also (wieder) geschützt werden. Das Prinzip, nach dem das geschieht, ist immer das gleiche: man zeige auf, dass die aktuelle Situation unhaltbar ist - und geriere sich zugleich als „Retter" aus der hoffnungslosen Lage. Zuerst die Peitsche, dann das Zuckerbrot. Folgerichtig wurde die Menschheit daher nicht nur zur „biologischen Zwischenstation" in der Evolution erklärt, sondern zu einer deren „Sackgassen" abgewertet. Aber, keine Bange! Hilfe ist in Sicht, und zwar in Form dieser selbstreplizierenden Systeme – „in einem sehr realen intellektuellen und materiellen Sinn unsere Nachkommen". Sie werden uns behilflich sein, diese „ins Nichts" führenden Weg zu vermeiden. Die Lösung liegt also in der Koexistenz, die - man höre und staune - uns auch noch, so ganz nebenbei, „Unsterblichkeit" bescheren wird.

Für die Ängstlichen, und das sind jene, die den Protagonisten allzu leicht Glauben schenken, gibt es aber auch Beschwichtigungen, die ebenfalls dem bekannten Muster folgen. Beschwichtigen oder trösten kann man nur jemanden, den man zuvor in Angst versetzt oder zumindest herabgesetzt hat.[7]

Denn auch mit unserem Denken ist es nicht weit her, lässt uns Edward Fredkin wissen:

„Im Grunde ähnelt der menschliche Geist nicht in erster Linie einem Gott oder einem Computer. Er ähnelt in erster Linie dem Denken eines Schimpansen, und das meiste, was da ist, ist nicht darauf eingerichtet, in einer höheren Gesellschaft zu leben, sondern darauf, sich im Dschungel oder auf freier Wildbahn durchzubeißen."

Unser Denken, so ist weiter zu erfahren, reagiert auf „lokale" und nicht auf „globale" Weise, weshalb wir auch nicht in der Lage sind, mit globalen Problemen zurechtzukommen, als da sind: Politik, die Hungersnot in der Dritten Welt, die Verhinderung eines Krieges.

Doch Trost ist in Aussicht, denn wir sind im Begriff, Wesen zu erschaffen, die diese Art des Denkens weit besser beherrschen als wir:

„Menschen sind ganz in Ordnung. Ich bin froh, einer zu sein. Ich mag sie im allgemeinen, aber sie sind halt nur Menschen .. Dem Intellektuellen behagt die Vorstellung nicht, dass diese Maschine etwas besser macht als er, aber damit stellt er sich auf eine Stufe mit dem Typen, der körperlich besiegt wird .. Die bloße Vorstellung, dass wir die besten im Universum sein müssen, ist irgendwie weit hergeholt .. Ich glaube, wir werden unendlich viel glücklicher sein, wenn wir eine Nische mit klaren Grenzen gefunden haben. Wir werden uns keine Sorgen mehr darüber machen müssen, so wie wir es heute tun, dass wir die Last des Universums auf unseren Schultern tragen. Wir können das Leben als menschliche Wesen genießen, ohne uns Sorgen darüber machen zu müssen. Und ich glaube, das wird eine großartige Sache werden .. Jetzt, wo die künstliche Intelligenz auftaucht .. ich glaube, wenn sie ein kleines bißchen besser werden würde als der Mensch, wären wir weg vom Fenster. Aber sie wird kein etwas besserer Mensch sein. Sie wird etwas ganz und gar, etwas total anderes sein, das uns unsere Nische lässt. Was das Menschsein angeht, werden wir auch weiterhin die besten Geschöpfe auf dem ganzen Planeten sein. Und wissen Sie was? Es könnte uns sogar Spaß machen."

---

[7] (7) Sherry Turkle, S. 324f.s

Doch es gibt auch noch andere Versprechungen, mit denen Skeptiker überzeugt, Ängstliche beruhigt, vor allem aber jene geködert werden sollen, die - mit möglichst wenig Einsatz - einen möglichst hohen Gewinn erzielen wollen. Bleiben wir bei Edward Fredkin und seiner Meinung über das menschliche Denken:

„Es herrscht die verbreitete Ansicht, das menschliche Denken sei eine phantastische Sache, die nur von den meisten Leuten kaum genutzt wird - nur fünf bis zehn Prozent der zur Verfügung stehenden Kapazitäten. Wenn es uns nur gelänge, die gesamte menschliche Denkfähigkeit, alle ihre Kräfte freizusetzen, dann wären wir alle Supermänner."

Nun mal ganz ehrlich - wer von uns wollte kein Supermann (oder eine ebensolche - frau) sein? Die Sache hat nur einen, allerdings ziemlich schwerwiegenden, Haken. Wären wir alle jene in Aussicht gestellten Supermänner (und selbstverständlich auch -frauen) in einer Super-Gesellschaft, dann käme über kurz oder lang sicher jemand, der uns verspräche, aus jedem einzelnen einen Super-Supermann zu machen. Und ließen wir uns darauf ein, dann käme ... usw. Die Frage ist also: Was wäre damit gewonnen?

Und auch das Versprechen, mit Hilfe der AI alle globalen Probleme - und zwar auf globale Weise - bewältigen zu können, hat einen Pferdefuß: dann sollten wir bedenken, dass globale Problemlösungsmaschinen mit Sicherheit ebenso globale Probleme mit sich bringen. Ein einziger, „lokaler" Fehler, der nie auszuschließen sein wird, verändert, aufgrund dessen „selbstorganisierender" Struktur, das gesamte, globale System.

Als letzter, aber ganz wesentlicher Punkt, sei noch von der wundersamen Brot-, d.h. Kapitalvermehrung berichtet, die mit Hilfe der „selbstreplizierenden" Fabriken erreicht werden sollte. Parallel zum Reproduktionsprozess, der, wenn er reibungslos abliefe, gewissermaßen die intellektuellen Ansprüche befriedigen würde, sollte noch ein zweiter Prozess laufen: Die Fabrik sollte einen Produktionsausstoß erreichen, der ihren Herstellern und Betreibern einen gewaltigen Gewinn bescheren würde. Dabei könnte es sich beispielsweise um den Abbau von Mineralien handeln, von denen mehr angereichert würde als zur Herstellung der Nachkommen erforderlich ist. Oder aber auch um ein Produkt, das für die Erzeugung der Nachkommen gar nicht notwendig wäre, wie z.B. Wasser. Da sich die künstlich lebende Fabrik selbst erhält, indem sie - beliebig viele - neue Fabriken herstellt, war eine einzige Fabrik in der Lage, unbegrenzten Profit zu erwirtschaften. Für die Kleinigkeit von 75 Millionen Dollar erklärte sich Moore im Jahre 1955 bereit, innerhalb von zehn Jahren etwaige Entwicklungsprobleme zu bewältigen. Niemand hat seitdem jemals von einer solchen „künstlichen, lebenden" Fabrik gehört. Trotzdem: die Idee, wie so manche andere auch, war geboren und blieb, im Gegensatz zu anderen - künstlichen oder natürlichen - Gebilden, „am Leben". Denn das, was immer noch am Lebendigsten ist und wohl auch in nächster Zukunft bleiben wird, sind unsere Ideen.

DIE METHODISCHEN DEFIZITE DES MOLEKULARBIOLOGISCHEN REDUKTIONISMUS

Karl Edlinger

Jede Wissenschaft bringt ihre eigene Methode mit sich und es kann einer Wissenschaft nicht nur nichts nützen, sondern im Gegenteil nur schaden, wenn sie eine Methodik anstrebt, die ihrem Gegenstand nicht angemessen ist.

Arthur March

Einleitung

Die Problematik reduktionistischer Ansätze und ihrer Auswirkungen auf die theoretische Fundierung des Künstlichen Lebens lässt sich an keinem Beispiel besser demonstrieren, als an dem des molekularbiologischen Reduktionismus, jenem Forschungsprogramm und jener Sicht des Lebens, die in den letzten Jahrzehnten die Biologie und hier vor allem die evolutionstheoretische Debatte beherrschte.

Der Molekularbiologischen Reduktionismus wurde im deutschen Sprachraum durch die Schule um Nobelpreisträger Manfred Eigen entwickelt und errang sehr schnell durch die Theorie des Hyperzyklus und spieltheoretische „Evolutionsmodelle" eine Art Monopolstellung in der theoretischen Begrünung von Lebensentstehung und Evolution.

So wie bei anderen Reduktionismen wurden auch beim molekularbiologischen Beziehungen zum Künstlichen Leben hergestellt. Peter Schuster (1998), einer der prominentesten Biochemiker und Molekularbiologen sowie Mitarbeiter von Manfred stellt die These in den Raum, Artificial Life könne wegen seiner Anklänge sowohl an das reale Leben als auch an die Molekularbiologie eine Art Brücken- und Mittlerfunktion erfüllen und, weil es eben Eigenschaften von beiden aufwiese, die Fruchtbarkeit vieler theoretischer Ansätze der Molekularbiologie, etwa jener der Gruppe um Manfred Eigen untermauern.

Die These enthält aber implizite auch schon die theoretischen Schwierigkeiten sowohl des Molekularbiologischen Reduktionismus als auch des Künstlichen Lebens. Ihre Beziehung zum natürlichen Leben ist nämlich durchaus nicht eindeutig. In vieler Hinsicht finden sich statt wissenschaftlich stringenter Vergleichsmöglichkeiten Metaphern und oberflächliche Gleichsetzungen. Schuster (1998) deutet dies selber an:

The knowledge acquired in molecular evolution allows ample extensions. In the near future, many more nonnatural systems will be designed and synthesized that fulfill the principles of molecular genetics and are thus capable of evolution but, apart from that, have little in common with their living counterparts.

Molecular evolution, in essence, has established the basic kinetic mechanisms of genetics. In the case of RNA replication and mutation, the reaction mechanisms were resolved to about the same level of details as with other polymerization reactions in physical chemistry. Several aspects of a comprehensive theory of evolution, however, are still missing. For example, the integration of cellular metabolism and genetic control into comprehensive theory of molecular genetics has not yet been achieved. Morphogenesis and development of multicellular organisms need to be incorporated into the theory of evolution. No satisfactory explanations can be given yet for the mechanisms leading to the origin of real novelties often addressed as the great jumps in evolution. (s. 57/58).

Die wenig befriedigende theoretische Situation spiegelte und spiegelt sich auch in den „hard sciences" wider. Zum Beispiel als die Sequenzierung „des" menschlichen Genoms für im wesentlichen für abgeschlossen erklärt wurde und herausstellte, dass diese Sequenzierung, irrtümlich als „Entschlüsselung" bezeichnet, weniger Probleme klärte als aufwarf und schuf. Die Ernüchterung, die der enthusiastischen Verkündung des Ereignisses folgte, gründet sich auf das bislang weithin ignorierte Faktur, dass das „Genom" eben nur einen (sicherlich essenziellen und wichtigen) Teil des Organismus ausmacht und nur dann als solche konstituiert werden und funktionieren kann, wenn es in einen funktionierenden und aktiven Organismus eingebaut ist. So war es nur konsequent, dass die „Proteomik" als neue Wissenschaft der Zukunft vorgestellt wurde (Pandey & Mann 2000; Ezell 2000)

So gesehen erhält P. Schusters Feststellung über die Beziehung des künstlichen zum natürlichen Leben eine wohl nicht beabsichtigte Brisanz.

Die Entwicklung des Molekularbiologischen Reduktionismus

Im Zuge der Aufklärung der DNS-Struktur und eines raschen, stürmischen Fortschritts der Molekularbiologie entwickelte sich in Anknüpfung an den durch die Synthetische Theorie gelieferten theoretischen Vorlauf eine neue Sicht des Lebens, die sogar mit dem Anspruch auftritt, eine eigene Philosophie darzustellen (Küppers 1986b). Vor allem die Schule um M. Eigen und P. Schuster erlangte im Deutschen Sprachraum eine dominierende Stellung.

Ihr theoretischer und experimenteller Ansatz suggeriert, dass man durch Klärung des Aufbaues und der chemisch-physikalischen Eigenschaften jener organischen Moleküle, aus denen sich Lebewesen zusammensetzen, zu deren Eigenschaften selber vorstoßen könne, ja bereits vorgestoßen sei. Von der molekularen Ebene, von den elementaren chemischen Bestandteilen aus soll es möglich sein, die Lebewesen quasi „hochzubauen".

Dies wird aber nicht versucht, sondern es werden, wie zu zeigen ist, molekulare Bestandteile als Organismen behandelt. Alle einschlägigen Publikationen beschränken sich prinzipiell auf die Betrachtung der molekularen, genetischen Ebene des Lebens. Auch wo die Frage der Kompartimentierung ins Spiel gebracht wird (Eigen, Gardiner, Schuster & Winkler-Oswatitsch 1983; Eigen 1989), soll sie ausschließlich der Klärung biochemischen, molekularen Geschehens dienen.

Wobei sich das Interesse sehr stark auf die Nukleinsäuren konzentriert, die eine wesentlich informationstheoretische Interpretation erfahren (Eigen, Gardiner, Schuster & Winkler-Oswatitsch 1983; Küppers 1986a).

Dabei meint man, aus der autokatalytischen Selbstreproduktion von im Labor erzeugten hochpolymeren Kettenmolekülen, aus dabei beobachteten Veränderungen in ihrer Struktur und einer sukzessiven Ablöse vorher in der Reaktionslösung dominanter Molekültypen durch neue, mutativ entstandene, die Lösung von Evolutionsproblemen, vor allem von Vorgängen in den präbiotischen Phasen der Evolution, der molekularen „Evolution", anbieten zu können.

Der Schluss auf die lebenden Organismen selbst, auf eine ganz andere ontologische Ebene, gelingt nur scheinbar, nämlich durch eine extreme Einengung der Sicht auf die molekulare Genetik und durch eine von der Konstituierung des Gegenstands her problematische Gleichsetzung von Nukleinsäuresträngen oder Chromosomen mit Organismen (Eigen 1989).

Es wird weiters, offenbar ohne dass der metaphorische Charakter dieser Anschauung erkannt würde, unterstellt, dass Nukleinsäuren „Informationsträger" für bestimmte Proteinstrukturen wären, die sich, sofern sie nicht durch andere chemische Einflüsse daran gehindert werden, ununterbrochen in „Eiweißsprache" umsetzen. Die Proteine und ihre verschiedenen Kombinationen machen dann die Eigenschaften der Lebewesen aus.

Folglich müsse, um leistungs- und überlebensfähige Organismen hervorzubringen, nur die richtige Kombination von DNS-Stücken und der in ihnen enthaltenen „Information" zusammentreten. Diese Polykondensation führe zu geordneten Komplexen. Informationstragende Moleküle würden sich also aus Eigenem Antrieb zu einer Art Protoorganismen zusammenschließen, sich selbst organisieren. Diese Moleküle bauten sich aus Vorstufen auf, deren spontane Entstehung durch die klassischen Miller-Versuche demonstriert wurde. Information entstehe somit, wie auch wörtlich ausgedrückt wird (Eigen 1973, 1989; Küppers 1986a), von selber.

Wo die Frage von Lesrichtungskriterien dieser „molekularen, präbiotischen Evolution" auftaucht, werden entweder gemäß den aus der synthetischen Theorie übernommenen Prämissen „Umweltfaktoren" wie das Angebot an chemischen Ausgangsmaterialien ins Spiel gebracht, welche die Chancen verschiedener Substanzen auf Autokatalyse, Reproduktion und Vermehrung ungleich verteilen, oder aber man baut diese Prämissen in spieltheoretische Überlegungen ein und rekonstruiert Evolution als Konkurrenz-Spiele, in denen verschiedene Nukleinsäuresequenzen als Spieler auftreten und dabei je nach ihrer „Fitness" aber auch nach Zufallskriterien unterschiedliche Reproduktions- und Mutationschancen zugewiesen bekommen. Diese führen letztlich zu ständigen Veränderungen und damit auch zu ständigem Auftreten neuer Varianten und zum Aussterben alter. Leben wird als weitgehend zufallsbedingter Prozess vorgestellt, in den Naturgesetze als Rahmenbedingungen des ablaufenden Spiels, als Spielregeln eingreifen. Dabei werden aber die den Spielregeln zugrundegelegten Bedingungen weitgehend auf die Eigenschaften der sich selbstreproduzierenden und konkurrierenden Moleküle selbst zurückgeführt.

Andere, aus der Physik stammende Disziplinen wie Synergetik oder Nichtgleichgewichtsthermodynamik gefährden die Stellung des Molekularbiologischen Reduktionismus nicht. Sie besetzen in der allgemeinen Debatte auch teilweise völlig andere Nischen und können friktionsfrei mit ihm koexistieren (Prigogine 1979, Haken 1981, Jantsch 1982). Ja, in manchen Fällen liefern sie ihm sogar eine physikalische Untermauerung.

Angesichts dieser Situation stellt sich aber die Frage, ob der von den Vertretern des Molekularbiologischen Reduktionismus zur Schau getragene Optimismus in bezug auf eine mögliche endgültige Klärung aller Fragen der organismischen Existenz und der biologischen Evolution tatsächlich begründet ist, oder ob nicht schon in den theoretischen, das praktische Handeln bewusst oder unbewusst leitenden Prämissen des molekularbiologischen Reduktionismus methodische Ungereimtheiten verborgen sind, die seine Stellung als erklärende Theorie ernsthaft in Zweifel ziehen.

Da der Molekularbiologische Reduktionismus sehr stark auf experimentelle Befunde rekurriert, stellt sich die Frage nach der Begründung der angewendeten Methoden und nach ihrem theoretischen Erklärungswert. Diese Beschreibung der theoretischen und methodischen Grundlagen der darwinistischen Organismus-Sicht wirft die Frage der Stringenz auf.

Methodische Bedingungen

Als Ausgangspunkt methodischer Überlegungen mit hohem Klärungspotential kann die großteils auf Dingler aufbauende, durch zahlreiche Autoren weiterentwickelte, als konstruktivistisch qualifizierte Methodische Philosophie (Janich 1992a, Kötter 1992) gelten.

Die Naturwissenschaften, vor allem die theoretisch weit entwickelte Physik, stoßen durch Experimente zu allgemeingültigen Regelhaftigkeiten vor, die als Naturgesetze bezeichnet werden. Jedes Experiment ist, wie v. a. die Vertreter der methodischen Philosophie im Anschluss an den Erlanger Konstruktivismus u. H. Dingler betonen, eine Frage an die Natur, doch als solche ein durch und durch technisches Unternehmen Janich (1980, 1981, 1989, 1992a). Die Technik, die zur Anwendung kommt, lässt sich letztlich auf lebensweltliche Erfahrungen und Handlungen des Menschen zurückführen.

Diese bedingen eine bestimmte Reihenfolge der Handlungen, die als methodische Ordnung (Kötter 1992) in das wissenschaftliche Handeln und damit auch in die ihm zugrundeliegenden und aus ihm resultierenden Theorien eingehen müssen.

Experimente sind durch ganz bestimmte, genau zu definierende Experimentalanordnungen bestimmt, die einen strikt beschreibbaren Rahmen für die in ihnen ablaufenden Vorgänge geben. Dieser Rahmen zeichnet letztlich die Art des Resultats vor. Erst nach Abklärung des Stellenwerts und der Rahmenbedingungen von Untersuchungen und Experimenten kann die Frage nach der Übertragung der Ergebnisse auf die „Natur" sowie die Frage ihres Einfügens in allgemeingültige und spezielle Theorien über die Organismen und ihre Entwicklung gestellt werden.

Denn lebensweltlicher Erfolg oder das Gelingen von Experimenten aufgrund bestimmter Handlungssequenzen bedeutet noch nicht automatisch auch vollkommene Übertragbarkeit der ihnen zugrundegelegten oder aus ihnen gewonnen Theorien in beobachtete oder rekonstruierte natürliche Abläufe.

Dies zeigt das Beispiel der durch Darwin in natürliche Abläufe hineininterpretierten Züchtererfahrungen zur Genüge (Weingarten 1989, Edlinger, Gutmann &

Weingarten 1991). Der durch Wallner (1990) als Methode wissenschaftlichen Theoretisierens eingeführte Aspekt der Verfremdung kommt damit ins Spiel.

Die Biologie ist in ihrer theoretischen Begründung und Fundierung weitgehend nicht auf dem Stand, der für die Physik gang und gäbe ist. Sie verharrt in vielen Disziplinen noch immer auf dem Stand der beschreibenden, nach subjektiven Kriterien der Wissenschaftler klassifizierenden Wissenschaft.

Soll sie den Status einer echten Naturwissenschaft erlangen, muss sie aus einer strikten handlungsorientierten Begründung heraus methodisch fundiert werden. Erst diese Fundierung, die zu einem tragfähigen Organismusbegriff führen muss, erlaubt eine Interpretation und Einordnung des durch den Molekularbiologischen Reduktionismus erarbeiteten Faktenmaterials in eine übergeordnete Organismustheorie.

Die Forderung nach Interpretation und Einordnung gilt vor allem für Teildisziplinen, die wie die Molekularbiologie und die aus ihr heraus entwickelten reduktionistischen Selbstorganisationstheorien mit dem Anspruch der exakten, mathematisierten Wissenschaft auftreten und von diesem Anspruch her auch Probleme mit hoher biologischer Spezifität einer Klärung zuführen wollen.

Denn wenn die vorgestellten Reaktionsabläufe und -abfolgen als Modelle für natürliches Geschehen akzeptiert werden sollen, muss sich ihre methodische Logik sowohl unter den durch die Experimentieranordnungen gesetzten als auch unter den rekonstruierten natürlichen Rahmenbedingungen, bei letzteren selbstverständlich in der theoretischen Analyse, bewähren.

Die angeschnittenen Probleme werden von P. Schuster auf den Punkt gebracht, wenn er (Schuster 1987) schreibt:

...Ein Ziel der Untersuchungen ist es, eine logische Abfolge der Einzelschritte von den präbiotischen Molekülen zu den Prototypen der ersten Mikroorganismen zu erarbeiten, welche so gestaltet ist, dass jeder Schritt auf den jeweils vorangegangenen Schritten und ihren Produkten aufbaut. Die Schrittfolge erhält damit eine Art von Zwangsläufigkeit, naturgemäß nur auf der Basis der gegenwärtig zur Verfügung stehenden Erkenntnisse [....] Unsere gegenwärtigen rudimentären Kenntnisse vom Ursprung des Lebens sind überwiegend mechanistischer Natur. Die historischen Einzelheiten der Lebensentstehung liegen noch ganz im dunkeln und werden es vermutlich auch in der überschaubaren Zukunft bleiben. (s. 59)

Experimentelle und „natürliche" Rahmenbedingungen

Auch die frühen präbiotischen Entwicklungsphasen können letztlich nur operational, mit technischen Hilfsmitteln nachvollzogen werden. Die Miller-Versuche sind ein gutes Beispiel dafür. Die Simulation muss dabei prinzipiell von der Voraussetzung ausgehen, dass dieselben chemisch-physikalischen Regelhaftigkeiten, die in biologische integriert werden, heute allgemein gelten, in der Zeit dieser Frühphase bereits Gültigkeit hatten.

Allerdings erweist sich diese Gültigkeit unter sehr verschiedenen Umständen. Auch die Erde ist historisch zu betrachten, sie ist Ergebnis einer langen Entwicklung. Die Bedingungen an ihrer Oberfläche waren zwar in den letzten 600 Millionen Jahren, vor allem unter dem Einfluss der lebenden Organismen (Lovelock

1991; Edlinger & Gutmann 1992) sicher erstaunlich konstant und stabil, doch muss gefordert werden, dass die frühen Perioden, als die Organismenwelt sich allmählich herausbildete, ganz andere Verhältnisse zeigten. Dies sowohl in den Temperaturen als auch in den chemischen Zusammensetzung der Hydro- und der Atmosphäre. Sie wurde oftmals rekonstruiert und simuliert.

Die Temperaturen lagen weit über den derzeitigen, die Sonneneinstrahlung war nicht gegeben. Die Atmosphäre war reduzierend, der Sauerstoffgehalt lag unter einem Prozent. Ständige Turbulenzen verwirbelten die verschiedenen im Wasser der Urozeane gelösten Substanzen ständig. Gerade diese Turbulenzen, die für Miller-Experimente eine hervorragende Rolle spielen, werden bei den Eigenschen Versuchen vernachlässigt.

In den Versuchen von Miller und seinen Epigonen wurde gezeigt, dass sich unter diesen Bedingungen, wenn auch in geringer Konzentration, organische Moleküle bilden. Ob sie in den gegebenen Rahmenbedingungen als Vorstufen zu komplexeren Molekülen zu betrachten sind, kann nicht entschieden werden (s. die Einwände bei Vollmert 1985).

Polymerisation und Autokatalyse

Können die Millerschen Anordnungen mit den natürlichen Bedingungen der Hydrosphäre in der präbiotischen Phase noch mit einiger Wahrscheinlichkeit in Verbindung gebracht werden, so zeigt sich aber nun ein signifikanter Unterschied zwischen den Eigenschen Versuchsanordnungen und der Situation der frühen Ozeane.

Von Eigen unwidersprochen, fungierte nach allgemeiner Ansicht die sog. „Ur-suppe, ein mit organischen Substanzen erfüllter früher Ozean unter einer reduzierenden Atmosphäre als operationaler Rahmen für die Polymerisation und autokatalytische Reproduktion organischer Moleküle.

Sie soll, wie offenbar stillschweigend vorausgesetzt (zumindest nicht deutlich dementiert) wird, all die Zwangsführungen bewirken, die ansonsten nur mit größtem Aufwand an Hochtechnologie möglich sind. Zufällige Konstellationen in diesem Urozean resp. in der Ursuppe sollen mit ausgeklügelten Versuchsanordnungen gleichzusetzen sein.

Reinheit

Wie bei Orgel (1973, 1979) ausgeführt wird, erfordern chemische Abläufe bei der Bildung von Oligo-Nukleotiden hochgradige Reinheit, vor allem aber Abwesenheit von Wasser. Diese ergibt sich aus den spezifischen ablaufenden Chemismen, die höchst störungsanfällig sind.

Dieser Aspekt wird auch von Dickerson (1983) gewürdigt und zählt nach ihm zu den Schwierigkeiten der Theorien über die präbiotischen Entwicklung. Kurze Ketten werden unter diesen Bedingungen rasch wieder hydrolysiert.

Weiters wird durch Vollmert (1985) ins Treffen geführt, dass andere Moleküle mit denselben funktionellen Endgruppen wie die Grundbausteine von Nukleotiden mit diesen reagieren. Es entstehen „gemischte" Ketten. Moleküle mit einer funktionellen Endgruppe brechen Polymerisationen abrupt ab.

Ebenso muss bei der „spontanen Entstehung" von „Eiweißvorläufern" die Anwesenheit von rechtsdrehenden sowie von anderen als den in Lebewesen vorkommenden 20 Aminosäuren zur Bildung von funktionell, als Enzyme wenig geeigneten Proteinen führen. Für Ursuppenbedingungen muss die Anwesenheit solcher Moleküle aber gefordert werden.

Präzise Zwangsführungen

Die chemischen Abläufe, die für Eigen und Mitarbeiter die Modelle für die frühe organische Evolution abgeben, sind also an engführende Rahmenbedingungen gebunden, die durch die Versuchsapparatur geschaffen werden.

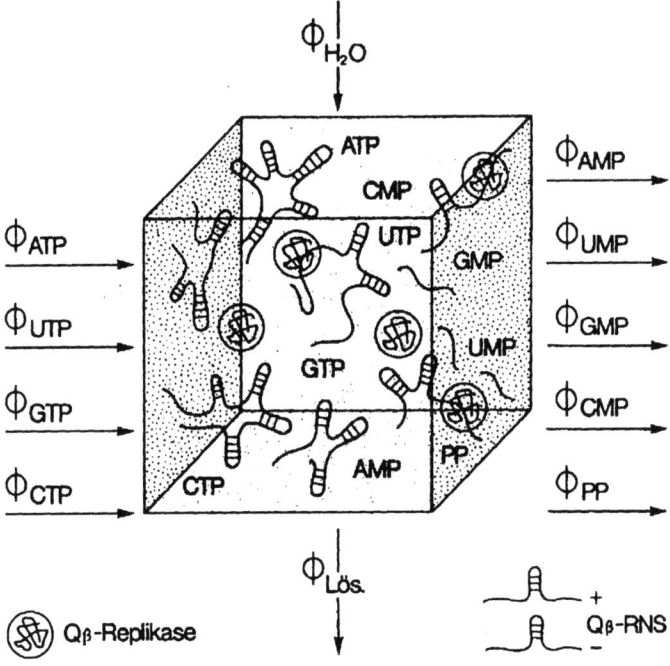

Abb. 1: „Evolutionsmaschine" nach Küppers et. al. (n. Eigen 1973). Die „Maschine" bildet den zwangsführenden Rahmen für die in ihrem Inneren ablaufenden Prozesse. Diese aber finden unter Bedingungen statt, die in der Natur nicht anzutreffen sind. Die Apparatur, die ja einen „quasi-organismischen Rahmen bildet, bleibt unverändert. Sie „evoluiert" nicht. (Nach Eigen & Winkler 1973/74, verändert).

140

Diese bestehen vor allem in der ständigen Temperierung, der Zufuhr be-stimmter Ausgangsmaterialien und letztlich in der Entsorgung, also im Abtransport von Endprodukten. Dadurch erzwingt die Apparatur ganz bestimmte Reaktionsweisen und reduziert die Freiheitsgrade in ihrem Inneren enorm. Die Richtung, welche die vorgeblich frei ablaufenden Reaktionen wirklich einschlagen, ist vorgegeben.

Ein besonders gutes Beispiel dafür bietet die durch Eigen (1973) vorgestellte (von Sumper, Küppers und Biebricher in Anlehnung an Spiegelman entworfene) „Evolutionsmaschine", die eigentlich nichts anderes darstellt als eine Anordnung, in der in größte „chemischer Reinheit" aus hochspezifischen Ausgangssubstanzen Makromoleküle von ebenfalls hoher Spezifität erzeugt werden. Konsequent wird die Verunreinigung der Lösungen sowie die in natürlichen Bedingungen zwangsweise auftretende ständige Umwälzung, Vermischung und Dispersion verhindert. Die ständige Zufuhr von Ausgangsmaterial und die Entsorgung sowie die Verfügbarkeit einer optimalen Enzymkonzentration garantieren das Gelingen der durchgeführten Evolutionsexperimente.

Voraussetzung der Eigenschen Abläufe sind also prinzipiell immer die zwangsführende Versuchsanordnung bzw. ihre analog wirkenden natürlichen Aggregate.

Evolutionsspiele

Nur solche Bedingungen erlauben die experimentelle Ausführung von Evolutionsspielen, denen im Molekularbiologischen Reduktionismus eine wesentliche Rolle zukommt. Eigen (1973, 1989) sowie v. a. Eigen & Winkler-Oswatitsch (1975) stell-

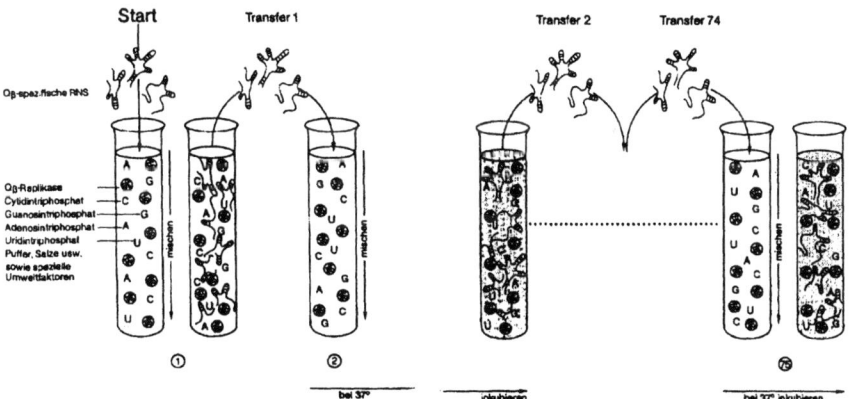

Abb. 2: Nukleinsäre-Synthesen (Q_β-spezifische RNS mit Q_β-replikase) unter Laborbedingungen. Keine der dargestell-ten bzw. angedeuteten Rahmenbedingungen kann mit organischen Strukturen verglichen werden. (Nach Küppers 1980/81)

ten einen differenzierten mathematischen Apparat zur „spielerischen" Simulation von Evolutionsprozessen vor. Die Grundannahme ist, dass stochastische Prozesse (ungezielte „Mutationen) zu ständigen und wie im Spiel nicht prognostizierbaren Veränderungen an einzelnen Positionen von biochemischen Polymerisaten führen. Dabei stehen Nukleotidsequenzen im Vordergrund der Erwägungen. Durch relativ leicht durchschaubare Versuch-Irrtum-Simulationen, die sich verbal an eine Metapher von J. Monod (1971) anlehnt, kann dabei verfolgt werden, wie sich durch zufällige und dabei anderen Spielen entsprechende Austauschvorgänge an Nukleotid-Ketten in relativ wenigen Schritten Sequenzen etablieren, die durch die hydrostatischen Anziehungskräfte, die jeweils zwischen Adenin und Thymin bzw. Uracil sowie zwischen Guanin und Cytosin wirken, in stabile dreidimensionale Konfigurationen übergehen. Dadurch, dass dir Austauschvorgänge jeweils an einzelnen Positionen stattfinden, muss nicht die für ein generelles „Durchprobieren" aller möglichen Kombinationen astronomisch große Zahl von Möglichkeiten durchgegangen werden, bis sich ein biochemisch wirksames Molekül etabliert, sondern die Zahl der nötigen Schritte schafft einen Zeitrahmen, der auch in erdgeschichtliche Erwägungen integriert werden kann.

Die spielerische Simulation lässt sich aber auch in vitro nachvollziehen, hat also einen naturwissenschaftlichen, experimentell überprüfbaren Hintergrund. Was aber von den Autoren, obwohl durchaus gesehen, wenig herausgearbeitet wird, ist das Faktum, dass wie jedes Spiel auch die durch Versuch und Irrtum gekennzeichneten biochemischen „Evolutionsprozesse", sowohl in der theoretischen Analyse als auch in der experimentellen Phase an strikt eingehaltene Rahmenbedingun-gen gebunden sind.

Diese bestehen vor allem in der chemischen Zusammensetzung und im Salzgehalt der Lösung sowie in einer ständigen Zufuhr von Ausgangsmaterialien und in einer ständigen Entsorgung. Weiters und an vorderster Stelle ist zu erwähnen, dass die Substitutionsprozesse im Molekül grundsätzlich nur zur Entstehung anderer Nukleotide führen darf, dass also jede andere Umwandlung zur Destruktion führen würde. Aus diesem Grunde stellt sich auch und gerade von den Eigenschen Modellen her das Problem der Zwangsführung und der Rahmenbedingungen. Von der Frage der handlungstheoretischen Grundlagen aus stößt man wieder auf das Problem der Übertragbarkeit der experimentellen Befunde.

Rahmenbedingungen für andauernde Autokatalyse organischer Makromoleküle liegen aber in der Natur ausschließlich in Form der Organismen vor. Diese müssten nun daraufhin geprüft werden, ob sie den Rahmen für von der Molekularbiologie beschriebene Prozesse abgeben und ob sie auch die Bedingungen für die molekulare Evolution bereitstellen können.

Die erste Frage kann eindeutig mit Ja beantwortet werden, allerdings mit der Einschränkung, dass es sich um aufeinander abgestimmte, nicht um konkurrierende Prozesse handelt.

Molekulare Evolution als Konkurrenz zwischen verschiedenen Varianten organischer, autokatalytischer und allgemein katalytischer Moleküle kann in Organismen gleich welcher Organisationshöhe prinzipiell nicht ablaufen, da es unweigerlich zu chemischen Inkompatibilitäten kommen müsste, die letal wirken.

Damit aber beantwortet sich auch Frage zwei in eindeutiger Weise. In der Natur gibt es den Rahmen für die durch Eigen und Mitarbeiter geforderten molekularen Evolutions- und Konkurrenzabläufe nicht.

Ja, bezogen auf komplexere Organismen muss überhaupt betont werden, dass es letztlich nur biologische Apparate, Organismen, sind, die hier „spielerisch" konkurrieren können. Allerdings Apparate, in deren Funktionieren nur mehr ein sehr enger Spielraum für stochastische Abläufe gegeben ist.

Diesen methodisch vorgegebenen Schwierigkeiten begegnen Eigen et al., sowie Küppers (1986) durch eine Hypostasierung des Informationsbegriffs, der die Diskussion von der durch methodische und naturgesetzliche Notwendigkeiten beeinträchtigten operationalen Ebene auf das scheinbar weniger brisante Niveau der Informationstheorie verlagert (s. auch Edlinger im selben Band und Peschl im selben Band).

Konkurrenz zwischen Organismen

Spielerisches, Konkurrieren zwischen Nukleotidsequenzen kann also nur indirekt über jene Organismen ablaufen, deren Bestandteile sie sind. So kann es zwar womöglich zu Wandlungsprozessen in den Häufigkeitsverteilungen bestimmter Nukleotid-Sequenzen kommen, doch kommen damit ganz andere Lesrichtungskriterien ins Spiel, denn die Fortpflanzungschancen ganzer Organismen sind ja von einer ungleich größeren Zahl von Faktoren abhängig als die von Einzelmolekülen in der Versuchsapparatur. Sicher nicht nur von einer Substanzklasse oder gar nur einer bestimmten Nukleotidsequenz.

Auch ältere Ansätze wie der von Roux (1881), welcher epigenetische Prozesse durch Konkurrenz oder „Kampf der Teile im Organismus" erklären wollen, werden durch dadurch relativiert. Sie übersehen, dass auch für mechanische Schiebe- und Zugwirkung zwischen verschiedenen Geweben oder Zellteilen immer schon ein organismischer Rahmen gegeben sein muss, der diese Abläufe in ganz bestimmte Bahnen zwingt.

Die „Neutrale Theorie"

Dabei kann gar nicht immer festgestellt werden, ob unterschiedliche Nukleotidsequenzen mit analogen Funktionen, beispielsweise der Produktion bestimmter katalytischer Enzyme, Trägersubstanzen (Hämoglobin) etc. eine unterschiedliche Fitness haben oder bewirken müssen. Denkbar sind durchaus gleichwertige aber in einzelnen Positionen unterschiedliche Nukleinsäuremoleküle, die in allen Fällen funktionsfähige Proteine produzieren helfen.

Kimura (1983, 1987) trägt dieser Möglichkeit mit seiner neutralen Theorie der Evolution Rechnung und meint, dass ein Großteil der mutativen Veränderungen bei Nukleinsäuren überhaupt keine Veränderung des Selektionswerts bewirke.

Damit aber stellt sich erneut die Frage nach den Organismen als übergeordneten Einheiten, die in ihrer Gesamtheit an evolutiven Prozessen mitwirken, die aber durch die in ihnen enthaltenen Nukleotidsequenzen offenbar nicht ausreichend beschrieben sind und von diesen her auch nicht unbedingt unterschiedliche Reproduktionschancen zugewiesen bekommen müssen.

Hyperzyklen

Die Komplexität der Organismen wird dadurch zusätzlich thematisiert. Eigen und seine Mitarbeiter suchen sich der Thematik aus der Position des Molekularbiologischen Reduktionismus anzunähern.

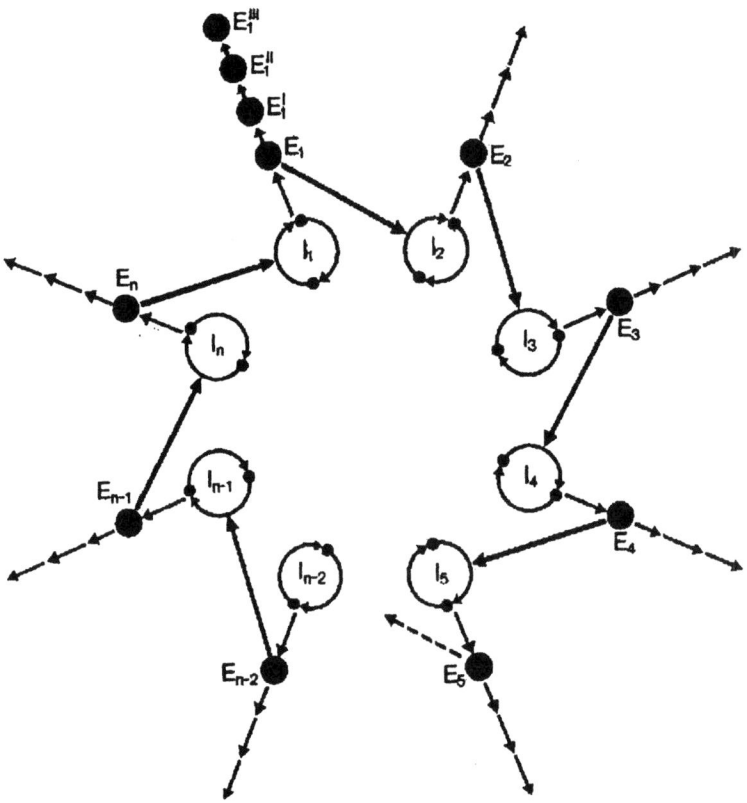

Abb. 3: Hyperzyklus-Modell (vereinfachte Darstellung. Einzelzyklen aus Nukleinsäuren und Proteinen greifen ineinander und „kooperieren". Allerdings bilden sie in der dargestellten Form des Hyperzyklus ein derart instabiles, von Verwirbelung bedrohtes Aggregat, dass nicht einmal ihre Entstehung wahrscheinlich wäre. (Nach Eigen & Winkler 1973/74, verändert).

Als zentrales Modell für die Vorstufe zu einem frühen Protorganismus stellen Eigen und Mitarbeiter den Hyperzyklus vor. Eine Kombination verschiedener chemischer Zyklen, die ganz spezifische Ausgangssubstanzen zu bestimmten Endprodukten weiterverarbeiten. Die Struktur des Hyperzyklus ermöglicht es nun verschiedenen Teilzyklen, die chemisch ineinandergreifen, indem jeweils der nächstfolgende die Endprodukte des vorhergehenden weiterverarbeitet und -verwendet, zum gegenseitigen Nutzen zu kooperieren. Der Nutzen besteht in Nichtdestruktion und gesteigerter Reproduktionsrate der eigenen Nukleotidsequenz.

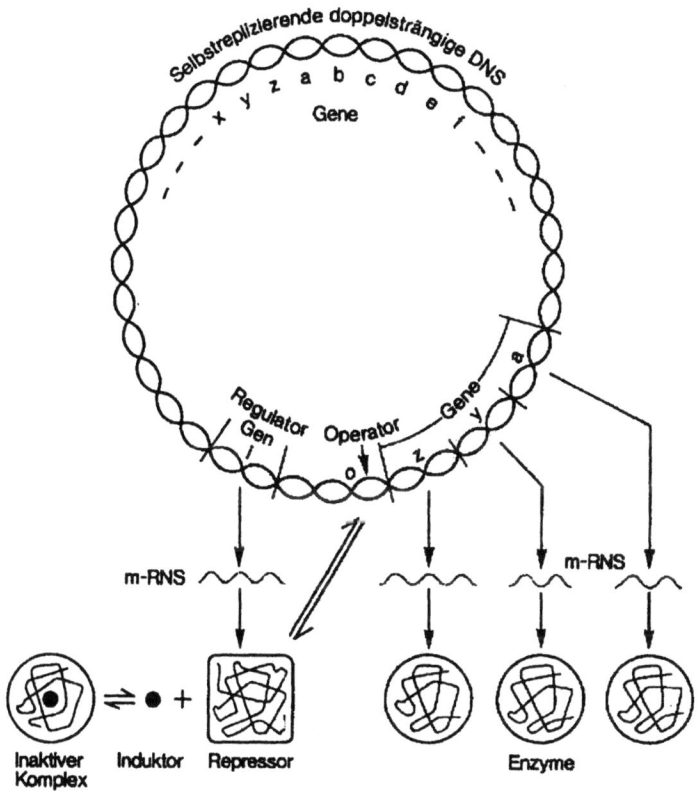

Abb. 4: **Hyperzyklen werden durch Eigen mit Bakterienchromosomen verglichen, ohne dass der organismische Rahmen in Bakterien und die mechanischen Fixierungen der DNS angeführt wird. (Nach Eigen & Winkler 1973/74, verändert).**

145

Diese Vorstellung, die bislang ja nur als Modell existiert bzw. in einfachen Formen durch hohen technischen Aufwand realisiert werden kann, wird nun ohne theoretische Begründung auf das ringförmige Bakterienchromosom (Eigen 1973, 1989) und auf die an ihm v. a. durch Jacob und Monod (1961) erarbeiteten Modelle der Genaktivierung und Hemmung (Operon-Modelle) übertragen. Es wirft aber bei konsequenter methodischer Überprüfung seiner Prämissen mehr Probleme auf als es löst.

Vor allem die Frage nach den Rahmenbedingungen und der Möglichkeit der präzisen Abstimmung verschiedener chemischer Zyklen einerseits in einer aufwändigen, die ja eine räumliche Fixierung katalytischer Substanzen in einer präzise arbeitenden Apparatur oder, unter natürlichen Bedingungen, in lebenden Organismen oder Zellen, zur Voraussetzung hat.

Diese Fixierung wird nun, aufbauend auf Befunden an Bakterien, mit den Gen-Loci an den Chromosomen begründet. Chromosomen aber stellen wiederum relativ komplizierte makromolekulare Gebilde dar, die nur in einer mechanischen Fixierung und mit Proteinhüllen überhaupt denkbar sind.

Damit steht die Frage der organismischen Umrahmung bzw. Berandung und der mechanischen Fixierung dieser chemischen Zyklen zur Debatte.

Kompartimentierung

Die Schwierigkeiten, die sich auf der handlungstheoretisch unreflektierten Übertragung experimenteller Befunde in die Natur durch das Eigensche Evolutionsmo-dell ergeben, äußern sich in seiner Diskussion des Kompartimentierungsproblems.

Eigen, Gardiner, Schuster & Winkler-Oswatitsch (1983) und Eigen (1989) räumen die Notwendigkeit der Kompartimentierung, eines stabilen Zusammenhangs von replizierenden Nukleinsäuren und anderen, für die Replikation nötigen Substanzen, v. a. proteinartigen Replikatoren, zu. Der Begriff Kompartimentierung ist aber sehr weit gefasst. Er reicht von Lipidtropfen, Oberflächen- und Grenzflächenstrukturen bis zu bloßer Nachbarschaft.

Kompartimentierung ermögliche nun erst die Selbstreplikation und damit auch, da ja in dem Modell immer mehrere Substanzen konkurrieren, eine Konkurrenzkampf innerhalb eines Kompartiments.

Die Unmöglichkeit totaler Konkurrenz und ständiger Selbstreplikation wird eingesehen, doch soll nach Eigen der Hyperzyklus als dämpfender und letztlich Leben erst ermöglichender Mechanimus das Modell retten.

Das Problem, das sich sofort ergibt, ist aber, dass ja auch Hyperzyklen den selben Gesetzlichkeiten unterliegen wie die chemischen Mechanismen, die sie „domestizieren" sollen, dass also die ihnen zugesprochene Wirkung immer schon vorausgesetzt werden muss.

Eigen führt zwar mit der Frage der Kompartimentierung die Probleme des Molekularbiologischen Reduktionismus implizite aus, kann aber von seinen theoretischen Grundlagen her keine plausible Lösung des Problems anbieten.

Folgerung

Der Ausweg, der allein aus der aufgezeigten Schwierigkeiten herausführen kann, muss in einem handlungstheoretisch und methodisch stimmigen Forschungsprogramm bestehen, das die ja bei neuer Interpretation durchaus wertvollen Forschungsergebnisse und „facts", die durch die Molekularbiologie erarbeitet wurden, nach umfassender theoretischer Reflexion und Neuinterpretation integrieren kann.

Auszugehen ist von einem Organismus-Modell, das den Rahmen für molekularbiologische Abläufe und vor allem auch Optimierungsprozesse bieten kann. Seine Möglichkeiten müssen mit denen der verwendeten Versuchsanordnungen vergleichbar und kompatibel sein.

Es muss möglich sein, alle bekannten und zu vermutenden chemischen Abläufe, die der Molekularbiologische Reduktionismus weitgehend isoliert betrachtet und nachvollzieht, in einem solchen Organismusmodell zu integrieren und in einen Zusammenhang zu bringen, der gegenseitige Störung und Destruktion ausschließt. Weiters muss Evolution durch einen solchen Organismusbegriff in zweierlei Hinsicht verständlich gemacht werden können:

Erstens als Entstehung von Organismen überhaupt, und damit also auch als Lebensentstehung.

Zweitens als phylogenetische Veränderung der Organismen.

Ein operational konsistentes Modell des Organismus und der Lebensentstehung muss diese an den Anfang jedes präbiotischen Evolutionsgeschehens stellen (s. Gutmann & Edlinger 1992a, b).

Es wird vorgestellt durch den Ansatz der „Kritischen Evolutionstheorie" (Gutmann & Bonik 1981) sowie durch eine Reihe von Folgepublikationen (zusammenfassende Darstellung bei Gutmann 1989)

Der evoluierende Organismus wird nicht mehr durch Nukleinsäuren oder „Informationsträger" repräsentiert, die, quasi aus dem Nichts oder aus der Ursuppe entstehend, nun Organismen um sich herum aufbauen, sondern eben durch die Apparatur selber, welche die Rahmenbedingungen für die behandelten chemischen Abläufe zur Verfügung stellt. Die zwangsführend bestimmte Zustände und vor allem Material- und Energieflüsse sicherstellt und stabilisiert.

Diese Sicherstellung kann aber nur durch mechanische Stabilisierung bestimmter Enzymkomplexe und -reihenfolgen, sowie durch laufende mechanische Transportaktivität erreicht werden. Diese sind aber nur dann gesichert, wenn geschlossene Transportsysteme und relativ große Flächen mit elektrostatischen Ladungsträgern für die Einbindung von Enzymen zur Verfügung stehen.

Als irreduzible Prinzipien, die durch die gesamte Lebensentwicklung hindurchgereicht werden, stehen die Konstruktionsnatur, der Energiewandel, die operationale Geschlossenheit, die Hydrauliknatur, die Autonomie und die Spontaneität, der aus dem inneren heraus erfolgende Antrieb der Organismen.

Durch den mechanisch-hydraulischen Rahmen und die mechanische Rahmenkonstruktion stabilisiert, können sich auch sehr komplizierte Chemismen mechanisch fixieren und störungsfrei agieren.

Die Entstehung erster hydraulischer Konstruktionen (Proto-Organismen)

Die Prozesse, die zur Entwicklung der ersten lebenden Organismen und zu ihrer weiteren Evolution führten, wurden durch Edlinger & Gutmann (1992) unter Nutzung und Berücksichtigung des theoretischen Rahmens der Organismischen Konstruktionslehre in einem Rekonstruktionsversuch nachgezeichnet. Die geforderten methodischen Voraussetzungen sind in diesem Ansatz bereits implizite enthalten. Sie ergeben eine „operationale Logik" für eine Schritt für Schritt-Entstehung organismischer Strukturen, die in den Einzelheiten diskutierbar und an empirischen Befunden auch prüfbar ist. Im Zentrum der Betrachtung steht immer der evoluierende organismische Rahmen, den die einzelnen chemischen und physikalischen Teilprozesse, sollen sie miteinander einen friktionsfrei ablaufenden Lebensprozess ergeben, voraussetzen.

Als Rahmen für die Entwicklung des Lebens wird auch in der „Kritischen Evolutionstheorie" das Milieu der sog. „Urozeane" angenommen, in denen sich durch verschiedene chemische und physikalische Prozesse große Mengen organischen Materials ansammelten. Spezifisch leichte Substanzen, vor allem Lipide, konzentrierten sich an der Wasseroberfläche und bildeten einen membranösen Überzug. Atmosphärische Verwirbelung erzeugte ständig relativ kleine Vesikel mit quasimembranösem Abschluss, der bei entsprechender Zusammensetzung, vor allem, wenn auch Protein-Bestandteile in den Membranen enthalten waren, selektiv durchlässig war.

Dadurch kam es einerseits zu einem weitgehenden Abschluss vom chemisch-physikalischen Milieu der Umgebung, also einer gewissen Autonomie dieser Vesikel, sondern auch bei manchen, die eine günstige Membranstruktur hatten, zur Bildung eines inneren Milieus, das die Vermehrung von Membranbestandteilen und auch anderer Substanzen, vor allem solcher mit katalytischer Wirkung förderte. Dies führte auch zu Vergrößerungen und zu Teilungen in Tochtervesikel. Dysfunktionale Strukturen wurden destruiert.

Weiters kam es all-mählich zur Ausbildung von Faserproteinen, die ihre Struktur nur erhalten konnten, wenn sie zwischen Membranen oder anderen Fasermolekülen aufgespannt waren. Eine gitterartige Innenverspannung und Durchstrukturierung der Vesikel war die Folge.

In diesen fasrigen Gittern konnten verschiedenste Substanzen, vor allem Proteine, fixiert werden. Durch Kontraktion, kontraktiles Gleiten aneinander, konnten die Fasern auch verschiedene Proteine sowie Nukleinsäuren und Proteine verschieben und miteinander reagieren lassen. Die Möglichkeit potenzierte sich noch, wenn durch kontraktile Faserproteine Membranen ins Innere eingezogen wurden. Damit wurden diese hydraulischen Konstruktionen kompartimentiert. Elektrostatisch geladene Gruppen konnten nun eine große Zahl von Enzymen an sich binden, durch Faserzug und Verformung der Membranen konnten diese in unterschiedlichste räumliche Beziehungen gebracht und miteinander interagieren. Rasche Optimierungen chemischer Sequenzen waren so möglich.

148

Organismische Evolution

Von einer solchen Basis aus, als hydraulische Systeme mit leistungsfähigen Chemismen, konnte nun die Evolution in zwei Richtungen erfolgen:

Erstens in Richtung einer Vielfalt der Chemismen unter weitgehender Zügelung der Formveränderung bei den Bakterien.

Zweitens in Richtung einer Vielfalt der Konstruktionen unter weitgehender Konseravativität der chemischen Mechanismen. Wobei Bakterien in Form von Mitochondrien oder Chloroplasten als den Stoffwechsel unterstützende und leistunsfähiger gestaltende Symbionten aufgenommen („domestiziert") wurden.

Auf dem Fundament der Kritischen Evolutionstheorie wurden zahlreiche stammegeschichtliche Wandlungsprozesse auf wissenschaftlich stringente Weise rekonstruiert (Gutmann 1989).

Fazit

Die Organismische Konstruktionslehre bietet einen Rahmen, in den das unermesslich vielfältige Faktenmaterial, das durch die Biologie und verwandte Disziplinen mit empirischen Methoden erarbeitet wurde, ohne theoretische Probleme integriert werden kann. Erst im Rahmen einer organismischen Konstruktion können chemische und physikalische Teilprozesse als innerorganismisches Geschehen konstituiert werden. Organismen können ihrerseits wieder als Binnendifferenzierungen der Biosphäre aufgefasst werden (Edlinger 2000).

Durch die Grundpostulate der Organismischen Konstruktionslehre können Lebewesen als ganzheitlich organisierte, holistische Einheiten aufgefasst werden, ohne dass man dabei in die mystisch-nebulosen Vorstellungen mancher sich biolo-gisch auffassender New-Age-Kreise verfallen müsste.

Reduktionistischen Ansätzen wird durch sie der Boden entzogen (Rose 2000). Die Modelle vor allem des Molekularbiologischen Reduktionismus erlangen nur dann wieder Relevanz, wenn sie, handlungstheoretisch sauber begründet, in einem organismischen Kontext neu entwickelt werden. Damit aber hören sie auf, reduktionistisch zu sein.

Für das Künstliche Leben in seiner derzeitigen Verfasstheit ergibt sich aus den Positionen der Organismischen Konstruktionslehre die zwingende Notwendigkeit, den eigenen theoretischen Unterbau, sofern von einem solchen gesprochen werden kann, um eine konsistente Organismustheorie zu erweitern. Auch wenn von den spezifischen materiellen Existenzgrundlagen der natürlichen Organismen abstrahiert wird, kommt man um basale Prämissen, vor allem die der operationalen Geschlossenheit, nicht herum.

Wie schon andernorts (Edlinger im selben Band) angesprochen, wird das Forschungsprogramm Künstliches Leben dadurch nicht als ganzes obsolet, sondern lediglich eins bislang unbefriedigende theoretische Basis.

Literatur

An der Heiden, U., G. Roth & H. Schwegler (1985): Die Organisation der Organismen: Selbstherstellung und Selbsterhaltung. - Funct. Biol. Med. 5, 330-346.

Bereiter-Hahn, J. (1991): Cytomechanics and Biochemistry. In: Schmidt-Kittler, N. & K. Vogel (Eds.): Constructional Morphology and Evolution. - Berlin-Heidelberg-New York: Springer. 359-374.

Darwin, Ch. (1899): Über die Entstehung der Arten durch natürliche Zuchtwahl. - Schweizerbart'sche Verlagshandlg. Stuttgart.

Darwin, Ch. (1906): Das Variieren der Tiere und Pflanzen im Zustand der Domestikation. 2 Bände. - Stuttgart: Schweizerbart'sche Verlagshandlg.

Dennet, D. (19 95): Darwin's Dangerous Idea. Evolution and the Meaning of Life. - London: Penguin.

Dickerson, R. (1983): Chemische Evolution und der Ursprung des Lebens. - In: Evolution - Die Entwicklung von den ersten Lebensspuren bis zum Menschen/m. e. Einf. von E. Mayr, 3. Aufl. - Spektrum Heidelberg, 42-60.

Dingler, H. (1955): Die Ergreifung des Wirklichen. München. -: Eidos.

Edlinger, K. (1991a): The mechanical Constraints in Mollusc Constructions - the Function of the Shell, the Musculature, and the Connective Tissue. - In: Schmidt-Kittler, N. & K. Vogel (Eds.): Constructional Morphology and Evolution. Berlin-Heidelberg-New York: Springer. 359-374.

Edlinger, K. (1991b): Organismus und Kognition Zur Frage der biologischen Begründung kognitiver Fähigkeiten. - In: M. F. Peschl: Formen des Konstruktivismus in Diskussion Materialien zu den Acht Vorlesungen über den Konstruktiven Realismus. Wien: WUV-Universitätsverlag ,108-150.

Edlinger, K. (1992): Nervensystem als integrale Bestandteile mechanischer Konstruktionen. - In: Gutmann, W. F. (Hgb.): Die Konstruktion der Organismen 1. Kohärenz, Energie und simultane Kausalität. Aufs. u. Reden Senck. Naturf. Ges. 38, 131-155.

Edlinger, K. (1994a): Das Spiel der Moleküle Reicht das Organismusverständnis des molekularbiologischen Reduktionismus? - Natur u. Museum 124/6, 199-206.

Edlinger, K. (1994b): Morphologische Determinanten bei der Bildung von Nervensystemen. - Biol. Z. bl. 113,137-144.

Edlinger, K. (1995a): Organismen: Genarrangements oder Konstruktionen? Eine Replik auf E. Mayr und die Synthetische Theorie. - Biol. Zentralblatt 114, 160-169.

Edlinger, K. (1995b): Evolutionstheorien auf dem Prüfstand inter disziplinärer Verfremdung. In: Wallner, F., & J. Schimmer (Ed.): Wissenschaft und Alltag, Symposionsbeiträge zum Konstruktiven Realismus. Philosophica 12. - Wien: Braumüller. 150-168.

Edlinger; K. (1995c): Elemente einer konstruktivistischen Begründung der Organismuslehre. In: W. F. Gutmann & M. Weingarten (Ed.): Die Konstruktion der Organismen ll. Struktur und Funktion. - Aufs. u. Reden Senckenb. Naturf. Ges. 43.

Edlinger; K. (2000): Evolution und Integration lebender Systeme: Aggregation oder Binnendifferenzierung? - - In: Edlinger, K., W. FEIGL & G. FLECK (EDS.) (2000): Systemtheoretische Perspektiven. P. lang Verlag d. Wissen-schaften, Frankurt/M., s. 51-73.

Edlinger, K., W. F. Gutmann & M. Weingarten (1989): Biologische Aspekte der Evolution des Erkenntnisvermögens Spontaneität und synthetische Aktion in ihrer organismisch-konstruktiven Grundlage. - Natur u. Museum 119 (4). 113-128

Edlinger, K., W. F. Gutmann & M. Weingarten (1991): Evolution ohne Anpassung. - In: W. Ziegler (Hgb.): - Aufsätze u. Reden Senckenb. Naturf-orsch. Ges. 37.

Eigen, M. (1971): Self-Organization of Matter and the Evolution of Biological Macromolecules. - Naturwiss. 58, 456-522.

Eigen, M. (1989): Stufen zum Leben. München: Piper.

Eigen M., W. Gardiner, P. Schuster & R. Winkler-Oswatitsch (1983): Ursprung der genetischen Information. - In: Evolution Die Entwicklung von den ersten Lebensspuren bis zum Menschen/mit e. Einf. von E. Mayr. 3. Aufl. Heidelberg: Spektrum, 61-81.

Eigen, M. & P. Schuster (1977-78): The hypercycle. - Naturwiss. 64, 541-565; 65, 7-41; 341-369.

Eigen, M. u. R. Winkler (1973/74): Ludus vitalis. - Mannheim : Boehringer.

Eigen, M. u. R. Winkler (1976): Das Spiel Naturgesetze steuern den Zufall. - München-Zürich: Piper.

Eigen, M. (1987): Stufen zum Leben Die frühe Evolution im Visier der Molekularbiologie. - München/Zürich: Piper.

Ezell, C. (2000): Was kommt nach dem Genom?. – Spektrum d. Wissensch. 9, 37-41.

Gleick, J. (1988): Chaos- die Ordnung des Lebens. - München: Droemer-Knaur.

Gutmann, W. F. (1988a): The hydraulic principle. - Amer. Zool. 28. 257-266.

Gutmann, W. F. (1988b): Die Evolution hydraulischer Konstruktionen. Konstruktive Wandlung statt altdarwinistischer Anpassung. - Frankfurt: W. Kramer.

Haken, H. (1990): Synergetik und die Einheit der Wissenschaft - In: Saltzer, W.: Zur Einheit der Naturwissenschaften in Geschichte und Gegenwart, 61-78. Darmstadt: Wiss. Buchges.

Haken, H. & A. Wunderlin (1986): Synergetik: Prozesse der Selbstorganisation in der belebten und unbelebten Natur. - In: Dress, A., H. Hendrichs & G. Küppers (Hgb.): Selbstorganisation. Die Entstehung von Ordnung in Natur und Gesellschaft. München-Zürich: Piper. 81-101.

Ingber, D. E., L. Dike, L. Hansen, S. Karp, H. Liley, A. Maniotis, H. McEe, L. Mooney, R. Plopper, M. Sims & N. Wang (1994): Cellular Tensegrity: Exploring How Mechanical Changes in the Cytoskeleton regulate Growth, Migration, and Tissue Pattern during Morphogenesis. -. Rec. Cytol. 150. 173-224.

Janich, P. (1992): Grenzen der Naturwissenschaft. - München: C. H. Beck´sche Verlagsbuchhandlung.

Janich, P. (1993): Biologischer versus physikalischer Naturbrgriff. In: Bien, G., Th. Gil & J. Wilke (Eds.): „Natur" im Umbruch Zur Diskussion des Naturbegriffs in Philosophie, Naturwissenschaft und Kunsttheorie. - Problemata 127. fromann-holzboog. 165-175.

Janich, P. (1994): Physikalischer versus biologischer Naturbegriff. In: : G. Bien, Th. Gil & J. Wilke (Eds.): „Natur" im Umbruch Zur Diskussion des Naturbegriffs in Philosophie, Naturwissenschaft und Kunsttheorie. - Problemata fromann-holzboog, 165-175.

Janich, P. (1996): Konstruktivismus und Naturerkenntnis- Auf dem Weg zum Kulturalismus. - Frankfurt/M: Suhrkamp.

Kötter, R. (1992): Vereinheitlichung und Reduktion. Zum Erklärungsproblem der Physik. - In: P. Janich (Hrgb.): Entwicklungen der methodischen Philosophie. – Frankfurt/M.: Suhrkamp.

Jones, St. (1999): Wie der Wal zur Flosse kam. Ein neuer Blick auf den Ursprung der Arten. - Hamburg: Hoffmann und Campe.

Küppers, B. O. (1979): Towards an experimental analysis of molecular self-orgnization and precellular Darwininan evolution. - Naturwissenschaften 66, 228.

Küppers, B. O. (1980/81): Evolution im Reagenzglas. In H. v. Ditfurth (Ed.): Mannheimer Forum 1980/81. - Mannheim: Studienreihe Boehringer. 47-114.

Küppers, B. O. (1986a): Der Ursprung biologischer Information - Zur Naturphilosophie der Lebensentstehung. - München-Zürich: Piper

Küppers, B. O. (1986b): Wissenschaftsphilosophische Aspekte der Lebensentstehung .- In: Dress, A., H. Hendrichs und G. Küppers (Ed.): Selbstorganisation Die Entstehung von Ordnung in Natur und Gesellschaft, München-Zürich: Piper. 81-101.

Langton, Ch. G. (1998) (Ed.): Artificial Life. An Overview. 4th Print. Bradford. - Cambridge/Mass: London.

Lovelock, J. (1991): Das Gaia-Prinzip – Die Biographie unseres Planeten. - Zürich/München: Artemis.

Meinhardt, H. (1978): Models for the ontogenetic development of higher organisms. - Rev. Physiol. Biochem. Pharmacol. 8, 48-104.

Meinhardt, H. (1987): Bildung geordneter Strukturen bei der Entwicklung höherer Organismen. - In : Küppers, B. O. (Hgb) : Ordnung aus dem Chaos Prinzipien der Selbstorganisation und Evolution des Lebens. München: Piper. 215-242.

Orgel, L. E. (1973): The Origins of Life. - New York: .J. Wiley.

Orgel, L. E. (1976): Selection in vitro. - Proc. Roy. Soc. London. Ser. B 205, 435-442.

Pandey, A. & M. Mann (2000): Proteomics to study genes and genoms. - Nature 405, 837-846.

Rose, St. (2000): Darwins gefährliche Erben. Biologie jenseits der egoistischen Gene. - München: Ch. Beck.

Rothschuh, K. E. (1957) Die Theorie des Organismus Bios Psyche Pathos. – München/Berlin: Urban u. Schwarzenberg.

Schuster, P. (1987). Molekulare Evolution und Ursprung des Lebens. In: B. O. Küppers (Hrgb.). Ordnung aus dem Chaos Prinzipien der Selbstorganisation und Evolution des Lebens. München- Zürich: Piper, 49-84.

Schuster, P. (1998): Extended Molecular Evolutionary Biology: Artificial Life Bridging the Gap Between Chemistry and Biology. - In: Langton, Ch. G. (1995) (Ed.): Artificial Life. An Overview. Bradford. Cambridge/Mass:, London, 39-60.

Vollmert, B. (1986): Das Molekül und das Leben. Vom makromolekularen Ursprung des Lebens und der Arten: Was Darwin nicht wissen konnte und Darwinisten nicht wissen wollen. - Reinbek b. Hamburg: Rowohlt.

COMPUTERVIREN

Michael Endl

Allgemeines

Wie ihre biologischen Namensvettern vermehren sich auch Computerviren, indem sie sich an einen Wirt anheften und dessen Ressourcen zur Vervielfältigung nutzen - dabei spielt ein Programm oder Computer die Rolle der befallenen Zelle. So wie sich biologische Viren auf die Zellen eines Organismus und dann von Mensch zu Mensch verbreiten, infizieren ihre digitalen Gegenstücke einzelne Programme und somit andere Computer.

Der Stammbaum der Computerviren reicht zurück bis auf die Studien des ungarisch-amerikanischen Computerpioniers John von Neumann über sich selbstreproduzierende Automaten. In den Siebzigerjahren wurden Programme, die Computer infizieren können, theoretisch diskutiert; aber erst im Oktober 1987 wurde das erste Computervirus sozusagen in der freien Wildbahn dokumentiert: Ein Stückchen Programmtext namens "Brain Virus" fand sich auf einigen Dutzend Disketten an der Universität Newark. Heute werden jedes Jahr mindestens eine Million Computer von einem Virus infiziert.

Die meisten Viren befallen PC's. Mehr als zehntausend Arten sind bekannt; pro Tag werden etwa sechs neue in die Welt gesetzt. Aber nur eine Hand voll von ihnen hat sich weltweit verbreiten können.

Einteilung und Aktionsweise

Je nach Angriffsziel werden PC-Viren in drei große Klassen eingeteilt: Datei-Infizierer, Bootsektor-Viren und Makro-Viren.

85% aller bekannten Viren nisten sich in Dateien ein. Wenn der Nutzer das Programm aufruft, wird zuerst der Viruscode ausgeführt: er kopiert sich selbst in einen bestimmten Bereich des Speichers, von wo aus er andere, anschließend laufende Programme befallen kann.

Bootsektor-Viren (etwa 5%) sitzen in diesem entsprechenden Teil der Festplatte oder Startdiskette, der automatisch beim Einschalten des Computers zuerst eingelesen und abgearbeitet wird. Da dieser Virustyp von jedem Einschalten an präsent ist, kann er jede Diskette infizieren, die ins Laufwerk eingelegt wird. Das macht ihn so ansteckend.

Makro-Viren sind unabhängig vom Betriebssystem und befallen Dateien wie z.B. Text oder Tabellen, die normalerweise gar nicht als Programme angesehen werden. Darin eingestreut dürfen jedoch so genannte "Skripts" liegen, auch Makros genannt: kurze Anweisungsfolgen an das ausführende Programm. Sie verbreiten sich viel schneller als andere Viren, weil Nutzer in der Regel Dateien, die anscheinend nur Daten enthalten, bedenkenlos untereinander austauschen.

154

Außer dem Code zur Selbstvermehrung kann ein Autor nach Belieben weitere Anweisungen in einen Virus einfügen. Einige dieser Extras zeigen einfach einen Text oder ein Bild am Monitor, andere zerstören Programme und Dateien.

Diagnose und Therapie

Diagnose

Unspezifische Virendetektoren überwachen ein Computersystem und melden verdächtige Aktionen wie etwa die Änderung von wichtigen Dateien oder Tabellen. Außerdem untersuchen sie ausführbare Dateien regelmäßig auf verdächtige Veränderungen. Solche Programme können auch unbekannte Viren entdecken, schlagen aber häufig falschen Alarm.

Ein Scanner durchmustert Dateien, Bootsektoren und Arbeitsspeicher auf so genannte Signaturen, die für bekannte Viren bezeichnend sind. Ein Scanner muss zwar jedes Mal aktualisiert werden, wenn ein neuer Virenstamm entdeckt wird, schlägt aber nur selten falschen Alarm.

Signaturen sind typischerweise nur 16 bis 30 Bytes lang. Mehrere Viren können durchaus eine Signatur (Familiensignatur) gemeinsam haben, mit denen sich neue Abkömmlinge eines Virusstamms erkennen lassen können. Die meisten Virenscanner wenden Mustererkennungsalgorithmen an, die mehrere verschiedene Signaturen gleichzeitig erkennen können, und die besten unter ihnen überprüfen in weniger als zehn Minuten 10.000 Programme auf 10.000 Signaturen.

Therapie

Ist ein Virus entdeckt muss er gelöscht werden (Erklärung menschliches Immunsystem). Ein virusspezifisches Suchprogramm führt also in den meisten Fällen nach der Entdeckung eines Virus eine Folge detaillierter Anweisungen aus - quasi das Rezept zum Kurieren der "Krankheit"-, die den schädlichen Code entfernen und eine arbeitsfähige Kopie des Originals wiederherstellen.

Virenjagd in freier Wildbahn

Aus Statistiken über das Auftreten von Viren konnte viel über das Verhalten in der freien Wildbahn gelernt werden, insbesondere, dass nur ein kleiner Bruchteil von ihnen wirklich problematisch ist. Die zehn häufigsten sind für 2/3 aller Zwischenfälle verantwortlich. Außerdem scheint die Verbreitung eines erfolgreichen Erregers einem allgemeinen Schema zu folgen, das mit Hilfe der mathematischen Epidemo-logie beschrieben werden kann.

Deren einfachste Modelle beschreiben die Ausbreitung einer Krankheit in Abhängigkeit von einigen wenigen Parametern, wie der Ansteckungsrate (Wahrscheinlichkeit krank zu werden) und der Ausscheidungsrate (Patient ist entweder gesund oder tot). Die zugehörigen Gleichungen haben eine gewisse Ähnlichkeit mit den Räuber-Beute-Modellen der mathematischen Biologie. Ist das Verhältnis dieser beiden Raten unterhalb einer kritischen Größe, stirbt die Krankheit schnell aus; oberhalb wächst mit zunehmendem Wert das Risiko einer Epidemie.

Es stellte sich jedoch heraus, dass dieses Modell zu stark vereinfacht. In Wirklichkeit pendelt sich - bei Menschen wie Computern - der Virusbefall häufig auf konstantem, relativ niedrigem Niveau ein.

Ein wesentlicher Fehler des vereinfachten Modells ist die Annahme eines konstanten Ansteckungsrisikos. Bessere Modelle berücksichtigen die Tatsache, dass Po-pulationen häufig in Kleingruppen mit intensivem internem und sehr beschränktem äußeren Kontakt zerfallen.

Mutation und Selektion

Ebenso wie Trockenheit, Hygiene und Bevölkerungswanderungen den Verlauf biologischer Epidemien bestimmen, gibt es auch Umwelteinflüsse in der Computerwelt, mit der Folge, dass verschiedene Erkrankungswellen kommen und wieder gehen.

Zum Beispiel sind Dateiviren nahezu ausgestorben. Eine Ursache dafür könnte in der allgemeinen Verbreitung von Windows 3.1 liegen, das sehr leicht abstürzt, wenn Dateiviren vorhanden sind. Damit sehen sich die Benutzer sehr bald zu Gegenmaßnahmen genötigt, bis hin zu Radikalkuren wie Neuformatieren der Festplatte, wodurch sämtliche Dateien gelöscht werden. Bootsektor-Viren jedoch können in der Regel friedlich mit Windows koexistieren.

Mittlerweile ist Windows 95 dabei, die Bootsektor-Viren nahezu auszurotten. Windows 95 warnt den Nutzer bei den meisten Änderungen in den Bootsektoren, einschließlich solcher, die von Viren verursacht werden.

Gegenwärtig befinden wir uns im Zeitalter der Makro-Viren. Moderne Programme für elektronischen Post und Datentransfer machen den Austausch von Dokumenten noch schneller und einfacher. Versionen eines Programms für verschiedene Computertypen können ihre Daten problemlos untereinander austauschen (z.B. HTML oder Java).

Manche Web-Browser können Daten und Programme mit Verfahren wie z.B. ActiveX automatisch aus dem Netz laden. Mit E-mail lassen sich so genannte Attachments verschicken, die komplette Textdokumente oder Tabellenkalkulationen enthalten. Ein Mouseklick auf das Symbol des Attachments, und das entsprechende Programm wird aufgerufen, das seinerseits den Anweisungen eines Makro-Virus folgt. Wenn der Empfänger von E-mail dann noch das Öffnen seiner Post einem Software-Agenten anvertraut, ist der Vermehrungszyklus der Computerviren kom-plett automatisiert (z.B. icq, outlook).

Ein digitales Immunsystem

Diese Veränderungen im elektronischen Ökosystem erfordern Gegenmaßnahmen, die nicht an die menschliche Reaktionszeit oder die Fähigkeit zur Analyse eines neuen Schädlings gebunden sind.

IBM entwickelt so etwas wie ein Immunsystem für lokale Netzwerke. Dieses Computer-Immunsystem findet innerhalb weniger Minuten Rezepte zur Erkennung und Entfernung neuer Computerviren.

Auf Verdacht einer Infektion hin schickt der mögliche befallene Klient eine Kopie einer verdächtigen Datei auf dem Dienstweg zunächst an seinen Server, der sie in verschlüsselter Form an einen zentralen Virus-Analysator weiter reicht. Dieser Rechner gibt dem Virus Gelegenheit, sich in einem dafür bereitgestellten Computer (Brutschrank) zu vermehren, und analysiert sein Verhalten sowie seine Struktur. Daraus leitet er ein Rezept zur Bekämpfung des Virus ab und schickt es dem Server; dieser überträgt es zunächst an den infizierten Klienten und dann an alle anderen. Andere Server oder Einzelbenutzer können dieselbe Information als eine Art Imp-fung im Abonnement beziehen.

Conclusio

Bei aller Raffinesse: Auszurotten sind Computerviren nicht. Einzelne Spezies werden kommen und gehen, aber im Großen und Ganzen wird es eine Koevolution zwischen Parasit und Wirt geben - wie in der Natur.

Bibliografie

"Kampf den Computerviren", Jeffrey O. Kephart, Gregory B. Sorkin, David M. Chess und Steve R. White; erschienen in Spektrum der Wissenschaft S.60-65, Mai 5/1998.
"AntiVirus Online", ã 1998 IBM Corporation; http://www.av.ibm.com/
"Computer Viruses - A Form of Artificial Life", Eugene Spafford; http://http1.brunel.ac.uk:8080/depts/AI/alife/al-virus.htm
"Neuartige Viren sind eine Gefahr für Windows98" bdw-News-Ticker http://www.wissenschaft.de/bdw/fenster/bestell.hbsvom 24.4.1998
"Digitale Mikroben verteidigen Computer gegen Hacker" bdw-News-Ticker vom 27.5.1998
"Test zeigt: Antiviren-Programme löchrig"bdw-News-Ticker vom 8.6.1998
"E-Mail-Attachment-Virus immer weiter verbreitet" bdw-News-Ticker vom 11.8.1998
"Keine besondere Gefahr durch so genannten HTML-Virus"bdw-News-Ticker vom 17.11.1998
"Bibliothek für Computerviren" hilft weltweit" bdw-News-Ticker vom 30.4.1999

SYSTEMATIC THEORY AND RESEARCH IN PERSONALITY FUNCTIONING

Simon Jencius

Abstract

This paper presents a complex systems analysis of personality functioning (Jencius, 2000c). Issues of simple versus complex systems have emerged and been problematic within the field of personality psychology. Drawing from personality psychology research and philosophy of science literature this paper offers a solution for psychological assessment and evaluation of human personality functioning. Three research programs are presented which assess the multiple social-cognitive and affective processes involved in thought and action at both the human and computer level. Such findings suggest human personality to be a complex system.

Systematic Theory and Research in Personality Functioning

The task of personality psychology is to assess and understand the individual. Human personality is the coherent, consistent, and recurrent patterns of thought and action that are reflective of the individual. Social-cognitive and affective units (Bandura, 1986; Cervone & Shoda, 1999; Mischel, 1973; Mischel & Shoda, 1995) process valuable information that mediate and regulate behavior in the individual. Thus, the uniqueness of the individual is a reflection of their personality functioning, respectively. To perform such tasks and reach such goals the personality psychologist needs the proper guidance found in an adequate theory for assessment and research.

A variety of personality theories already exist within the field but, unfortunately, fail to accomplish this very task. A significant core of personality theories are prototypical in nature and do, in fact, capture some of the individuals some of the time. Trait/dispositional theories of personality (McCrae & Costa, 1995), here described as simple systems (Jencius, 1998b) approaches to personality functioning, have dominated the field of personality assessment. Despite widespread acceptance of these preferences, however, alternative models of scientific explanation in personality functioning (Jencius, 1999b, 2000a, 2000b) have not been ruled out.

Further applications of these simple systems theories lead to misclassification of the individual. As mentioned above, some of the people are successfully categorized some of the time when prototypical personality assessment is used. The rest of the time, people are placed into taxonomies in which they partially fit or are misplaced into categories in which they do not fit at all.

Such inconsistencies in personality assessment are destroying the field of personality psychology. The current state of the field, in fact, is divided into two separate fields (Cervone, 1991), one simple and the other complex (Jencius, 1999a). The teaching of personality psychology (e.g., in the United States) is a dying field. Thus, reconceptualization is highly needed within the field. The task of contemporary personality psychology must be to generate a theory of personality functioning that captures the idiosyncrasies of the individual (Jencius, 1999e, 2000a) because individuals are unique and no two are the same.

This work explains the implications for a complex systems analysis of personality functioning (Jencius, 2000c) from a social-cognitive theoretical perspective of personality (Bandura, 1986; Cervone & Shoda, 1999; Mischel, 1973). The purpose of this work is to find a solution to the problems within the field of personality assessment and provide alternatives to scientific explanation, philosophy of science, and psychological assessment in personality functioning. This work parallels other advances within the field of personality psychology that advance a social-cognitive theory of personality assessment (Cervone, Jencius, & Shadel, in press; Cervone, Shadel, & Jencius, in press) with special focus on the individual. This complex systems perspective concentrates on both the general and specific structures and processes that differentiate the individual from other individuals which, in turn, contribute to the uniqueness of the individual.

This papers begins by reviewing systems approaches and the two separate disciplines of personality psychology. Next, an explanation of the implications of a complex systems analysis in personality functioning is presented. Finally, three research programs are described to further clarify the complex systems analysis to personality.

Systematic Foundations in Personality Psychology

"In contrast to physical forces like gravity or electricity, the phenomena of life are found only in individual entities called organisms. Any organism is a system, that is a dynamic order of parts and processes standing in mutual interaction. Similarly, psychological phenomena are found in individual entities which in man are called personalities." (Ludwig von Bertalanffy)

The origins of personality psychology are multifaceted and diverse in nature. The foundations of scientific exploration in human personality, like the nature of human nature, consist of highly philosophical and psychological debates ranging from biological rooted determinism to phenomenological social constructivism (Baltes, 1997; Bertalanffy, 1968; Edlinger, 2000; Edlinger, Feigl, & Fleck, 2000; Fleck, 2000a, 2000b; Guttmann, 2000).

Current models of personality psychology posit an organismic approach to understanding human thought and action (Capara & Cervone, 2000). Researchers from the organismic approach stress the importance of complexity, plasticity, self-organization, and non-linear dynamics in personality functioning. Such approaches reflect direct influences from general systems theory (Bertalanffy, 1968), cybernetics (Wiener, 1948), and complex adaptive systems (see Waldrop, 1992). Complexity and complex systems are important approaches in understanding emergent forms of thought and action in personality functioning (Jencius, 1999c, 2000b). These features assist in understanding the interrelations and interconnections of the components of the system and how they work together in unity. Complex systems theory works as both a meta-theory and alternative means of scientific investigation in may fields of science here specifically in personality psychology.

Personality as a System

"Whatever else personality may be, it has the properties of a system." (Gordon W. Allport)

A system is difficult to define because of the simple fact that not everyone agrees on the already existing definitions of the concept and, thus, there is not a universal definition of the term (Edlinger, Feigl, & Fleck, 2000). Here, the concept of a system is defined as a complex, non-linear constellation of reciprocally interacting elements. Living organisms consist of multiple systems (biological, social, cognitive, psychological, etc.) that are interlinked to each other and work together sometimes in a harmonious like fashion and at other times in discord.

Systems have regulatory and mediatory mechanisms for behavior. Feedback and feedforward through the input and output of information work to maintain stable and steady states or influence change in the organism. Homeostasis, often described as the balance, in an essential feature of the organism.

Adaptive and adjustive behaviors in the organism work to mediate and regulate temperature, blood volume, etc., in the occurrence of environmental change on the individual. Both order and disorder self-organize over time. As complexity in the individual increases, differentiation, and specialization take place in the parts of the individual for evolutionary and adaptive strategies. The individual works to adapt to the ever changing environment.

Systems exist as entire objective constructs and, therefore, may be thought of as a possible construction of reality. Systems work together with the real world. Relevant information is the result of differences between construction of concepts and the observation of phenomena. Systems are not a part of experience, but are more a theoretical construction (e.g., a meta-theory). Systems are models constructed by human conceptualizations of reality.

Systems have three features. The first is the possibility for duplication. The second is the feature of condensation. The third feature is of pragmatics. It is important to establish general rules and laws, but both the descriptive and explanatory functions of the system are also very important for understanding.

There are three important levels of systems. The first level, the individual level, is based on the concept of autopoesy. The nerve system is a closed operatio-nal network which interacts and communicates inside itself. From the outside, it is only possible to make a superficial influence. Theories of knowledge acquisition discuss a constructivistic position. This means that a client in therapy can not be programmed to change in patterns of behavior but is more dependent on the actual structure of their behavior. This structure may not be influenced from outside factors and is therefore not predictable. The second level of systems is the social level. Through transformations of unordered environmental complexities to ordered system complexity, the influence of the environment may spread and obtain a higher level of order. Some theorists ignore the individual as a component of the social system while others emphasize the importance of the individual in dynamics of the social system. Instead of this, communication is used as the constitutional elements. The third level is the human ecological level. More important than thinking in a closed system is to find a connection or networking between the systems.

Social-cognitive theories concentrate on the self-organizing features of the system (Cervone & Shadel, 2000). Social and situational factors influence the cognitive processes and appraisals (Lazarus, 1991) in the individual. These cognitive mechanisms mediate and regulate input from the environment and output in the form of behavior. States of both order as well as disorder may be present in the individual. Cognitive mechanisms in humans are responsible for maintaining balance in the individual. These social-cognitive mechanisms serve an adaptive function for the evolution, adaptation, and survival of the individual and species.

The task of personality psychology from a complex systems analysis is to generate a theory of the individual. This theory of the individual must remain a theory of the individual by focusing and concentrating on the idiosyncrasies of the individual. Past developments in personality psychology looked at personal constructs of the individual (Kelly, 1955) which are highly idiosyncratic organization and meaning. The theory must address both development and processes of change in the individual. Social-cognitive theories of personality view the individual as capable of much change (Bandura, 1986; Cervone & Shoda, 1999; Mischel, 1973). The theory must have applications in health, education, therapy and other various paradigms. Lastly, the theory must have a secure scientific basis. Social-cognitive theories fit these requirements nicely.

Simple versus Complex Systems in Personality Functioning

"One theory of personality emphasizes the instinctual aspect of man, another the social; one theory free will, another determinism; one simple and mechanistic relationships, another complex and dynamic relationships." (Lawrence A. Pervin)

Besides the field of personality being described as "two separate disciplines" (Cervone, 1991), a further critic is provided. The field may be conceptualized as consisting of two systems, one simple and the other complex (Jencius, 1998b). The two systems described here for explaining this paradigm are the "simple system" and the "complex system." Metcalfe and Mischel (1999) describe a hot and cool systems model of will power in delay of gratification which parallels the simple and complex systems theory.

Most psychological dispositions like aggression or adaptation are very complex in nature (Jencius, 1998a, 1998c, 1999d). Aggression like adaptation (or any other psychological entity of scientific interest for that matter) is context specific. Levels of behavior (e.g., aggressive and/or adaptive behavior) differ significantly across different domains. One individual may be more aggressive and/or adaptive in some situations, depending on the other psychological features of the situation which form a specific constellation of elements influencing patterns of thought and action in the individual, and less aggressive and/or adaptive in other situations. The point here is that a given person with a specific attribute may very significantly in their behavior depending on features the environment, that is, a person who tends to react aggressively will vary in levels of overt aggressive behavior. This suggests that non-linear dynamics are at work in personality functioning because an aggressive person does not display the exact same levels of aggressive behavior in the same situation (e.g., at work) or, for that matter, across a variety of different situations (e.g., at a party, on vacation, at home). Linear models or simple system approaches (e.g., five factor models, see McCrae & Costa, 1995) of personality functioning assume such trends in human behavior and by averaging the data tell us the mean levels of a specific behavior trend. In contrast, at the level of the individual we see idiographic patterns of behavior which are unique to and of the individual. Such uniqueness is lost in the aggregates, thus, we emphasize an idiographic and complex systems approach to understanding human personality functioning.

The characteristics in the two contrasting systems, one simple and the other complex, differ significantly in units, networks, dynamics, probability of change, and strategies of scientific explanation.

The structural units in simple and complex systems differ significantly in form, quantity, and quality. Simple systems have few units (e.g., general, basic, universal traits) and complex systems have many units (e.g., internal and external psychological cognitive features of the situation, interaction, and the person). Without networks and/or connections, the units in the systems are meaningless.

The connections among the units in the systems form networks. The networks of the two systems, like the units, vary significantly. Networks are based on the computational, biological concept of neural connections for representing behavior. Networks connect individual meaningless units present in systems. These connections, then, construct pathways of interaction between the units and give them meaning.

Simple systems have few connections and complex systems have many. The units that make up the simple system are traits. Complex systems consist of social-cognitive and affective processing units. The connections of the units are directed by the dynamics of the system.

A complex systems approach to personality functioning focuses on the multiplicity of connections and meaning through the connection within the system. All systems try to reconstruct the relation from complex connections to secondary connections with fewer relations for selection. Only by means of selection may a system organize and order the various levels of complexity. The traditional attitude toward systems is that they are the result of the construction of their elements and the connections between each other. Connections are developed through forced selection. In relation to circular systems the relations make up and result in the elements. Elements and parts of components influence each other. The processes produce, reproduce, and change specific structural patterns of the system. There are a variety of autopoetic systems and these systems should exist in separation from each other.

Psychological connections between cognitive and affective structures influence the individual to act in coherent, consistent, idiographic ways. Unique patterns of thought are responsible for the reasons and purposes in behavior.

162

Emotional units of thought may be modified in the cognitive structure of the individual. Research by Siegle (1999) on visual attention to negative information reveals that complex cognitive and affective mechanisms are at work in the processing of information. The strength of the affective components in thought and action determines the possibility of change in the cognitive structure of the individual. Success or failure in modification or change of behavioral patterns in the individual is highly determined by the plasticity of the affective units and the flexibility of their structure.

The two systems differ greatly in the pattern of dynamics. Simple systems are linear in pattern and dynamics whereas complex systems are nonlinear. Simple systems, due to the few units and networks, display linear stable patterns. By contrast, complex systems are idiosyncratic in pattern formation and temporarily stable at times. Simple systems, in contrast to complex systems, work in linear fashion. There is a linear causal chain of events that is responsible for the psychological phenomena the personality psychologist observes across individuals and situations. In contrast to complex systems approaches, the trait/dipositional approach uses a simple systems approach to the causality of behavior in application of linear dynamics.

Non-linear dynamics are exemplified by a number of approaches in various fields of scientific investigation. Social-cognitive approaches in personality psychology use complex systems or bottom-up strategies in the scientific investigation of the individual. The goal is to identify a systems process in the individual and its relation to the socio-cultural environment. One perceives this interactive system as a mixture of interdependent features, mechanisms, and processes that support coherence, consistency, and continuity in personality functioning. The potentially idiosyncratic person is then investigated on his or her own terms. Self-knowledge (self-schemas, scripts, prototypes, etc.) is self-organized critically. The result is a constellation of potentially idiosyncratic under-lying structures and processes for the necessary adaptive thoughts and actions of the individual.

Complex systems approaches suggest that systems in personality functioning are capable of much change. Simple systems, in contrast, argue that personality is fixed and stable over time with little or no change. Systems do not change themselves in the dependence of interventions but in the dependence of their own structures.

Simple systems are ultimate explanations (e.g., evolutionary history) whereas complex are proximate explanations (e.g., individual learning history, conscious and unconscious information processing). Simple systems apply top-down strategies for scientific explanation whereas complex systems apply bottom-up strategies for scientific explanation. Top-down strategies assume broad and general laws and apply high level descriptors for behavior. Bottom-up up strategies focus on the underlying causal mechanisms of thought and action, as well as the unique and idiosyncratic patterns of behavior in the individual.

Philosophers of science have discovered and argued for the significance in bottom-up scientific explanation (Nozick, 1981; Shaffer, 1996). Thus, it is due time that personality psychologists apply the usefulness of bottom-up strategies in the

163

scientific explanation of personality functioning. Recent advances within the field of personality psychology do, in fact, apply bottom-up explanation in perso-nality research. Findings from both Cervone (1997) and Zelli and Dodge (1999) reveal the significance of bottom-up strategies in the search for the underlying causal mechanisms in personality functioning. Peschl (2000) describes these underlying causal mechanisms in behavior as hidden units.

Principles of Complex Systems in Personality Functioning

"Life, at its best, is a flowing, changing process in which nothing is fixed." Carl R. Rogers)

The present field of personality psychology, as previously mentioned, requires a model of human personality functioning that applies to complex systems. Therefore, the three principles, reciprocal interactionism, self-organization, and uniqueness, are crucial in a complex systems approach to personality functioning. Reciprocal Interactionism

Reciprocity, that is, reciprocal interactionism from the social-cognitive learning theory (Bandura, 1986) is a key feature of psychological systems in personality functioning. Reciprocal interactionism emphasizes the importance of simultaneous interactions of the elements of the systems. The personality system here consists of the individual (a cognitive-affective processing system), behavior, and environment. Reciprocal influences of behavior, personal and cognitive factors (e.g., intelligence, skills, self-control) and environment are mutually interacting with each other.

Social-cognitive theories (Bandura, 1986; Cervone & Shoda, 1999; Mischel, 1973) focus on the reciprocal interaction in personality functioning. Cognitive mechanisms such as self-schemas (Markus, 1977), scripts (Schank & Abelson, 1977), and self-efficacy perceptions (Bandura, 1986) in the individual mediate and regulate the way(s) in which information is processed about the social environment. Domain specific adaptive behaviors, that is, behaviors that are novel and emergent in the individual for the evolution, adaptation, and survival of the individual, are the result of such cognitive processes. These domain specific adaptive behaviors, in the short run or the here and now of adaptation, lead (either) to the success (or failure) in intentional, goal directed behaviors of the individual. Success (or failure), then, in the long run, leads to the adaptation (or maladaption) of the individual.

Self-Organization in the System

Systems may further be conceptualized as self-organizing (Cervone, 2000; Jencius, 2000a, 2000b, 2000c), self-referential (Nowak & Vallacher, 2000; Vallacher & Nowak, 2000), and recurrent networks (Shoda & Tiernan, 1999). Objects in the system become the components of the system. Connections in the system form productive interactive units in the system.

Understanding the organization and structure of the system are necessary in explaining a specific system. Later developments in neurobiology (LeDoux & Hirst, 1986; Damasio, 1994) created a new theory for system applications. Self-organization and self-reference formed the central concepts for contemporary systems theory. This system is able to describe itself and is therefore able to exclude the environment. The first consequence was that self-reference systems concerned there operations separately. The answer to this question is simplified when we try to explain a system from the inside and the mechanical functions of the system. It is also possible to avoid the dangers of verbal explanations. These verbal explanations distract our attention away from the system to the relational context of the units within the system.

Advances in personality psychology research led to conceptualizations about the uniqueness of the organization of the self (Kelly, 1955; Lewin, 1951). Therefore, a complex system of personality functioning is the unity of organization and structure within the individual.

Complex systems in personality functioning focus on the idiosyncrasies in patterns of thought and action in the individual. The adjective idiographic means that the system model focuses on the single and special units of the system and the individual. A system is limited and never able to reproduce all aspects of reality. These systems demand that assumptions are not necessary for the idiographic patterns of thought and behavior in the individual.

Idiographic system models are necessary to understand the meaning of action in the individual. Idiographic models function as a means of communication and consensus of an observed phenomenon. Pattern recognition is also a key feature in idiographic models. Information about situations and the rule that direct behavior in these situations may be processed idiographically. Recognizing such patterns helps the personality psychologist understand the internal consistencies that mediate and regulate action in the individual. . Idiographic models also allow prediction of system behavior for the purpose of intervention. It is easier to understand complex situations and connections by applying idiographic system models in the study of human behavior. Idiographic models, like system models, can be the foundation for simulations and can develop systematical theory constructions.

Idiographic models of construction may be conceptualized as a key feature of a systematic meta-strategy. System models are, at first, very abstract and recursive in their nature. Contextual openness in the system makes description of psychosocial processes possible. In contrast to other model constructs this deals with conceptual constructs. The advantages of this form of conceptualization is that problems are easier to describe. The complexity of a system consists of the quantity of components and the degree of their networks.

The basic features of the construction of idiographic system models are the contact between independent systems as recursive, structural connections. Therapists use for the construction of a systems model specific basic elements for construction. These elements are generated by subjective theories and logical connections.

Complex systems approaches serve as a mechanistic macro explanation of observable phenomena. Self-referential and social systems always operate in coherent ways. They fit together. In personality psychology from a social-cogni-tive perspective, we see that the individual is part of a group which is part of soci-ety. Luria (1976) presented a similar argument to this in his landmark research on the social foundations of cognitive development. The members of this group and others in society make self recognition possible in the individual. A conflict is not a feature of the function of the individual, but a problem rooted in observer bias. A system model may be a generative mechanism when the dynamics of the system are explained at the model level. Isolated components do not support the explanation or generation of components.

Stressors may vary idiosyncratically from one person to another (Lazarus, 1991). Thus, an idiographic approach to evaluating stressors from the environment is needed. Global stress scales are often used to assess the levels of stress in indivi-duals. Unfortunately, stressors vary significantly from person to person in level (e.g., high versus low), value (e.g., positive or negative), and meaning (e.g., begin-ning or end). The value of the event may be both positive and negative and the level of stress may be high or low. The meaning of this life transition may have a general and global feature for all graduates going into the working world but at the same time a unique and idiographic constellation of features. Idiographic analyses does in no way ignore the fact that global and general characteristics of an event may be found. Thus, an idiographic analysis serves to function in two beneficial ways: 1) preserves the uniqueness of the individual and 2) allows for an aggregate of the data. A simple systems/nomothetic strategy only allows for the second and not the first benefit.

Illustrative Research: Personality Functioning from a Complex Systems Analysis

Complex systems analysis of personality functioning is found in a variety of forms of research in systematic theory, research, and psychological assessment. Three research programs are presented to support the suggested principles in personality functioning from a complex systems analysis.

The first research program, research by Cervone (1997) and Cervone and Shadel (2000), explored a dynamic systems view of the individual from a social-cognitive theoretical perspective. Here, as mentioned previously in this work, personality functioning is the product of a variety of interactions among social-cognitive and affective processes which self-organize.

One research finding reveals how the cross-situational coherence of personality functioning can be predicted and explained in terms of a dynamic system of social-cognitive variables, a complex systems analysis, instead of a simple systems approach in which high-level dispositional constructs are posited to describe mean-level behavioral tendencies.

166

A second research finding explores how multiple knowledge mechanisms in the individual contribute to success (or failure) in performing certain behaviors within specific domains. This research suggests that social-cognitive theories, like complex systems approaches, are a needed alternative theory in personality psychology and assessment to the already exisiting simple systems approaches.

The second research program, research by Jencius (2000b), explores the cognitions of international exchange students living abroad. Bottom-up strategies from the philosophy of science and social-cognitive aproaches in personality psychology were used to assess the personality functioning of the individual.

The goal of this research was identify a system of processes in the individual and its relation to the sociocultural-environment. The interactive system was assumed to be a constellation of multiple processes that support coherence, consistency, and continuity in personality functioning. The potentially idiosyncratic person was investigated on their own terms. Self-organization processes were found within self-knowledge structures (self-schemas, scripts, prototypes, etc.).

The result was a constellation of potentially idiosyncratic underlying structures and processes for the necessary thoughts and actions in the individual. Adaptive behaviors are mediated and regulated by multiple internal cognitive mechanisms (e.g., coping strategies, knowledge of sociocultural norms, self-efficacy beliefs). To combine the insights of both trait/dispositional and social-cognitive approaches, an idiographic assessment strategy was employed in the research. Cognitive structures were assessed with respect to multiple situations. Self-efficacy perceptions and behaviors were assessed contextually. Findings uncover the cognitive structures related to self-efficacy appraisals that, in turn, regulate the behaviors necessary for the individual to adapt to the new challenges from the environment.

The self-concept is also relevant in personality psychology. In other works on complexity in personality functioning (Jencius, 1999c) and personality as a dynamical system (Jencius, 2000a) reveal that complex cognitive structures are at work in information processing systems in the individual (Siegle, 1999) which, further, act on processing information about the self (Hong, 2000; Nowak & Vallacher, 2000; Vallacher & Nowak, 2000).

Network models may be applied for scientific investigation in these complex processes in the traditional sense of systems. It is important to note that these models are abstract and simplified. For network models, there is no environment and no end to the possibility of connections in the network. The necessity of the network concept of systems makes it possible to view the system from two different perspectives. First, it is grounded in dynamic system models and, second, as basis for networking between the elements in the system. In principle, these elements are independent from the connections in their networks.

The third research program, research by Shoda and Tiernan (1999) presents an alternative perspective to personality functioning through use of computer simulations. This research addresses a key problem in the field of personality psychology known as the consistency paradox. The consistency paradox is based on two constrasting premises: the first, from a traditional personality psychological perspective (e.g., trait/dispositional approaches) that personality is stable and consistent over time and across different situations and, the second, that empirical data suggests multiple inconsistencies in personality functioning.

This research takes a complex systems approach to personality functioning by assuming that the individual is a network system. The personality network system is made of cognitive and affective units in which the connections of the units are reccurent, stable, and distinctive of the individual.

Thus, the pattern of connections which forms a recurrent network generate complexity in the system, rather than a linear pattern of connections as suggested in simple systems approaches. Network linkage and activation levels adapt and change over time to satisfy the constraints represented in the network system and the values of the connections between the units. Relevant behavioral patterns are generated over time when the single units of the system are activated, link with each other, and form scripts for behavior.

Findings from the computer simulation on personality as a network system (Shoda & Tiernan, 1999) reveal that the various cognitive and affective units which are activated at one specific point in time may change, but the relationship between the cognitive and affective units are, in fact, stable and characteristic of the individual. This suggests uniqueness in the indivdual's personality functioning. The model also takes into consideration the importance of small changes in the system at one time might possibly lead to further changes in the system at a different time. This finding suggests the significance in understanding nonlinear dynamics in thought, action, and affect. The network system model, like a complex systems analysis of personality functioning, suggests that behavior in the individual is novel, emergent, and never completely identical in different situations even if the environmental stimuli is nearly identical.

Summary and Conclusions

"This completeness of science cannot be accepted with confidence on the guarantee of its existence in an aggregate formed only by means of repeated experiments ... (but) only because of their connection in a system ... The sum of its knowledge constitutes a system determined by and comprised under an idea; and the completeness and articulation of this system can at the same time serve as a test of the correctness and genuineness of all the parts of knowledge that belong to it." (Immanuel Kant)

In summary, a complex systems analysis to personality functioning differs signify-cantly to traditional simple systems approaches. In contrast to simple systems approaches, complex systems theory of personality functioning focuses on the specific constellation of underlying causal mechanisms, here the social-cognitive and affective units, which mediate and regulate thought and action in the individual. A complex systems analysis to personality functioning does not posit high order overt behavioral tendencies as universal structures of personality but the multiple interacting units of the system which, in turn, self-organize and form patterns in both thought and action of the individual. Complex systems in personality assessment, unlike simple systems approaches, allow for both idiographic analysis at the level of the individual and a nomothetic group aggregate of the data. Simple systems are only mean-level behavioral tendencies and fail to capture the uniqueness of the individual.

A complex systems analysis of personality functioning offers at least two advantages to the personality researcher in both scientific explanation and psychological assessment of personality functioning. The first advantage of a complex systems approach is that uniqueness of the individual is preserved. The idiosyncrasies in personality functioning are what makes the individual unique, different, and distinguishes the individual from other individuals. These multiple idiosyncrasies in cognition, affect, and behavior are valuable to the personality researcher to assess and understand personality functioning, something which is every changing, but, at the same time, remains the same. A complex systems analysis allows the personality researcher to capture the uniqueness of the individual, what makes humans like no other humans, and, at the same time, lets the researcher find the average behavioral tendencies within groups or between groups, the features that make humans like all other humans and like some other humans.

The second advantage of a complex systems analysis of personality functioning involves the advances from nonlinear dynamic systems applications. Plasticity, flexibility, and change are emphasized in nonlinear dynamical systems and their utility has been demonstrated in the physical, social, and cognitive sciences. Furthermore, these qualities are reflective of the various systems that constitute human personality functioning. Human cognition, affect, and action, significant units of personality, are complex, nonlinear, and emergent. Such systems are capable of much change and psychological change is useful in various social, therapeutic, and educational applications.

If personality is a non-linear complex adaptive system that is not isolated but interacts with the individual's socio-cultural environment (as in social-cognitive learning theory), then, coherence is much more complex than a mere correlation between stability and continuity (Capara & Cervone, 2000). Coherence in personality functioning, such as in trends of thought and action in the individual, may take on very novel and new patterns that are both non-linear and emergent. A prime example of this can be seen in research on life transitions (Jencius, 1998c, 1999d, 2000b; Sanderson & Cantor, 1999). When individuals are placed in new environments various changes (cognitive, social, physical, cultural) that are in no way isolated and single features but interconnected, may (or may not) take place in the individual for adaptation and adpative behaviors.

The challenge in personality psychology and psychological assessment remains, that is, to measure the global individual differences but also to assess the particular constellation of underlying cognitive mechanisms that contributes to an individual's success or failure. Therefore, a complex systems analysis of personality functioning is proposed as an alternative theoretical solution in hope of advancing these developments within the field of personality psychology.

References

Baltes, P. B. (1997): On the incomplete architecture of human ontogeny. - American Psychologist, 52, 366-380.

Bandura, A. (1986): Social foundations of thought and action: A social-cognitive theory. - Englewood Cliffs, NJ: Prentice Hall.

Bertalanffy, L. von (1968): General systems theory. New York: Braziller.

Capara, G. V., & Cervone, D. (2000): Personality: Determinants, dynamics, and potentials. - New York: Cambridge University Press.

Cervone, D. (1991): The two disciplines of personality psychology. - Psychological Science, 2, 371-377.

Cervone, D. (1997): Social-cognitive mechanisms and personality coherence: Self-knowledge, situational beliefs, and cross-situational coherence in perceived self-efficacy. - Psychological Science, 8, 43-50.

Cervone, D., Jencius, S., & Shadel, W. G. (in press): Personality assessment: Implications of a social-cognitive theory of personality. - Psychology: The Journal of the Hellenic Psychological Society.

Cervone, D., & Shadel, W. G. (2000, July): Social-cognitive theory as a dynamic systems view. - In: S. Jencius (Chair): A Dynamic System of Personality. Symposium conducted at the 10th European Conference on Personality, Cracow, Poland.

Cervone, D., Shadel, W. G., and Jencius, S. (in press): Social-cognitive theory of personality assessment. - Personality and Social Psychology Review.

Cervone, D., and Shoda, Y. (1999): The coherence of personality: Social-cognitive bases of consistency, variability, and organization. - New York: Guilford Press.

Damasio, A. R. (1994): Descartes' error: Emotion, reason, and the human brain. - New York: Putnam.

Edlinger, K. (2000): Evolution und Integration lebender Systeme: Aggregation oder Binnendifferenzierung? - In: K. Edlinger, W. Feigl, & G. Fleck (Eds.): Systemtheoretische Perspektiven: Der Organismus als Ganzheit in der Sicht von Biologie, Medizin und Psychologie. Frankfurt/M.: Peter Lang, 51-73,

Edlinger, K., Feigl, W., & Fleck, G. (2000): Systemtheoretische Perspektiven: Der Organismus als Ganzheit in der Sicht von Biologie, Medizin und Psychologie. - Frankfurt/M.: Peter Lang.

Fleck, G. (2000a): Anthropologisch-psychologisch Aspekte des Menschenbildes bei Ludwig von Bertalanffy. - In: K. Edlinger, W. Feigl, & G. Fleck (Eds.), Systemtheoretische Perspektiven: Der Organismus als Ganzheit in der Sicht von Biologie, Medizin und Psychologie. Frankfurt/M.: Peter Lang, 122-125.

Fleck, G. (2000b, October): Self-reflection for scientists: Towards an understanding of scientific reasoning. - Paper presented at Systems and Sciences, Eötvös University, Budapest, Hungary.

Guttmann, G. (2000): Ludwig von Bertalanffys Systemtheorie und die "Wirklichkeit" psychologischer Konzepte. - In: K. Edlinger, W. Feigl, & G. Fleck (Eds.), Systemtheoretische Perspektiven: Der Organismus als Ganzheit in der Sicht von Biologie, Medizin und Psychologie. Frankfurt/M.: Peter Lang, 106-112.

Hong, Y. (2000, July): Dynamic unfolding of personality: The role of implicit theories. - In: S. Jencius (Chair): A Dynamic System of Personality. Symposium conducted at the 10th European Conference on Personality, Cracow, Poland.

Jencius, S. (1998a, July): Personality, adaptation, and self-efficacy measures of international exchange students. - Presentation for the 9th European Conference on Personality, University of Surrey, UK.

Jencius, S. (1998b, July): Personality: Simple versus complex systems. - Presentation for the 9th European Conference on Personality, University of Surrey, UK.

Jencius, S. (1998c, July): Adaptation as a complex system. - Paper presented at the 8th Annual International Conference for the Society for Chaos Theory in Psychology and the Life Sciences, Boston/MA, USA.

Jencius, S. (1999a, June/July): Human personality as simple and complex systems: Psychological and philosophical issues involving the self, individuality, and uniqueness. - Paper presented at the 43rd Annual Conference of the International Society for the Systems Sciences, Alisomar/CA, USA.

Jencius, S. (1999b, June/July): Fuzzy set analysis in the complex system of human personality. - Paper presented at the 43rd Annual Conference of the International Society for the Systems Sciences, Alisomar/CA, USA.

Jencius, S. (1999c, July): Complexity in personality functioning. In: S. Jencius (Chair), Complexity in human personality: Issues of individuality and uniqueness. - Symposium conducted at the 9th Annual International Conference for the Society for Chaos Theory in Psychology and the Life Sciences, Berkeley/CA, USA.

Jencius, S. (1999d, August): Adaptation among international exchange students: An idiographic approach to cognitive assessment. - In: D. Cervone (Chair), Social-Cognitive Personality Assessment: Structure, Process, and Content. - Symposium conducted at the 5th European Conference on Psychological Assessment, Patras/ Greece.

Jencius, S. (1999e, September): An idiographic approach to well-being. - Paper presented at the 3rd Annual Conference of the British Psychological Society, Consciousness and Experiential Psychology Section, Consciousness and Well-Being, Oxford/ UK.

Jencius, S. (2000a, July) A dynamic system of personality. In S. Jencius (Chair), A Dynamic System of Personality. - Symposium conducted at the 10th European Conference on Personality, Cracow, Poland.

Jencius, S. (2000b, July) Personality as a complex system: Social-cognitive processes in the adaptation of the individual. In: S. Jencius (Chair), A Dynamic System of Personality. - Symposium conducted at the 10th European Conference on Personality, Cracow/Poland.

171

Jencius, S. (2000c, October): Idiosyncrasies in personality functioning: A complex systems analysis. - Paper presented at Systems and Sciences, Eötvös University, Budapest/Hungary.

Kelly, G. A. (1955): The psychology of personal constructs. - New York/Norton.

Lazarus, R. S. (1991): Emotion and adaptation. - New York: Oxford University Press.

LeDoux, J. E., & Hirst, W. (Eds.) (1986): Mind and brain: Dialogues in cognitive neuroscience. - New York: Cambridge University Press.

Lewin, K. (1951): Field theory in social science. - New York: Harper & Row.

Luria, A. R. (1976): Cognitive development, its cultural and social foundations. - Cambridge/Massachusetts and London/England: Havard University Press.

Markus, H. (1977): Self-schemata and processing information about the self. - Journal of Personality and Social Psychology, 35, 63-78.

McCrae, R. R., & Costa, P. T. Jr. (1995): Trait explanations in personality psychology. - European Journal of Personality, 9, 231-252.

Metcalfe, J., & Mischel, W. (1999): A hot/cool system analysis of delay of gratification: Dynamics of willpower. - Psychological Review, 106, 3-19.

Mischel, W., & Shoda, Y. (1995): A cognitive-affective system theory of personality: Reconceptualizing situations, dispositions, dynamics, and invariance in personality structure. - Psychological Review, 102, 246-286.

Nowak, R., & Vallacher, R. R. (2000, July): Dynamism and the emergence of structure in the self-system. - In: S. Jencius (Chair), A Dynamic System of Personality. Symposium conducted at the 10th European Conference on Personality, Cracow, Poland.

Nozick, R. (1981): Philosophical explanations. - Cambridge, MA: Belknap Press of Havard University Press.

Peschl, M. F. (2000, October): Empirical versus "virtual" science: Searching for alternative methods in theory development. - Paper presented at Systems and Sciences, Eötvös University, Budapest, Hungary.

Sanderson, C. A., & Cantor, N. (1999): A life task perspective on personality coherence: Stability versus change in tasks, goals, strategies, and outcomes. - In: D. Cervone & Y. Shoda (Eds.): The coherence of personality: Social-cognitive bases of consistency, variability, and organization. New York: Guilford Press.

Schank, R. C., & Abelson, R. P. (1977): Scripts, goals, plans, and understanding. - Hillsdale/NJ: Erlbaum.

Shaffer, D. (1996): Understanding bias in scientific practice. - Philosophy of Science, 63(Suppl.), 89-97.

Shoda, Y., & Tiernan, S. (1999, July): A network model of personality. In S. Jencius (Chair), Complexity in human personality: Issues of individuality and uniqueness. - Symposium conducted at the 9th Annual International Conference for the Society for Chaos Theory in Psychology and the Life Sciences, Berkeley/CA, USA.

172

Siegle, G. (1999, July): Attention to negative information in depression: An increasingly complex story. In: S. Jencius (Chair), Complexity in human personality: Issues of individuality and uniqueness. - Symposium conducted at the 9th Annual International Conference for the Society for Chaos Theory in Psychology and the Life Sciences, Berkeley/CA, USA.

Vallacher, R. R., & Nowak, R. (2000, July): The intrinsic dynamics of self-reflection. In S. Jencius (Chair), A Dynamic System of Personality. - Symposium conducted at the 10th European Conference on Personality, Cracow, Poland.

Waldrop, M. M. (1992): Complexity: The emerging science at the edge of order and chaos. - New York: Simon & Schuster.

Wiener, N. (1948): Cybernetics: or control and communication in the animal and the machine. Eighth printing (1996). Cambridge/MA: MIT Press.

Zelli, A., & Dodge, K. A. (1999): Personality developments from the bottom up. - In: D. Cervone & Y. Shoda (Eds.): The coherence of personality: Social-cognitive bases of consistency, variability, and organization. New York: Guilford Press.

Organismus und System
Schriftenreihe des Wiener Arbeitskreises für Systemische Theorie des Organismus

Herausgegeben von Karl Edlinger, Walter Feigl und Günther Fleck

Peter Lang · Europäischer Verlag der Wissenschaften

Viola Angelika Schwarz

Walter Edwin Griesbach (1888-1968) Leben und Werk

Pharmakologe, Stoffwechselpathologe und Endokrinologe

Frankfurt/M., Berlin, Bern, New York, Paris, Wien, 1999. X, 183 S., 5 Abb.
Europäische Hochschulschriften: Reihe 7 B, Geschichte der Medizin. Bd. 8
ISBN 3-631-34446-5 · br. DM 65.–*

Das Leben und Werk Walter E. Griesbachs wird mit dieser Untersuchung erstmals dargestellt und sein Beitrag für die medizinische Wissenschaft gewürdigt. In einem einleitenden Abschnitt wird zunächst ein Rückblick über die Entwicklung der Endokrinologie bis 1940 gegeben, wodurch die Forschung Griesbachs in den historischen Rahmen eingeordnet werden kann. Im ersten Hauptteil liegt die Gewichtung auf der Darstellung seines Lebens als deutsch-jüdischer Arzt während des Dritten Reiches und während der Emigration in ein Land des Commonwealth. Der zweite Hauptteil setzt sich mit seiner Forschung auseinander: der Identifizierung verschiedener glykolytischer Intermediärprodukte, der Entwicklung der „Kongorotmethode" und der bedeutendsten wissenschaftlichen Leistung Griesbachs, der Identifizierung aller Zellen des Hypophysenvorderlappens im Hinblick auf ihre Hormonzugehörigkeit.

Aus dem Inhalt: Historischer Rückblick über die Endokrinologie bis zum Jahre 1940 · Lebensabschnitte: von der Geburt bis zur Emigration aus Deutschland – die Emigration und das Leben in Neuseeland – die Forschungstätigkeit in Deutschland – die Forschungstätigkeit in Neuseeland

Die Arbeit wurde mit dem **Henry. E. Sigerist-Preis 1999 der Schweizerischen Gesellschaft für Geschichte der Medizin und der Naturwissenschaften** ausgezeichnet.

Frankfurt/M · Berlin · Bern · Bruxelles · New York · Oxford · Wien
Auslieferung: Verlag Peter Lang AG
Jupiterstr. 15, CH-3000 Bern 15
Telefax (004131) 9402131
*inklusive Mehrwertsteuer
Preisänderungen vorbehalten